大学物理辅导与练习

（第二版）

主　编　何跃娟　陈国庆
副主编　吴亚敏　朱　云　卞宝安

苏州大学出版社

图书在版编目(CIP)数据

大学物理辅导与练习 / 何跃娟,陈国庆主编. —2版. —苏州:苏州大学出版社,2021.2(2022.12重印)
ISBN 978-7-5672-3478-9

Ⅰ.①大… Ⅱ.①何…②陈… Ⅲ.①物理学－高等学校－教学参考资料 Ⅳ.①O4

中国版本图书馆 CIP 数据核字(2021)第 029550 号

大学物理辅导与练习(第二版)

何跃娟　陈国庆　主编

责任编辑　周建兰

苏州大学出版社出版发行
(地址:苏州市十梓街1号　邮编:215006)
宜兴市盛世文化印刷有限公司印装
(地址:宜兴市万石镇南漕河滨路58号　邮编:214217)

开本 787 mm×960 mm　1/16　印张 16　字数 305 千
2021 年 2 月第 2 版　2022 年 12 月第 2 次印刷
ISBN 978-7-5672-3478-9　定价:38.00 元

若有印装错误,本社负责调换
苏州大学出版社营销部　电话:0512-67481020
苏州大学出版社网址　http://www.sudapress.com
苏州大学出版社邮箱　sdcbs@suda.edu.cn

前言

  大学物理是高等学校理工科各专业的一门重要的基础课,它对学生科学素质的提高、综合能力的培养、创新意识的形成、探索精神的增强和思维能力的训练等诸方面都起着重要的作用.对于刚进入大学的学生来说,由于大学物理的难度较大,教学进度较快,在学习过程中往往会遇到一些困难,或一时难以适应.为了使学生在学习过程中能更深刻地理解物理概念,抓住每章的重点、难点,提高分析问题和解决问题的能力,把握学习的主动性,进而提高教学效率和质量,我们结合多年的教学实践经验,根据教育部教学指导委员会最新颁布的《理工科类大学物理课程教学基本要求》,编写了《大学物理辅导与练习》.

  本书作为大学物理课程的教辅用书,紧贴教学实际,注重教学实用性.全书共分十五章,每一章均包括基本要求、主要内容及例题、难点分析、习题.本书把例题和主要内容结合在一起,并且重要的例题都有点评,以便学生更好地领会和掌握所学.习题中的选择题和填空题可用作学生课后自我练习,附有答案;计算题部分结合教学要求,并充分考虑实际课时安排,每次课后都有2~3题作业,以利于学生进一步理解概念,掌握重点、难点.同时,考虑到大学物理课程大多分两学期进行教学,本书提供了每学期2份共4份模拟试卷,供学生分期进行自我检测.书中带"*"号的题目供学有余力的学生选做.

  本书由江南大学理学院物理系组织编写,本次参与改编的老师是:何跃娟(第1、2、3、4、9、10章),吴亚敏(第5、6、7、8章),陈国庆(第11章),卞宝安(第12、13章),朱云(第14、15章),全书由何跃娟、陈国庆进行统稿和审定.第二版相对第一版增加了每一章的难点分析,更改了一些例题和习题,更新了模拟卷,使模拟卷题型更丰富,能够更好地考查学生的物理素养.

  本书中部分插图和习题参考了一些大学物理教材,在此对相关作者表示感谢!同时感谢物理系其他老师在本书一版的编写及二版的改编过程中所做的工作!

  由于编者水平有限,书中定有不当或错误之处,敬请读者不吝指正.

编 者

2020年12月于无锡

目录 CONTENTS

第1章 质点运动学 …………………………………………………… (1)
    一、基本要求 ………………………………………………………… (1)
    二、主要内容及例题 ………………………………………………… (1)
    三、难点分析 ………………………………………………………… (4)
    四、习题 ……………………………………………………………… (4)

第2章 牛顿运动定律 ………………………………………………… (9)
    一、基本要求 ………………………………………………………… (9)
    二、主要内容及例题 ………………………………………………… (9)
    三、难点分析 ………………………………………………………… (12)
    四、习题 ……………………………………………………………… (12)

第3章 动量守恒定律和能量守恒定律 ……………………………… (16)
    一、基本要求 ………………………………………………………… (16)
    二、主要内容及例题 ………………………………………………… (16)
    三、难点分析 ………………………………………………………… (22)
    四、习题 ……………………………………………………………… (22)

第4章 刚体的定轴转动 ……………………………………………… (28)
    一、基本要求 ………………………………………………………… (28)
    二、主要内容及例题 ………………………………………………… (28)
    三、难点分析 ………………………………………………………… (34)
    四、习题 ……………………………………………………………… (35)

第 5 章　静电场 ······ （43）

一、基本要求 ······ （43）
二、主要内容及例题 ······ （43）
三、难点分析 ······ （49）
四、习题 ······ （50）

第 6 章　静电场中的导体与电介质 ······ （59）

一、基本要求 ······ （59）
二、主要内容及例题 ······ （59）
三、难点分析 ······ （65）
四、习题 ······ （66）

第 7 章　恒定磁场 ······ （72）

一、基本要求 ······ （72）
二、主要内容及例题 ······ （72）
三、难点分析 ······ （78）
四、习题 ······ （78）

第 8 章　电磁感应 ······ （89）

一、基本要求 ······ （89）
二、主要内容及例题 ······ （89）
三、难点分析 ······ （98）
四、习题 ······ （99）

第 9 章　振动 ······ （110）

一、基本要求 ······ （110）
二、主要内容及例题 ······ （110）
三、难点分析 ······ （113）
四、习题 ······ （114）

第 10 章 波动 ……（118）

    一、基本要求 ……（118）

    二、主要内容及例题 ……（118）

    三、难点分析 ……（122）

    四、习题 ……（122）

第 11 章 光学 ……（128）

    一、基本要求 ……（128）

    二、主要内容及例题 ……（128）

    三、难点分析 ……（138）

    四、习题 ……（139）

第 12 章 气体动理论 ……（152）

    一、基本要求 ……（152）

    二、主要内容及例题 ……（152）

    三、难点分析 ……（156）

    四、习题 ……（156）

第 13 章 热力学基础 ……（160）

    一、基本要求 ……（160）

    二、主要内容及例题 ……（160）

    三、难点分析 ……（166）

    四、习题 ……（167）

第 14 章 相对论 ……（175）

    一、基本要求 ……（175）

    二、主要内容及例题 ……（175）

    三、难点分析 ……（181）

    四、习题 ……（181）

第 15 章　量子物理 ……………………………………………… (185)

　　一、基本要求 ……………………………………………………… (185)

　　二、主要内容及例题 ……………………………………………… (185)

　　三、难点分析 ……………………………………………………… (192)

　　四、习题 …………………………………………………………… (193)

《大学物理》(1)模拟卷 A ……………………………………………… (200)

《大学物理》(1)模拟卷 B ……………………………………………… (206)

《大学物理》(2)模拟卷 A ……………………………………………… (212)

《大学物理》(2)模拟卷 B ……………………………………………… (218)

参考答案 …………………………………………………………… (224)

质点运动学

一、基本要求

1. 熟练掌握描述质点运动及运动变化的四个物理量——位置矢量、位移、速度和加速度.理解这些物理量的矢量性、瞬时性和相对性.

2. 理解运动方程的物理意义及作用,能处理质点运动学两类问题:(1) 已知质点运动方程,确定质点的位置、位移、速度和加速度;(2) 已知质点运动的加速度和初始条件,求其速度和运动方程.

3. 熟练掌握曲线运动的自然坐标表示法.能计算质点在平面内做曲线运动时的角速度、角加速度、切向加速度和法向加速度.

4. 了解相对运动的速度关系式.

二、主要内容及例题

(一) 描述质点运动的四个物理量

1. 位置矢量 r.

物体运动时,位置矢量随时间而改变.在直角坐标系中,$r=r(t)=x(t)\boldsymbol{i}+y(t)\boldsymbol{j}+z(t)\boldsymbol{k}$,此式称为质点的运动方程,其分量式为

$$x=x(t)$$
$$y=y(t)$$
$$z=z(t)$$

从中消去时间参数 t,可得质点运动的轨迹方程.

2. 位移 Δr.

$$\Delta r=r(t+\Delta t)-r(t)=\Delta x\boldsymbol{i}+\Delta y\boldsymbol{j}+\Delta z\boldsymbol{k}$$

一般地,$|\Delta r|\neq \Delta r$.

路程和位移不同,路程用 Δs 表示.

3. 速度 $\boldsymbol{v}$.

平均速度 $\bar{\boldsymbol{v}} = \dfrac{\Delta \boldsymbol{r}}{\Delta t}$；瞬时速度（简称速度）$\boldsymbol{v} = \lim\limits_{\Delta t \to 0} \dfrac{\Delta \boldsymbol{r}}{\Delta t} = \dfrac{\mathrm{d} \boldsymbol{r}}{\mathrm{d} t}$.

速度的大小即速率. 瞬时速率（简称速率）$v = |\boldsymbol{v}| = \left|\dfrac{\mathrm{d}\boldsymbol{r}}{\mathrm{d}t}\right|$，当 $\Delta t \to 0$，$\mathrm{d}r = \mathrm{d}s$，$v = \dfrac{\mathrm{d}s}{\mathrm{d}t}$.

4. 加速度 $\boldsymbol{a}$.

平均加速度 $\bar{\boldsymbol{a}} = \dfrac{\Delta \boldsymbol{v}}{\Delta t}$；瞬时加速度（简称加速度）$\boldsymbol{a} = \lim\limits_{\Delta t \to 0} \dfrac{\Delta \boldsymbol{v}}{\Delta t} = \dfrac{\mathrm{d}\boldsymbol{v}}{\mathrm{d}t} = \dfrac{\mathrm{d}^2 \boldsymbol{r}}{\mathrm{d}t^2}$.

（二）质点运动学两类问题

1. 已知 $\boldsymbol{r} = \boldsymbol{r}(t)$，求质点的位置矢量、位移、速度和加速度——求导.
2. 已知 $\boldsymbol{a}(t)$ 和初始条件 $\boldsymbol{r}_0$ 和 $\boldsymbol{v}_0$，求其速度和运动方程——积分.

【例 1-1】 已知一质点的运动方程为 $\boldsymbol{r} = at^2 \boldsymbol{i} + bt^2 \boldsymbol{j}$（其中 a、b 为常数），则该质点做何运动？式中 r 的单位为 m，t 的单位为 s.

解：因为 $\boldsymbol{v} = \dfrac{\mathrm{d}\boldsymbol{r}}{\mathrm{d}t} = 2at\boldsymbol{i} + 2bt\boldsymbol{j}$，与时间有关，故质点做变速运动；而 $\boldsymbol{a} = \dfrac{\mathrm{d}\boldsymbol{v}}{\mathrm{d}t} = 2a\boldsymbol{i} + 2b\boldsymbol{j}$，与时间无关，故质点做匀变速运动.

由质点的运动方程，可得相应的分量式：

$$x = at^2 \qquad (1)$$
$$y = bt^2 \qquad (2)$$

从上两式中消去时间 t，可得轨迹方程：$y = \dfrac{b}{a} x$，这表明质点在 xOy 平面上运动的轨迹是直线，故该质点做匀变速直线运动.

【例 1-2】 如图 1-1 所示.

(1) 对于在 xOy 平面内以原点 O 为圆心做匀速圆周运动的质点，试用半径 r，角速度 ω，单位矢量 $\boldsymbol{i}$、$\boldsymbol{j}$ 表示其在 t 时刻的位置矢量. 已知在 $t = 0$ 时，$y = 0$，$x = r$，角速度 ω 如图 1-1 所示；

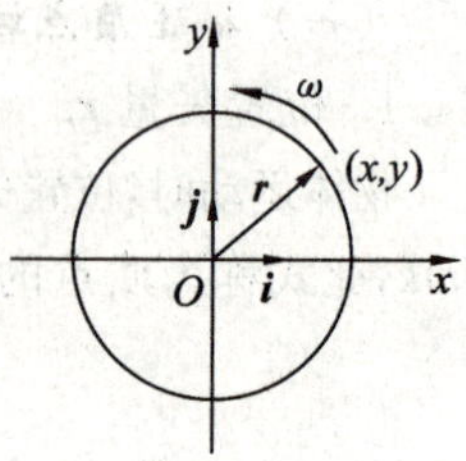

(2) 由(1)导出速度 $\boldsymbol{v}$ 与加速度 $\boldsymbol{a}$ 的矢量表示式；

(3) 试证加速度指向圆心.

图 1-1

解：(1) $\boldsymbol{r} = x\boldsymbol{i} + y\boldsymbol{j} = r\cos\omega t \boldsymbol{i} + r\sin\omega t \boldsymbol{j}$

(2) $\boldsymbol{v} = \dfrac{\mathrm{d}\boldsymbol{r}}{\mathrm{d}t} = -r\omega\sin\omega t \boldsymbol{i} + r\omega\cos\omega t \boldsymbol{j}$

$\boldsymbol{a} = \dfrac{\mathrm{d}\boldsymbol{v}}{\mathrm{d}t} = -r\omega^2 \cos\omega t \boldsymbol{i} - r\omega^2 \sin\omega t \boldsymbol{j}$

(3)
$$a = -\omega^2(r\cos\omega t \boldsymbol{i} + r\sin\omega t \boldsymbol{j}) = -\omega^2 \boldsymbol{r}$$

这说明 $\boldsymbol{a}$ 与 $\boldsymbol{r}$ 方向相反,即 $\boldsymbol{a}$ 指向圆心.

【例 1-3】 一物体悬挂在弹簧上做竖直振动,其加速度 $a = -ky$,式中 k 为常量,y 是以平衡位置为原点所测得的坐标.假定振动的物体在坐标 y_0 处的速度为 v_0,试求速度 v 与坐标 y 的函数关系式.

解: 本题已知加速度和位置的关系,而要求速度与坐标的关系.
因此,要做变量代换:
$$a = \frac{\mathrm{d}v}{\mathrm{d}t} = \frac{\mathrm{d}v}{\mathrm{d}y}\frac{\mathrm{d}y}{\mathrm{d}t} = v\frac{\mathrm{d}v}{\mathrm{d}y}$$

又 $a = -ky$,故 $-ky = \frac{v\mathrm{d}v}{\mathrm{d}y}$. 分离变量,可得
$$-ky\mathrm{d}y = v\mathrm{d}v$$

对上式积分,并代入初始条件 $y = y_0$,$v = v_0$,有
$$-\int_{y_0}^{y} ky\,\mathrm{d}y = \int_{v_0}^{v} v\,\mathrm{d}v$$

解得
$$v^2 = v_0^2 + k(y_0^2 - y^2)$$

(三) 曲线运动的自然坐标表述、圆周运动

1. 切向加速度和法向加速度.
$$\boldsymbol{a}_t = \frac{\mathrm{d}v}{\mathrm{d}t}\boldsymbol{e}_t = \frac{\mathrm{d}^2 s}{\mathrm{d}t^2}\boldsymbol{e}_t, \quad \boldsymbol{a}_n = \frac{v^2}{\rho}\boldsymbol{e}_n$$

$$\boldsymbol{a} = \boldsymbol{a}_t + \boldsymbol{a}_n = \frac{\mathrm{d}v}{\mathrm{d}t}\boldsymbol{e}_t + \frac{v^2}{\rho}\boldsymbol{e}_n$$

对圆周运动,有
$$a_t = \frac{\mathrm{d}v}{\mathrm{d}t}, \quad a_n = \frac{v^2}{R}$$

$$a = |\boldsymbol{a}| = \sqrt{a_n^2 + a_t^2} = \sqrt{\left(\frac{v^2}{R}\right)^2 + \left(\frac{\mathrm{d}v}{\mathrm{d}t}\right)^2}, \quad \tan\theta = \frac{a_n}{a_t}$$

2. 圆周运动的角量表示、线量和角量的关系.

角量:θ,$\Delta\theta$,$\omega = \dfrac{\mathrm{d}\theta}{\mathrm{d}t}$,$\alpha = \dfrac{\mathrm{d}\omega}{\mathrm{d}t} = \dfrac{\mathrm{d}^2\theta}{\mathrm{d}t^2}$.

线量和角量的关系:$v = R\omega$,$a_t = R\alpha$,$a_n = R\omega^2$.

【例 1-4】 一质点做半径 $R = 0.1$ m 的圆周运动,其角坐标 $\theta = 2 + 4t^3$ rad.

(1) 求 $t = 2$ s 时质点的法向加速度和切向加速度;

(2) 当 t 为多少时,法向加速度和切向加速度的数值相等?

解:(1) 质点的角速度为

$$\omega = \frac{d\theta}{dt} = 12t^2$$

角加速度为

$$\alpha = \frac{d\omega}{dt} = 24t$$

所以任意时刻 t 质点的 a_t 和 a_n 分别为

$$a_t = R\alpha = 24Rt$$
$$a_n = R\omega^2 = 144Rt^4$$

当 $t=2$ s 时,切向加速度 $a_t=4.8$ m·s^{-2},法向加速度 $a_n \approx 2.3\times10^2$ m·s^{-2}.

(2) 当 $a_n = a_t$ 时,即 $144Rt^4 = 24Rt$,此时 $t^3 = \frac{1}{6}$,解得 $t \approx 0.55$ s.

(四) 相对运动

$$\boldsymbol{v}_{绝对} = \boldsymbol{v}_{相对} + \boldsymbol{v}_{牵连}$$

或者

$$\boldsymbol{v}_{甲乙} = \boldsymbol{v}_{甲丙} + \boldsymbol{v}_{丙乙}$$

注意:相对运动的速度关系式是矢量式.

三、难点分析

1. 描述质点运动的四个物理量(位置矢量、位移、速度、加速度)是矢量,要注意不能把矢量当标量,把变量当常量,把积分运算用代数运算来处理.学习时可重点关注解决运动学的第二类问题(已知加速度和初始条件,加速度随时间变化,也可随速度变化以及随位置矢量变化,求物体的运动速度、运动方程)的方法.

2. 注意区分几个容易混淆的量.
① $|\Delta \boldsymbol{r}| \neq \Delta s$,但 $|d\boldsymbol{r}| = ds$.
② $|\Delta \boldsymbol{r}| \neq \Delta r$.
③ $|\bar{\boldsymbol{v}}| \neq \bar{v}$,但 $v = |\boldsymbol{v}|$.
④ $\boldsymbol{a} = \dfrac{d\boldsymbol{v}}{dt}$,$a_t = \dfrac{dv}{dt}$.

四、习 题

(一) 选择题

1. 某质点做直线运动时的运动方程为 $x = 3t - 5t^3 + 6$(SI 制),则该质点做
( )

(A) 匀加速直线运动,加速度沿 x 轴正方向

(B) 匀加速直线运动,加速度沿 x 轴负方向
(C) 变加速直线运动,加速度沿 x 轴正方向
(D) 变加速直线运动,加速度沿 x 轴负方向

2. 一质点做直线运动,某时刻的瞬时速度 $v=2\text{ m}\cdot\text{s}^{-1}$,瞬时加速度 $a=-2\text{ m}\cdot\text{s}^{-2}$,则 1 s 后质点的速度 ( )

(A) 等于零   (B) 等于 $-2\text{ m}\cdot\text{s}^{-1}$
(C) 等于 $2\text{ m}\cdot\text{s}^{-1}$ (D) 不能确定

3. 如图 1-2 所示,湖中有一小船,有人用绳绕过岸上一定高度处的定滑轮拉湖中的船向岸边运动,该人以匀速率 v_0 收绳.设绳不伸长且湖水静止,当绳子与水平面的夹角为 θ 时,船在水面上实际行进的速率为 ( )

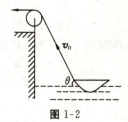

图 1-2

(A) $v_0\cos\theta$ (B) $\dfrac{v_0}{\cos\theta}$

(C) $v_0\sin\theta$ (D) $\dfrac{v_0}{\sin\theta}$

4. 一运动质点在某瞬时位于矢径 $\boldsymbol{r}(x,y)$ 的端点处,其速度的大小为 ( )

(A) $\dfrac{\mathrm{d}r}{\mathrm{d}t}$ (B) $\dfrac{\mathrm{d}\boldsymbol{r}}{\mathrm{d}t}$

(C) $\dfrac{\mathrm{d}|\boldsymbol{r}|}{\mathrm{d}t}$ (D) $\sqrt{\left(\dfrac{\mathrm{d}x}{\mathrm{d}t}\right)^2+\left(\dfrac{\mathrm{d}y}{\mathrm{d}t}\right)^2}$

5. 以下五种运动形式中,$\boldsymbol{a}$ 保持不变的运动是 ( )
(A) 单摆的运动   (B) 匀速率圆周运动
(C) 行星的椭圆轨道运动   (D) 抛体运动

6. 质点做曲线运动,$\boldsymbol{r}$ 表示位置矢量,$\boldsymbol{v}$ 表示速度,$\boldsymbol{a}$ 表示加速度,s 表示路程,a_t 表示切向加速度的大小,下列表达式中:

(1) $\dfrac{\mathrm{d}v}{\mathrm{d}t}=a$; (2) $\dfrac{\mathrm{d}r}{\mathrm{d}t}=v$; (3) $\dfrac{\mathrm{d}s}{\mathrm{d}t}=v$; (4) $\left|\dfrac{\mathrm{d}\boldsymbol{v}}{\mathrm{d}t}\right|=a_t$. ( )

(A) 只有(1)、(4)是对的   (B) 只有(2)、(4)是对的
(C) 只有(2)是对的   (D) 只有(3)是对的

7. 下列说法正确的是 ( )
(A) 一质点在某时刻的瞬时速度是 $2\text{ m}\cdot\text{s}^{-1}$,说明它在此后 1 s 内一定要经过 2 m 的路程
(B) 斜向上抛的物体,在最高点处的速度最小,加速度最大
(C) 物体做曲线运动时,有可能在某时刻的法向加速度为零

(D) 物体的加速度越大,则速度越大

8. 某物体的运动规律为 $\dfrac{dv}{dt}=-kv^2 t$,式中 k 为大于零的常量.当 $t=0$ 时,初速度为 v_0,则速度 v 与时间 t 的函数关系是 ( )

(A) $v=\dfrac{1}{2}kt^2+v_0$ (B) $v=-\dfrac{1}{2}kt^2+v_0$

(C) $\dfrac{1}{v}=\dfrac{kt^2}{2}+\dfrac{1}{v_0}$ (D) $\dfrac{1}{v}=-\dfrac{kt^2}{2}+\dfrac{1}{v_0}$

9. 质点沿半径为 R 的圆周做匀速率运动,每间隔时间 T 转一圈,在 $2T$ 时间间隔中,其平均速度大小与平均速率大小分别为 ( )

(A) $\dfrac{2\pi R}{T},\dfrac{2\pi R}{T}$ (B) $0,\dfrac{2\pi R}{T}$

(C) $0,0$ (D) $\dfrac{2\pi R}{T},0$

10. 下列说法正确的是 ( )

(A) 加速度恒定不变时,物体运动方向也不变

(B) 平均速率等于平均速度的大小

(C) 不管加速度如何,平均速率表达式总可以写成(v_1、v_2 分别为初、末速率)$\bar{v}=\dfrac{v_1+v_2}{2}$

(D) 运动物体速率不变时,速度可以变化

11. 在相对地面静止的坐标系内,A、B 两船都以 $2\ \text{m}\cdot\text{s}^{-1}$ 速率匀速行驶,A 船沿 x 轴正向,B 船沿 y 轴正向.今在 A 船上设置与静止坐标系方向相同的坐标系(x、y 方向单位矢量用 $\boldsymbol{i}$、$\boldsymbol{j}$ 表示),那么在 A 船上的坐标系中,B 船的速度(以 $\text{m}\cdot\text{s}^{-1}$ 为单位)为 ( )

(A) $2\boldsymbol{i}+2\boldsymbol{j}$ (B) $-2\boldsymbol{i}+2\boldsymbol{j}$

(C) $-2\boldsymbol{i}-2\boldsymbol{j}$ (D) $2\boldsymbol{i}-2\boldsymbol{j}$

12. 一飞机相对空气的速度大小为 $200\ \text{km}\cdot\text{h}^{-1}$,风速为 $56\ \text{km}\cdot\text{h}^{-1}$,方向从西向东.地面雷达站测得飞机的速度大小为 $192\ \text{km}\cdot\text{h}^{-1}$,其方向是 ( )

(A) 南偏西 $16.3°$ (B) 北偏东 $16.3°$

(C) 向正南或向正北 (D) 西偏北 $16.3°$

(E) 东偏南 $16.3°$

(二) 填空题

1. 在表达式 $\boldsymbol{v}=\lim\limits_{\Delta t\to 0}\dfrac{\Delta \boldsymbol{r}}{\Delta t}$ 中,位置矢量是_____,位移矢量是_____.

2. 一质点在 xOy 平面内运动,其运动方程为 $x=2t$ 和 $y=19-2t^2$(SI 制),则在第 2 s 内质点的平均速度大小 $|\bar{v}|=$ _____, 2 s 末的瞬时速度大小 $v_2=$ _____;该质点的轨迹方程为 _____.

3. 一质点沿直线运动,其运动方程为 $x=6t-t^2$(SI 制),则 t 在 0~4 s 的时间间隔内质点的位移大小为 _____,质点走过的路程为 _____.

4. 一质点沿 x 轴方向运动,其加速度随时间的变化关系为 $a=3+2t$(SI 制),如果初始时质点的速率 v_0 为 5 m·s^{-1},则当 $t=3$ s 时,质点的速度为 _____.

5. 如图 1-3 所示,一质点从 O 点出发以匀速率 1 cm·s^{-1} 做顺时针转向的圆周运动,圆的半径为 1 m. 当它走过 $\frac{2}{3}$ 圆周时,走过的路程是 _____,这段时间内的平均速度大小为 _____,方向为 _____.

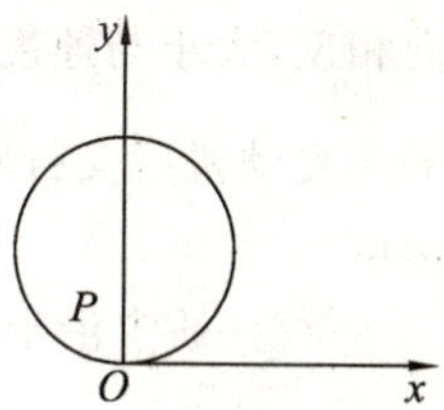

6. 质点在重力场中做斜上抛运动,初速度的大小为 v_0,与水平方向成 α 角. 则质点到达抛出点的同一高度时的切向加速度为 _____,法向加速度为 _____,该时刻质点所在处轨迹的曲率半径为 _____(忽略空气阻力).

图 1-3

7. 灯距地面高度为 h_1,一个人身高为 h_2,在灯下以匀速率 v 沿水平直线行走,如图 1-4 所示. 他的头顶在地上的影子 M 点沿地面移动的速度大小为 $v_M=$ _____.

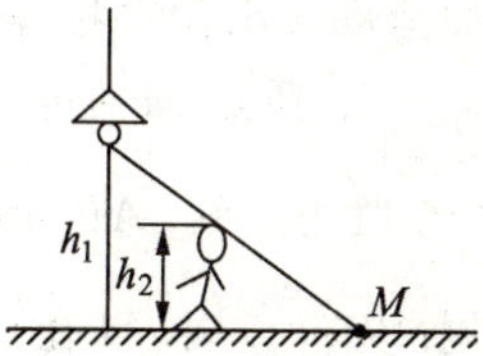

图 1-4

8. 一质点做半径为 0.1 m 的圆周运动,其角位置的运动方程为 $\theta=\frac{\pi}{4}+\frac{1}{2}t^2$(SI 制),则其切向加速度大小为 $a_t=$ _____.

9. 飞轮做加速运动时,轮边缘上一点的运动方程为 $s=0.1t^3$(SI 制). 飞轮半径为 2 m. 当此点的速率 $v=30$ m·s^{-1} 时,其切向加速度大小为 _____,法向加速度大小为 _____.

(三) 计算及证明题

1. 有一质点沿 x 轴做直线运动,t 时刻的坐标为 $x=4.5t^2-2t^3$(SI 制). 试求:

(1) 第 2 s 内的平均速度;

(2) 第 2 s 末的瞬时速度;

(3) 第 2 s 内的路程.

2. 一质点沿 x 轴运动,其加速度 a 与位置坐标 x 的关系为
$$a = 2 + 6x^2 \quad (SI制)$$
如果质点在原点处的速度为零,试求其在任意位置处的速度.

3. 一质点从静止开始做直线运动,开始时加速度为 a_0,此后加速度随时间均匀增加,经过时间 τ 后,加速度为 $2a_0$,经过时间 2τ 后,加速度为 $3a_0$……求经过时间 $n\tau$ 后,该质点的速度和走过的距离.

4. 一艘正在沿直线行驶的电艇,在发动机关闭后,其加速度方向与速度方向相反,大小与速度的平方成正比,即 $\dfrac{dv}{dt} = -kv^2$,式中 k 为常量.试证明:电艇在关闭发动机后又行驶了 x 距离时的速度 $v = v_0 e^{-kx}$,其中 v_0 是发动机关闭时的速度.

5. 一质点沿半径为 R 的圆周运动,质点所经过的弧长与时间的关系为 $s = bt - \dfrac{1}{2}ct^2$,其中 b,c 是大于零的常量.求从 $t=0$ 开始到质点的切向加速度与法向加速度大小首次相等时所经历的时间.

6. 质点 M 在水平面内的运动轨迹如图 1-5 所示,OA 段为直线,AB、BC 段分别为不同半径的两个 $\dfrac{1}{4}$ 圆周.设 $t=0$ 时,M 在 O 点,已知质点的运动方程为
$$s = 30t + 5t^2 \quad (SI制)$$
求 $t=2$ s 时刻质点 M 的切向加速度大小和法向加速度大小.

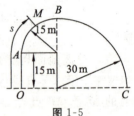

图 1-5

7. 如图 1-6 所示,质点 P 在水平面内沿一半径 $R = 2$ m 的圆轨道转动.转动的角速度 ω 与时间 t 的函数关系为 $\omega = kt^2$(k 为常量).已知 $t=2$ s 时质点 P 的速度为 32 m·s^{-1}.试求 $t=1$ s 时质点 P 的速度与加速度的大小.

8. 一张致密光盘(CD)音轨区域的内半径 $R_1 = 2.2$ cm,外半径 $R_2 = 5.6$ cm,径向音轨密度 $n = 650$ 条/mm.在 CD 唱机内,光盘每转一圈,激光头沿径向向外移动一条音轨,激光束以 $v = 1.3$ m·s^{-1} 的恒定线速度运动.问:

(1) 这张光盘的全部放音时间是多少?

(2) 激光束到达离盘心 $r = 2.6$ cm 处时,光盘转动的角速度和角加速度各是多少?

牛顿运动定律

一、基本要求

1. 了解几种常见的力：重力、弹性力和摩擦力，掌握力的分析方法.
2. 熟练掌握利用牛顿运动定律分析问题的基本思路和研究方法，能应用微积分知识、牛顿运动定律求解一维变力作用下的简单动力学问题.
3. 了解惯性参照系及非惯性参照系的定义.

二、主要内容及例题

（一）牛顿运动定律

第一定律：引出了惯性和力的概念以及惯性参照系的定义. 如果牛顿第一定律在某个参照系中适用，则这个参照系成为惯性参照系，简称惯性系.

第二定律：

$$F = \frac{d\boldsymbol{p}}{dt} = \frac{d(m\boldsymbol{v})}{dt}$$

当质点低速（$v \ll c$）运动时，其质量可看作常量，上式可写为

$$\boldsymbol{F} = m\frac{d\boldsymbol{v}}{dt} = m\boldsymbol{a}$$

式中，$\boldsymbol{F}$ 为合外力，$\boldsymbol{a}$ 的方向与 $\boldsymbol{F}$ 的方向一致. $\boldsymbol{F}$ 与 $\boldsymbol{a}$ 的关系为瞬时关系，即当合外力一旦撤去或为零时，加速度也就立即消失.

在直角坐标系中，它在 Ox、Oy、Oz 三个方向上的投影式为

$$F_x = m\frac{dv_x}{dt} = ma_x$$

$$F_y = m\frac{dv_y}{dt} = ma_y$$

$$F_z = m\frac{dv_z}{dt} = ma_z$$

在自然坐标系中,它在切线和法线方向的投影式为

$$F_t = ma_t = m\frac{dv}{dt}$$

$$F_n = ma_n = m\frac{v^2}{\rho}$$

第三定律:

$$\boldsymbol{F}_{12} = -\boldsymbol{F}_{21}$$

必须明确:牛顿运动定律只适用于质点或可视为质点的物体,且研究对象的质量不会随着运动而明显变化.

(二)力学中常见的几种力

1. 万有引力(含重力):

$$F = G\frac{m_1 m_2}{r^2}$$

2. 弹性力包含以下几类:

压力:物体间相互挤压而引起的弹性力,它垂直于接触面作用.

张力:绳子两端受到力的作用被拉紧后,由于发生拉伸形变所引起的张力.

弹簧的弹力:弹簧被拉伸或压缩时产生的弹性力 $F = -kx$.

3. 摩擦力:包括滑动摩擦力 $f = \mu N$ 和静摩擦力 $f_{\max} = \mu_0 N$.

(三)应用牛顿运动定律解题思路

力学中常见的动力学问题:已知作用于质点的力,求质点的运动.在这类问题中,已知的作用力可能是恒力,也可能是变力.当物体受的力为变力时,应利用微积分知识解题.

说明:牛顿运动定律只适用于质点,若涉及两个或两个以上质点的运动时,应采用"隔离体法"对各个物体进行受力分析,而后逐个分别运用牛顿第二定律.在用"隔离体法"解题时,大致可按下列步骤进行:

a. 根据题意和需求,有目的地选一个或几个物体作为研究对象;

b. 选定可以作为惯性系的参照系,并建立合适的坐标系;

c. 用"隔离体法"分析各物体的受力情况,画受力图,并标示出其运动情况;

d. 按牛顿第二定律列出质点运动方程(矢量式),或写出它沿各坐标轴的分量式;

e. 解出所需结果,必要时对所求结果进行讨论.

【例2-1】 质量为 m 的雨滴下降时,因受空气阻力作用,在落地前的瞬间做匀速运动,其速率 $v_0 = 5.0 \text{ m} \cdot \text{s}^{-1}$.设空气阻力的大小与雨滴速率的平方成正比.问:当雨滴下降速率 $v = 4.0 \text{ m} \cdot \text{s}^{-1}$ 时,其加速度 a 多大?

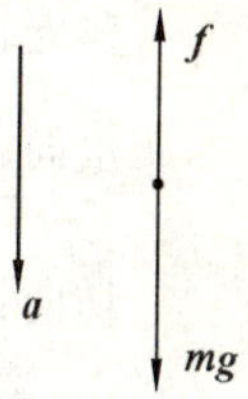

解：取雨滴为研究对象，画出其受力分析图，如图 2-1 所示．其受空气阻力 $f=-kv^2$．

当雨滴做匀速运动时 $\quad mg=kv_0^2 \quad$ ①

当雨滴做加速运动时 $\quad mg-kv^2=ma \quad$ ②

由②得 $\quad a=\dfrac{mg-kv^2}{m} \quad$ ③

由①得 $\quad k=\dfrac{mg}{v_0^2} \quad$ ④

图 2-1

将④代入③，得

$$a=g\left[1-\left(\dfrac{v}{v_0}\right)^2\right]\approx 3.53 \text{ m}\cdot\text{s}^{-2}.$$

【例 2-2】 已知一质量为 m 的质点在 x 轴上运动，质点只受到指向原点的引力的作用，引力大小与质点离原点的距离 x 的平方成反比，即 $f=-\dfrac{k}{x^2}$，k 是比例常数．设质点在 $x=A$ 时的速度为零，求质点在 $x=\dfrac{A}{4}$ 处的速度的大小．

解：根据牛顿第二定律，有

$$f=-\dfrac{k}{x^2}=m\dfrac{\mathrm{d}v}{\mathrm{d}t}$$

利用变量代换，得 $\quad -\dfrac{k}{x^2}=m\dfrac{\mathrm{d}v}{\mathrm{d}t}=m\dfrac{\mathrm{d}v}{\mathrm{d}x}\cdot\dfrac{\mathrm{d}x}{\mathrm{d}t}=mv\dfrac{\mathrm{d}v}{\mathrm{d}x}$

再分离变量，有

$$v\mathrm{d}v=-k\dfrac{\mathrm{d}x}{mx^2},$$

对上式积分，并代入始、末条件，有

$$\int_0^v v\mathrm{d}v=-\int_A^{\frac{A}{4}}\dfrac{k}{mx^2}\mathrm{d}x$$

得 $\quad \dfrac{1}{2}v^2=\dfrac{k}{m}\left(\dfrac{4}{A}-\dfrac{1}{A}\right)=\dfrac{3}{mA}k$

所以 $\quad v=\sqrt{\dfrac{6k}{mA}}$

【例 2-3】 如图 2-2 所示，在光滑的水平面上设置一竖直的圆筒，半径为 R，一小球紧靠圆筒内壁运动，摩擦因数为 μ，在 $t=0$ 时，球的速率为 v_0．求任一时刻球的速率和运动路程．

解：选小球为研究对象，画其水平面上受力分析图．

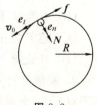

图 2-2

建立自然坐标系,应用牛顿运动定律列方程.

法向:
$$N = m \frac{v^2}{R}$$

切向:
$$-f = m \frac{dv}{dt}$$

因 $f = \mu N$,所以有
$$\frac{dv}{dt} = -\mu \frac{v^2}{R}$$

对上式分离变量后积分,并代入始、末条件,有
$$-\int_{v_0}^{v} \frac{1}{v^2} dv = \int_0^t \frac{\mu}{R} dt$$

得
$$v = \frac{v_0 R}{R + v_0 \mu t}$$

利用 $v = \frac{ds}{dt}$,求得小球在时间 t 内经过的路程为
$$s = \int_0^t v\, dt = v_0 R \int_0^t \frac{dt}{R + v_0 \mu t} = \frac{R}{\mu} \ln\left(1 + \frac{v_0 \mu t}{R}\right)$$

三、难点分析

中学物理中应用牛顿运动定律来处理动力学问题,对此同学们已经非常熟悉了,但是中学物理处理的都是恒力作用下的动力学问题.大学物理与中学物理的重要区别是,大学物理要解决变力作用下的动力学问题,这就要转变思维模式,学会用微积分的思想去思考和处理物理问题,这也是这一章的难点.结合第1章中运动学中的两类问题,常用的数学处理方法有分离变量、变量代换等.

四、习 题

(一) 选择题

1. 用水平压力 F 把一个物体压着靠在粗糙的竖直墙面上保持静止.当 F 逐渐增大时,物体所受的静摩擦力 f ( )

(A) 恒为零

(B) 不为零,但保持不变

(C) 随 F 成正比地增大

(D) 开始随 F 增大,达到某一最大值后就保持不变

2. 质量分别为 m_1 和 m_2 的两滑块 A 和 B 通过一轻质弹簧水平连接后置于水平桌面上,滑块与桌面间的摩擦因数均为 μ,系统在水平拉力 F 作用下匀速运

动,如图 2-3 所示.如突然撤销拉力,则刚撤销后瞬间,二者的加速度 a_A 和 a_B 分别为 ( )

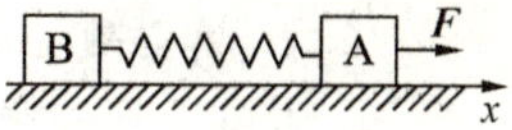

(A) $a_A=0, a_B=0$　　(B) $a_A>0, a_B<0$
(C) $a_A<0, a_B>0$　　(D) $a_A<0, a_B=0$

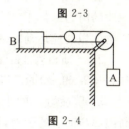

图 2-3

*3. 如图 2-4 所示,物体 A、B 质量相同,B 在光滑水平桌面上.滑轮与绳的质量以及空气阻力均不计,滑轮与其轴之间的摩擦也不计.系统无初速地释放,则物体 A 下落的加速度是 ( )

(A) g 　　(B) $\dfrac{4}{5}g$

(C) $\dfrac{g}{2}$ 　　(D) $\dfrac{g}{3}$

图 2-4

4. 如图 2-5 所示,假设物体沿着竖直面上圆弧形轨道下滑,轨道是光滑的.物体在从 A 至 C 的下滑过程中,下列说法正确的是 ( )

(A) 它的加速度大小不变,方向永远指向圆心
(B) 它的速率均匀增加
(C) 它的合外力大小变化,方向永远指向圆心
(D) 它的合外力大小不变
(E) 轨道支持力的大小不断增加

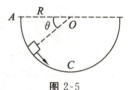

图 2-5

5. 在做匀速转动的水平转台上,与转轴相距 R 处有一体积很小的工件 A,如图 2-6 所示.设工件与转台间的静摩擦因数为 μ_s,若使工件在转台上无滑动,则转台的角速度 ω 应满足 ( )

(A) $\omega \leqslant \sqrt{\dfrac{\mu_s g}{R}}$ 　　(B) $\omega \leqslant \sqrt{\dfrac{3\mu_s g}{2R}}$

(C) $\omega \leqslant \sqrt{\dfrac{3\mu_s g}{R}}$ 　　(D) $\omega \leqslant 2\sqrt{\dfrac{\mu_s g}{R}}$

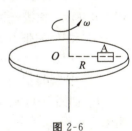

图 2-6

6. 如图 2-7 所示,用一斜向上的力 $\boldsymbol{F}$(与水平面成 30°角),将一重为 G 的木块压靠在竖直壁面上,如果不论用怎样大的力 F,都不能使木块向上滑动,则说明木块与壁面间的静摩擦因数 μ_s ( )

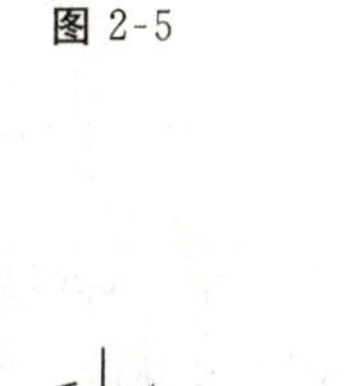

(A) $\geqslant \dfrac{1}{2}$ 　　(B) $\geqslant \dfrac{1}{\sqrt{3}}$

(C) $\geqslant \sqrt{3}$ 　　(D) $\geqslant 2\sqrt{3}$

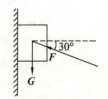

图 2-7

(二) 填空题

1. 质量为 m 的物体自空中落下,它除受重力外,还受到一个与速度平方成正比的阻力的作用,比例系数为 k,k 为正值常量,该下落物体的收尾速度(即最后物体做匀速运动时的速度)将是_____.

2. 一质量为 3 kg 的质点,沿 x 轴运动,设 $t=0$ 时,$v=0$. 如果质点在作用力 $F=3+2t$(SI 制)的作用下运动,则该质点 3 s 末的速度大小为_____.

3. 质量为 m 的小球,用轻绳 AB、BC 连接,如图 2-8 所示,其中 AB 水平. 剪断绳 AB 前后的瞬间,绳 BC 中的张力比 $T:T'=$_____.

4. 如图 2-9 所示,一光滑的内表面半径为 10 cm 的半球形碗,以匀角速度 ω 绕其对称轴 OC 旋转. 已知放在碗内表面上的一个小球 P 相对于碗静止,其位置高于碗底 4 cm,则由此可推知碗旋转的角速度约为_____.

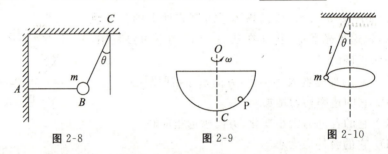

图 2-8　　　　　图 2-9　　　　　图 2-10

5. 一圆锥摆摆长为 l,摆锤质量为 m,在水平面上做匀速圆周运动,如图 2-10 所示,摆线与铅垂线的夹角为 θ,则

(1) 摆线的张力 $F=$_____;

(2) 摆锤的速率 $v=$_____;

(3) 摆锤转动的周期 $T=$_____.

6. 如图 2-11 所示,一物体质量为 M,置于光滑水平地板上. 今用一水平力 F 通过一质量为 m 的绳拉动物体前进,则物体的加速度 $a=$_____,绳作用于物体上的力 $T=$_____.

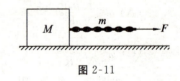

图 2-11

(三) 计算题

1. 质量 $m=6$ kg 的质点,沿 x 轴运动,设 $t=0$ 时,$x=0$,$v=0$. 如果质点在作用力 $F=3+4x$ 作用下,求其运动到 $x=3$ m 处的速度大小(式中 F 的单位为 N,x 的单位为 m).

2. 质量为 m 的子弹以速率 v_0 水平射入沙土中,设子弹所受阻力与速度反向,大小与速度成正比,比例系数为 k,忽略子弹的重力. 求:

(1) 子弹射入沙土后速度随时间变化的函数式；

(2) 子弹进入沙土的最大深度.

3. 如图 2-12 所示,在光滑的水平面上固定一半径为 R 的圆形环围屏,质量为 m 的滑块沿环形内壁转动,滑块与壁间的摩擦因数为 μ.

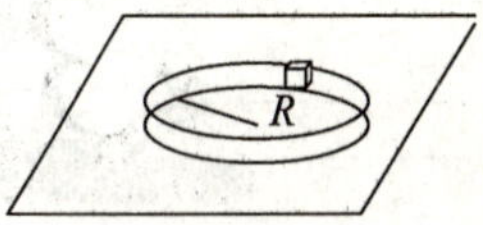

(1) 当滑块速度为 v 时,求它与壁间的摩擦力及滑块的切向加速度；

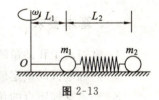

图 2-12

(2) 求滑块的速率由 v 变为 $\dfrac{v}{3}$ 所需的时间.

4. 如图 2-13 所示,质量分别为 m_1 和 m_2 的两只球,用弹簧连在一起,且用长为 L_1 的线拴在轴 O 上,m_1 与 m_2 均以角速度 ω 绕轴在水平光滑面上做匀速圆周运动.当两球之间的距离为 L_2 时,将线烧断.试求线被烧断的瞬间两球的加速度 a_1 和 a_2.(设弹簧和线的质量忽略不计)

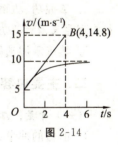

图 2-13

5. 一辆质量 $m=4$ kg 的雪橇,沿着与水平面夹角 $\theta=36.9°$ 的斜坡向下滑动,所受空气阻力与速度成正比,比例系数 k 未知.今测得雪橇运动的 $v\text{-}t$ 关系如图 2-14 曲线所示,$t=0$ 时,$v_0=5$ m·s^{-1},且曲线在该点的切线通过坐标为 $(4,14.8)$ 的 B 点.随着时间 t 的增加,v 趋近于 10 m·s^{-1},求阻力系数 k 及雪橇与斜坡间的动摩擦因数 μ.($\sin36.9°=0.6,\cos36.9°=0.8$)

图 2-14

第3章 动量守恒定律和能量守恒定律

一、基本要求

1. 掌握动量和冲量的概念,并会计算动量和一维变力的冲量.
2. 熟练掌握动量定理和动量守恒定律,并能熟练应用.
3. 熟练掌握质点的角动量和角动量守恒定律.
4. 掌握功、功率、动能与势能(包括引力势能、重力势能和弹力势能)的定义和物理意义及计算方法.
5. 熟练掌握动能定理、功能原理和机械能守恒定律,并能熟练应用.

二、主要内容及例题

(一) 冲量:力对时间的累积作用

1. 恒力的冲量:
$$I = F\Delta t$$

2. 变力的冲量:
$$I = \int_{t_1}^{t_2} F dt$$

【例 3-1】 设作用在质量为 1 kg 的物体上的力 $F=6t+3$(SI 制). 如果物体在这一力的作用下,由静止开始沿直线运动,在 0~2.0 s 的时间间隔内,这个力作用在物体上的冲量是多少?

解:这是一个典型的求变力冲量的问题:

$$I = \int F dt = \int_0^2 (6t+3) dt = (3t^2+3t)\Big|_0^2 = 18 \text{ N} \cdot \text{s}$$

(二) 动量

$$p = mv$$

【例 3-2】 质量为 m 的小球在水平面内以速率 v 做匀速圆周运动,试求下

列运动过程中的动量变化:

(1) 小球运动 $\frac{1}{4}$ 圆周;

(2) 小球运动 $\frac{1}{2}$ 圆周;

(3) 小球运动 $\frac{3}{4}$ 圆周;

(4) 小球运动整个圆周.

解: 如图 3-1 所示, 设质点由 A 点出发, 沿圆周运动.

(1) 小球运动 $\frac{1}{4}$ 圆周时动量增量为

$$\Delta \boldsymbol{p} = m\boldsymbol{v}_B - m\boldsymbol{v}_A = mv\boldsymbol{i} - (-mv\boldsymbol{j}) = mv(\boldsymbol{i}+\boldsymbol{j})$$

(2) 小球运动 $\frac{1}{2}$ 圆周时动量增量为

$$\Delta \boldsymbol{p} = m\boldsymbol{v}_C - m\boldsymbol{v}_A = mv\boldsymbol{j} - (-mv\boldsymbol{j}) = 2mv\boldsymbol{j}$$

(3) 小球运动 $\frac{3}{4}$ 圆周时动量增量为

$$\Delta \boldsymbol{p} = m\boldsymbol{v}_D - m\boldsymbol{v}_A = -mv\boldsymbol{i} - (-mv\boldsymbol{j}) = mv(\boldsymbol{j}-\boldsymbol{i})$$

(4) 小球运动整个圆周时动量增量为

$$\Delta \boldsymbol{p} = m\boldsymbol{v}_A - m\boldsymbol{v}_A = 0$$

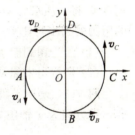

图 3-1

注意: 本题主要考查动量的矢量性, 求动量的变化量时一定要注意方向性.

(三) 质点及质点系的动量定理

动量定理: 一定时间内, 作用于系统的合外力的冲量, 等于系统在此时间内的动量增量, 其数学表达式如下:

$$\boldsymbol{I} = \int_{t_1}^{t_2} \boldsymbol{F} dt = \boldsymbol{p}_2 - \boldsymbol{p}_1$$

【例 3-3】 一颗子弹在枪筒里前进时所受的合力的大小为 $F = 400 - \dfrac{4\times 10^5}{3}t$ (SI 制), 子弹从枪口射出时的速率为 $300 \text{ m} \cdot \text{s}^{-1}$, 子弹走完枪筒全长所用的时间 $t = 3\times 10^{-3}$ s. 求:

(1) 子弹在枪筒内所受力的冲量;

(2) 子弹的质量 m.

解: $I = \int F dt = \int_0^{3\times 10^{-3}} \left(400 - \dfrac{4\times 10^5}{3}t\right) dt = \left(400t - \dfrac{2\times 10^5}{3}t^2\right)\Big|_0^{3\times 10^{-3}}$

$= \left(400\times 3\times 10^{-3} - \dfrac{2\times 10^5}{3}\times 9\times 10^{-6}\right) \text{N} \cdot \text{s} = 0.6 \text{ N} \cdot \text{s}$

根据动量定理 $I=\Delta(m\boldsymbol{v})$，得

$$m=\frac{0.6}{300}\text{ kg}=2.0\times 10^{-3}\text{ kg}$$

（四）动量守恒定律

1. 当系统所受合外力为零时，系统的总动量将保持不变，即 $F_{外}=0$，$p=$ 恒量.

2. 若系统所受合外力在某一方向上的分量为零，则该系统的动量在该方向上的分量保持不变，即 $(F_{外})_{某方向}=0$，$p_{某方向}=$ 恒量.

3. 当系统的内力远大于外力时，可近似认为系统动量守恒，即 $F_{外}\ll F_{内}$，$p\approx$ 恒量.

【例 3-4】 水面上有一质量为 M 的木船，开始时静止不动，从岸上以水平速度 $\boldsymbol{v}_0$ 将一质量为 m 的沙袋抛到船上，然后二者一起运动. 设运动过程中船受的阻力的大小与速率成正比，比例系数为 k. 试求：

（1）沙袋抛到船上后，船和沙袋一起开始运动的速率；

（2）沙袋与木船从开始一起运动直到静止时所走过的距离.

解：（1）设沙袋抛到船上后，船和沙袋一起开始运动的速度大小为 v，设沿此运动方向为 x 轴正方向，则水平方向上的动量守恒，有

$$(M+m)v=mv_0$$

得

$$v=\frac{mv_0}{M+m}$$

其方向与 $\boldsymbol{v}_0$ 方向一致.

（2）由题意知，

$$F=-kv=-k\frac{\mathrm{d}x}{\mathrm{d}t}$$

又

$$F=(M+m)a=(M+m)\frac{\mathrm{d}v}{\mathrm{d}t}$$

所以

$$-k\frac{\mathrm{d}x}{\mathrm{d}t}=(M+m)\frac{\mathrm{d}v}{\mathrm{d}t}$$

即 $\mathrm{d}x=-\frac{M+m}{k}\mathrm{d}v$. 两边积分，得

$$\int_0^x \mathrm{d}x=\int_v^0 -\frac{M+m}{k}\mathrm{d}v$$

解得

$$x=\frac{M+m}{k}v=\frac{mv_0}{k}$$

（五）功：力对空间的累积作用

1. 力 F 做功的普遍表达式为

$$W = \int_A^B \boldsymbol{F} \cdot \mathrm{d}\boldsymbol{r}$$

2. $\int_A^B \boldsymbol{F} \cdot \mathrm{d}\boldsymbol{r} = \int_A^B (F_x \boldsymbol{i} + F_y \boldsymbol{j} + F_z \boldsymbol{k}) \cdot (\mathrm{d}x \boldsymbol{i} + \mathrm{d}y \boldsymbol{j} + \mathrm{d}z \boldsymbol{k})$

$\quad = \int_A^B F_x \mathrm{d}x + F_y \mathrm{d}y + F_z \mathrm{d}z = \int_{x_A}^{x_B} F_x \mathrm{d}x + \int_{y_A}^{y_B} F_y \mathrm{d}y + \int_{z_A}^{z_B} F_z \mathrm{d}z$

即合外力对物体所做的功等于各分力所做功之和.

3. 功率为
$$P = \frac{\mathrm{d}W}{\mathrm{d}t} = \boldsymbol{F} \cdot \boldsymbol{v}$$

【例 3-5】 质量 $m = 2$ kg 的物体受到力 $\boldsymbol{F} = (5t\boldsymbol{i} + 3t^2 \boldsymbol{j})$（SI 制）的作用而运动，$t = 0$ 时物体位于原点并静止. 求前 10 s 内力 $\boldsymbol{F}$ 所做的功和 $t = 10$ s 时物体的动能.

解：(1) 物体的加速度为
$$\boldsymbol{a} = \frac{\boldsymbol{F}}{m} = \frac{5}{2} t \boldsymbol{i} + \frac{3}{2} t^2 \boldsymbol{j}$$

其速度为
$$\boldsymbol{v} = \int_0^t \boldsymbol{a} \mathrm{d}t = \frac{5}{4} t^2 \boldsymbol{i} + \frac{1}{2} t^3 \boldsymbol{j}$$

力 $\boldsymbol{F}$ 所做的功为
$$W = \int \boldsymbol{F} \cdot \mathrm{d}\boldsymbol{r} = \int \boldsymbol{F} \cdot \boldsymbol{v} \, \mathrm{d}t = \int_0^t (F_x v_x + F_y v_y) \mathrm{d}t$$
$$= \int_0^t \left(\frac{25}{4} t^3 + \frac{3}{2} t^5 \right) \mathrm{d}t = \frac{25}{16} t^4 + \frac{1}{4} t^6$$

将 $t = 10$ s 代入上式，可得前 10 s 内力 $\boldsymbol{F}$ 所做的功为
$$W \approx 2.66 \times 10^5 \text{ J}$$

(2) 由动能定理得到物体在 $t = 10$ s 时的动能为
$$E_k = W = 2.66 \times 10^5 \text{ J}$$

（六）保守力做功与势能

1. 保守力做功的特点.

保守力做功仅与物体的始末位置有关，而与过程所经历的路径无关，即
$$W = \oint \boldsymbol{F}_{\text{保}} \cdot \mathrm{d}\boldsymbol{r} = 0$$

2. 保守力做功与势能的关系.

保守力对物体所做的功等于系统势能增量的负值，即
$$W_{\text{保}} = -(E_p - E_{p0}) = -\Delta E_p$$

3. 势能的定义：
$$E_{pa} = \int_a^c \boldsymbol{F}_{\text{保}} \cdot \mathrm{d}\boldsymbol{r}$$

其中,c 为零势能点.

4. 三种形式的势能.

重力势能 $E_p = mgh$(势能零点:某一水平面上任一点)

弹性势能 $E_p = \frac{1}{2}kx^2$(势能零点:弹簧变形 $x=0$)

引力势能 $E_p = -G\frac{Mm}{r}$(势能零点:$r=\infty$)

【例 3-6】 已知地球的半径为 R,质量为 M.现有一质量为 m 的物体,在离地面高度为 $2R$ 处,以地球和物体为系统.

(1)若取无穷远处为势能零点,则系统引力势能为多少?

(2)若取地面为势能零点,则系统的引力势能为多少?

解:(1)以无穷远处为势能零点,则

$$E_p = -\frac{GMm}{3R}$$

(2)当以无穷远处为势能零点时,物体在地面处 $r=R$,引力势能为

$$E_{p_1} = -\frac{GMm}{R}$$

物体在距离地面 $2R$ 处,$r=3R$,引力势能为

$$E_{p_2} = -\frac{GMm}{3R}$$

故若取地面为势能零点,有

$$E_p = E_{p_2} - E_{p_1} = -\frac{GMm}{3R} - \left(-\frac{GMm}{R}\right) = \frac{2GMm}{3R}$$

(七)力对空间的累积作用规律

1. 质点的动能定理数学表达式:

$$W = E_k - E_{k0} = \frac{mv^2}{2} - \frac{mv_0^2}{2}$$

即合外力对物体所做的功等于物体动能的增量.

2. 质点系的动能定理数学表达式:

$$\sum_{i=1}^{n} W_i = \sum_{i=1}^{n} E_{ki} - \sum_{i=1}^{n} E_{ki0}$$

作用于质点系的力所做的功等于该质点系动能的增量.

3. 系统的功能原理:

$$W_\text{外} + W_\text{内非} = E - E_0$$

式中,$W_\text{外}$ 表示外力对质点系所做的功,$W_\text{内非}$ 表示非保守内力所做的功.质点系的机械能的增量等于外力与非保守内力做功之和,这就是质点系的功能原理.

4. 机械能守恒：当作用于质点系的外力和非保守内力不做功时，质点系的总机械能是守恒的．即只有保守内力做功时，质点系的总机械能守恒．

【例 3-7】 一链条总长为 l，质量为 m，放在桌面上，并使其下垂．下垂一端的长度为 a，如图 3-2 所示．设链条与桌面之间的动摩擦因数为 μ，令链条由静止开始运动．求：

（1）链条由静止开始到离开桌面的过程中摩擦力对链条所做的功；

（2）链条离开桌面时的速率．

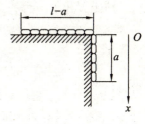

图 3-2

解：（1）建立如图 3-2 所示坐标系，任意时刻摩擦力的大小为

$$f=(l-x)\frac{mg}{l}\mu$$

摩擦力所做的功为

$$W_f=\int_a^l-(l-x)\frac{mg}{l}\mu\,dx=-\frac{mg\mu}{l}\left[lx-\frac{1}{2}x^2\right]\bigg|_a^l=-\frac{mg\mu}{2l}(l-a)^2$$

（2）在链条离开桌面的过程中，重力所做的功为

$$W_P=\int_a^l\frac{mg}{l}x\,dx=\frac{mg(l^2-a^2)}{2l}$$

应用质点的动能定理 $W_f+W_P=\frac{1}{2}mv^2-\frac{1}{2}mv_0^2$，有

$$\frac{mg(l^2-a^2)}{2l}-\frac{mg\mu}{2l}(l-a)^2=\frac{1}{2}mv^2$$

链条离开桌面时的速率为

$$v=\sqrt{\frac{g}{l}\left[(l^2-a^2)-\mu(l-a)^2\right]}$$

【例 3-8】 把一个物体从地球表面沿铅垂方向以第二宇宙速度 $v_0=\sqrt{\frac{2GM}{R}}$ 发射出去，式中 M、R 分别为地球的质量和半径．不计阻力，试求物体从地面飞行到与地心相距 nR（n 为整数）所经历的时间．

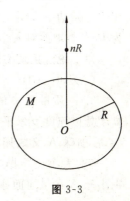

图 3-3

解：如图 3-3 所示，设物体的质量为 m，到达 x 处的速度为 v，物体由地面飞到 x 处的过程中机械能守恒，有

$$\frac{1}{2}mv_0^2-G\frac{Mm}{R}=\frac{1}{2}mv^2-G\frac{Mm}{x}$$

解得
$$v=\sqrt{\frac{2GM}{x}}$$

将上式代入 $v=\dfrac{\mathrm{d}x}{\mathrm{d}t}$,整理后积分,有

$$\int_0^t \mathrm{d}t = \int_R^{nR} \frac{\sqrt{x}}{\sqrt{2GM}}\mathrm{d}x$$

可得
$$t=\frac{2}{3\sqrt{2GM}}R^{\frac{3}{2}}(n^{\frac{3}{2}}-1)$$

三、难点分析

1. 冲量的定义.动量定理的表达式都是矢量形式,处理平面问题时要考虑用矢量处理,这一点是初学者容易出错的地方.

2. 求解一维变力的功是本章的一个难点,在用微积分求解物理问题时,涉及微元的选取,积分变量和积分上、下限的确定等问题.若微元选得合适,计算就较方便,否则计算就很困难.

3. 本章涉及几个守恒定律:动量守恒、机械能守恒,要注意它们守恒的条件.注意区分内力和外力、保守力和非保守力.

四、习 题

(一) 选择题

1. 质量为 m 的铁锤竖直落下,打在木桩上并停下,设打击时间为 Δt,打击前铁锤的速率为 v,则在打击木桩的时间内,铁锤所受平均合外力的大小为 ( )

(A) $\dfrac{mv}{\Delta t}$ (B) $\dfrac{mv}{\Delta t}-mg$ (C) $\dfrac{mv}{\Delta t}+mg$ (D) $\dfrac{2mv}{\Delta t}$

2. 跳高运动员越杆时蹬地获得动量和动能,在这个过程中:(1)地面对人作用力做功不为零;(3)地面对人作用力冲量不为零;(2)地面对人作用力做功为零;(4)地面对人作用力冲量为零.

以上说法正确的是 ( )

(A) (1)、(3) (B) (1)、(4) (C) (2)、(3) (D) (2)、(4)

3. 一质量为 m 的小球 A,在距离地面某一高度处以速度 v 水平抛出,触地后反跳.在抛出 t s 后小球 A 又跳回原高度,速度仍沿水平方向,速度大小也与抛出时相同,如图 3-4 所示.则小球 A 在与地面碰撞过程中,地面给它的冲

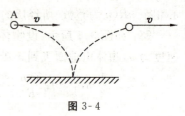

图 3-4

量大小为 ( )

(A) mgt (B) $2mgt$
(C) 0 (D) $3mgt$

4. 如图 3-5 所示，圆锥摆的摆球质量为 m，速率为 v，圆半径为 R，当摆球在轨道上运动半周时，摆球所受重力冲量的大小为 ( )

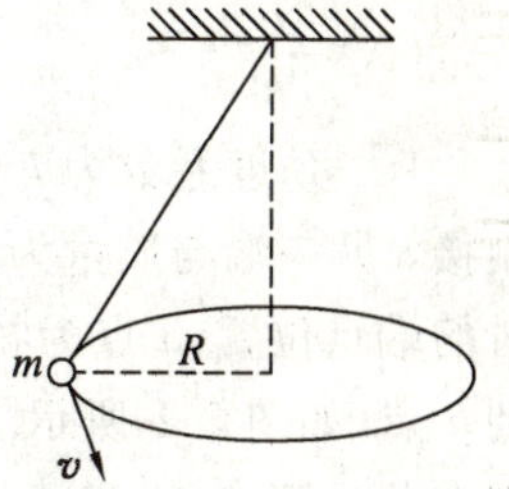

(A) $2mv$ (B) $\sqrt{(2mv)^2+\left(\dfrac{mg\pi R}{v}\right)^2}$

(C) $\dfrac{\pi Rmg}{v}$ (D) 0

图 3-5

5. 如图 3-6 所示，一斜面固定在卡车上，一物块置于该斜面上，在卡车沿水平方向加速起动的过程中，物块在斜面上无相对滑动，说明在此过程中摩擦力对物块的冲量 ( )

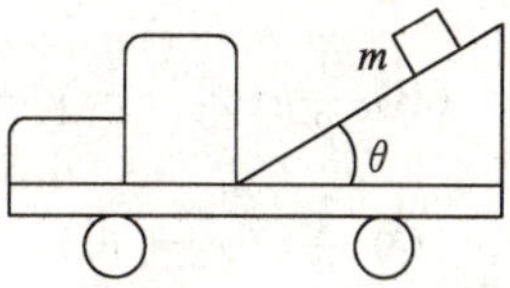

(A) 水平向前 (B) 只可能沿斜面向上
(C) 只可能沿斜面向下 (D) 沿斜面向上或沿斜面向下均有可能

图 3-6

6. 一吊车底板上放一质量为 $10\,\text{kg}$ 的物体，若吊车底板加速上升，加速度大小为 $a=3+5t$(SI 制)，则 2 s 内吊车底板给物体的冲量大小为 ( )

(A) $356\,\text{N}\cdot\text{s}$ (B) $160\,\text{N}\cdot\text{s}$
(C) $200\,\text{N}\cdot\text{s}$ (D) $700\,\text{N}\cdot\text{s}$

7. 质量分别为 m_A 和 $m_B(m_A>m_B)$、速率分别为 v_A 和 $v_B(v_A>v_B)$ 的两质点 A 和 B，受到相同的冲量作用，则 ( )

(A) A 的动量增量的绝对值比 B 的小
(B) A 的动量增量的绝对值比 B 的大
(C) A、B 的动量增量相等
(D) A、B 的速度增量相等

8. 对于一个物体系来说，下列条件中系统的机械能守恒的是 ( )

(A) 合外力为零 (B) 合外力不做功
(C) 外力和非保守内力都不做功 (D) 外力和保守内力都不做功

9. 一水平放置的轻质弹簧，劲度系数为 k，一端固定，另一端系一质量为 m 的滑块 A，A 旁又有一质量相同的滑块 B，如图 3-7 所示．设两滑块与桌面间无摩擦，若用外力将 A、B 一起推压使弹簧压缩距离 d 后静止，然后撤销外力，则 B 离开 A 时的速率为 ( )

图 3-7

(A) $\dfrac{d}{2k}$ (B) $d\sqrt{\dfrac{k}{m}}$ (C) $d\sqrt{\dfrac{k}{2m}}$ (D) $d\sqrt{\dfrac{2k}{m}}$

10. 劲度系数为 k 的轻质弹簧,一端与在倾角为 α 的斜面上的固定挡板 A 相接,另一端与质量为 m 的物体 B 相连,O 点为弹簧没有连物体且长度为原长时的端点位置,a 点为物体 B 的平衡位置. 现将物体 B 由 a 点沿斜面向上移动到 b 点,如图 3-8 所示. 设 a 点与 O 点、a 点与 b 点之间的距离分别为 x_1 和 x_2,则在此过程中,由弹簧、物体 B 和地球组成的系统势能的增量为 ( )

(A) $\dfrac{1}{2}kx_2^2 + mgx_2\sin\alpha$

(B) $\dfrac{1}{2}k(x_2-x_1)^2 + mg(x_2-x_1)\sin\alpha$

(C) $\dfrac{1}{2}k(x_2-x_1)^2 - \dfrac{1}{2}kx_1^2 + mgx_2\sin\alpha$

(D) $\dfrac{1}{2}k(x_2-x_1)^2 + mg(x_2-x_1)\cos\alpha$

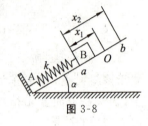

图 3-8

11. 下列说法正确的是 ( )
(A) 作用力的功与反作用力的功必须等值异号
(B) 作用于一个物体的摩擦力只能做负功
(C) 内力不改变系统的总机械能
(D) 一对作用力和反作用力做功之和与参照系的选取无关

12. 一个做直线运动的物体,其速率 v 与时间 t 的关系曲线如图 3-9 所示. 设时刻 t_1 至 t_2 间外力做功为 W_1,时刻 t_2 至 t_3 间外力做功为 W_2,时刻 t_3 至 t_4 间外力做功为 W_3,则 ( )

(A) $W_1>0, W_2<0, W_3<0$
(B) $W_1>0, W_2<0, W_3>0$
(C) $W_1=0, W_2<0, W_3>0$
(D) $W_1=0, W_2<0, W_3<0$

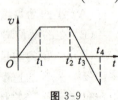

图 3-9

(二) 填空题

1. 一质点在力 $F=5m(5-2t)$(SI 制)的作用下,$t=0$ 时从静止开始做直线运动,式中 m 为质点的质量,t 为时间. 则当 $t=5$ s 时,质点的速率为_____.

2. 如图 3-10 所示,两块并排的木块 A 和 B,质量分别为 m_A 和 m_B,静止地放在光滑的水平面上,一子弹水平地穿过两木块. 设子弹穿过两木块所用的时间分别为 Δt_1 和 Δt_2,木块对子弹的阻力为恒力 F,则子弹穿出后,木块 A 的速度大小为_____,木块 B 的速度大小为_____.

图 3-10

3. 如图3-11所示,一质点在几个力的作用下,沿半径为R的圆周运动,其中一个力是恒力$\boldsymbol{F}_0$,方向始终沿x轴正向,即$\boldsymbol{F}_0=F_0\boldsymbol{i}$,当质点从$A$点沿逆时针方向走过$\frac{3}{4}$圆周到达$B$点时,$\boldsymbol{F}_0$所做的功$W=$_____.

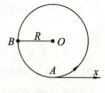

图3-11

4. 今有一劲度系数为k的轻质弹簧竖直放置,下端悬一质量为m的小球,开始时弹簧为原长,小球恰好与地面接触.今将弹簧上端慢慢提起,直到小球刚能脱离地面,此过程中外力的功为_____.

5. 机枪每分钟发射240发子弹,若每发子弹质量为10 g,出膛速度为$900\ \text{m}\cdot\text{s}^{-1}$,则平均每秒的冲量为_____.

6. 一质点在两恒力的作用下,位移为$\Delta\boldsymbol{r}=3\boldsymbol{i}+8\boldsymbol{j}$(SI制),在此过程中,动能增量为24 J.已知其中一恒力$\boldsymbol{F}_1=12\boldsymbol{i}-3\boldsymbol{j}$(SI制),则另一恒力所做的功为_____.

7. 一长为l、质量为m的匀质链条,放在光滑的桌面上,若其长度的$\frac{1}{5}$悬挂于桌边下,则将其慢慢拉回桌面,需做功为_____.

8. 如图3-12所示,质量$m=2\ \text{kg}$的物体从静止开始沿$\frac{1}{4}$圆弧从A滑到B,在B处速度大小$v=6\ \text{m}\cdot\text{s}^{-1}$.已知圆的半径$R=4\ \text{m}$,则物体从$A$到$B$的过程中摩擦力对它所做的功为_____.

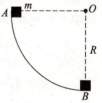

图3-12

9. 有一人造地球卫星,质量为m,在地球表面上空2倍于地球半径R的高度沿圆轨道运行.用m、R、引力常数G和地球质量m_E表示各物理量,则卫星的动能为_____,系统的引力势能为_____.

10. 动能为E_k的A物体与静止的B物体碰撞,设A物体的质量为B物体质量的两倍,$m_A=2m_B$.若碰撞为完全非弹性的,则碰撞后两物体的总动能为_____.

11. 一个质点同时在几个力作用下的位移为
$$\Delta\boldsymbol{r}=4\boldsymbol{i}-5\boldsymbol{j}+6\boldsymbol{k}\quad(\text{SI制})$$
其中一个力为恒力$\boldsymbol{F}=-3\boldsymbol{i}-5\boldsymbol{j}+9\boldsymbol{k}$(SI制),则此力在该位移过程中所做的功为_____.

12. 如图3-13所示,一弹簧原长$l_0=0.1\ \text{m}$,劲度系数$k=5\ \text{N}\cdot\text{m}^{-1}$,其一端固定在半径$R=0.1\ \text{m}$的半圆环的端点$A$,另一端与一套在半圆环上的小环相连.在

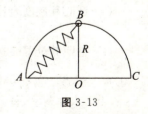

图3-13

把小环由半圆环中点 B 移到另一端 C 的过程中,弹簧的拉力对小环所做的功为_____.

(三) 计算及证明题

1. 力 F 作用在质量 $m=1$ kg 的质点上,使之沿 Ox 轴运动.已知在此力作用下质点的运动方程为 $x=(3t-4t^2+t^3)$(SI 制).求在 $0\sim 4$ s 的时间间隔内力 F 的冲量.

2. 如图 3-14 所示,质量为 2.5 g 的乒乓球以 $v_1=10$ m·s^{-1} 的速率飞来,被板推挡后,又以 $v_2=20$ m·s^{-1} 的速率飞出,设 v_1、v_2 在垂直板面的同一平面内,且它们与板面法线的夹角分别为 45°和 30°.

(1) 求乒乓球受到的冲量;

(2) 若撞击时间为 0.01 s,求板施于球的平均冲力的大小和方向.

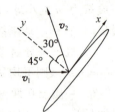

图 3-14

3. 如图 3-15 所示,质量 $M=1.5$ kg 的物体,用一根长 $l=1.25$ m 的细绳悬挂在天花板上.今有一质量 $m=10$ g 的子弹以 $v_0=500$ m·s^{-1} 的水平速率射穿物体,刚穿出物体时子弹的速率 $v=30$ m·s^{-1},设穿透时间极短.求:

(1) 子弹刚穿出时绳中张力的大小;

(2) 子弹在穿透过程中所受的冲量.

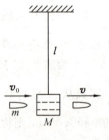

图 3-15

4. 水管有一段弯成 90°,已知管中水的流量为 3×10^3 kg·s^{-1},流速为 10 m·s^{-1},求水流对此弯管的压力大小和方向.

5. 一质量为 2 kg 的质点,在 xOy 平面内运动,其位置矢量为 $\boldsymbol{r}=5\cos\pi t\boldsymbol{i}+4\sin\pi t\boldsymbol{j}$.求:

(1) 质点在 $A(5,0)$ 点和 $B(0,4)$ 点时的动能;

(2) 质点从 A 点运动到 B 点,合外力的 x 分量和 y 分量所做的功.

6. 质量为 m 的汽车沿 x 轴正方向运动,初始位置 $x_0=0$,从静止开始加速.在其发动机的功率 P 维持不变,且不计阻力的条件下:

(1) 证明其速度表达式为 $v=\sqrt{\dfrac{2Pt}{m}}$;

(2) 证明其位置表达式为 $x=\sqrt{\dfrac{8P}{9m}}\,t^{\frac{3}{2}}$.

7. 一人从 10 m 深的井中提水.起始时桶中装有 10 kg 的水,桶的质量为 1 kg,由于水桶漏水,每升高 1 m 要漏去 0.2 kg 的水.求将水桶匀速地从井中提到井口人所做的功.

8. 在如图 3-16 所示的系统中(滑轮质量不计,轴光滑),外力 F 通过不可伸长的绳子和一劲度系数 $k=200$ N·m^{-1} 的轻质弹簧缓慢地拉地面上的物体,物体的质量 $M=2$ kg,初始时弹簧为自然长度.求在把绳子拉下 20 cm 的过程中 F 所做的功.(重力加速度 g 取 10 m·s^{-2})

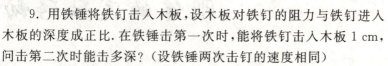

图 3-16

9. 用铁锤将铁钉击入木板,设木板对铁钉的阻力与铁钉进入木板的深度成正比.在铁锤击第一次时,能将铁钉击入木板 1 cm,问击第二次时能击多深?(设铁锤两次击钉的速度相同)

10. 劲度系数为 k,原长为 l 的弹簧,一端固定在圆周上的 A 点,圆周的半径 $R=l$,弹簧的另一端点从距 A 点 $2l$ 的 B 点沿圆周移动 $\frac{1}{4}$ 周长到 C 点,如图 3-17 所示.求弹性力在此过程中所做的功.

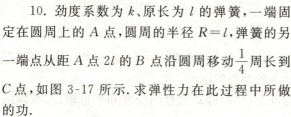

图 3-17

11. 某汽车起动后,牵引力的变化如图 3-18 所示,若两坐标轴的单位长度分别为 100 N 和 1 m,则曲线 OA 恰好是一 $\frac{1}{4}$ 圆周,问汽车运动 7 m 时,牵引力所做的功有多大?

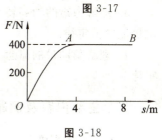

图 3-18

12. 伯努利方程是流体动力学的基本定律,它说明了理想流体(不可压缩的没有黏性的流体)在管道中做稳定流动时,流体中某点的压强 p、流速 v 和高度 h 之间的关系为

$$\frac{p}{\rho g}+\frac{v^2}{2g}+h=\text{常量}$$

式中,ρ 是流体的密度,g 是重力加速度.试由功能原理导出伯努利方程.

刚体的定轴转动

一、基本要求

1. 熟练掌握描述刚体定轴转动的四个物理量——角坐标、角位移、角速度和角加速度,会求解刚体运动学中的两类问题.

2. 理解力矩和转动惯量的概念,掌握转动惯量的计算和平行轴定理,熟练掌握刚体定轴转动的转动定律.

3. 理解力矩的功和转动动能的概念,熟练掌握刚体定轴转动的动能定理和机械能守恒定律.

4. 理解角动量的概念,熟练掌握刚体定轴转动的角动量定理和角动量守恒定律.

二、主要内容及例题

(一) 刚体运动学

1. 描述刚体定轴转动的四个物理量:角坐标 θ、角位移 $\Delta\theta$、角速度 $\omega = \dfrac{d\theta}{dt}$、角加速度 $\alpha = \dfrac{d\omega}{dt}$.

注意:① 上述四个物理量都是矢量,由于此处描述的是刚体的定轴转动,转动方向只有顺时针和逆时针,可用正、负来表示方向性.

② 和质点运动学一样,刚体运动学也有两类问题:一类是已知 $\theta(t)$,求 ω 和 α;第二类是已知 α 及初始条件,求 ω 和 $\Delta\theta$.

③ 刚体绕定轴做匀角加速度转动时(α 恒定),由刚体运动学中的第二类问题可得匀角加速度转动时的三个公式(和质点运动学中匀加速直线运动的三个公式完全对应):

$$\omega = \omega_0 + \alpha t$$

$$\Delta\theta = \omega_0 t + \frac{1}{2}\alpha t^2$$
$$\omega^2 - \omega_0^2 = 2\alpha\Delta\theta$$

2. 线量与角量的关系.

线速度和角速度的关系： $\boldsymbol{v} = \boldsymbol{\omega} \times \boldsymbol{r}$

切向加速度和角加速度的关系：$a_t = r\alpha$

法向加速度和角速度的关系： $a_n = \omega^2 r$

【例 4-1】 一飞轮以匀角加速度 $2\ \text{rad}\cdot\text{s}^{-2}$ 转动,在某时刻以后的 5 s 内飞轮转过了 100 rad,若此飞轮是由静止开始转动的,问在上述的某时刻以前飞轮转动了多少时间?

解：设某时刻为 t_1,5 s 后时刻为 t_2,则 $t_2 - t_1 = 5\ \text{s}$.因飞轮做匀角加速度转动,所以 t_1 和 t_2 时刻的角位移分别为

$$\Delta\theta_1 = \frac{1}{2}\alpha t_1^2,\ \Delta\theta_2 = \frac{1}{2}\alpha t_2^2$$

两式相减,解得

$$\Delta\theta = \frac{1}{2}\alpha(t_2^2 - t_1^2) = \frac{1}{2}\alpha(t_2 + t_1)(t_2 - t_1)$$

故

$$t_2 + t_1 = \frac{2\Delta\theta}{\alpha(t_2 - t_1)} = \frac{2\times 100}{2\times 5}\ \text{s} = 20\ \text{s}$$

又 $t_2 - t_1 = 5$,所以 $t_1 = 7.5\ \text{s}$.

这是一个匀角加速转动的题目,直接根据已知条件选择匀角加速转动的公式来解题即可.

(二) 刚体动力学

1. 力矩定义：$\boldsymbol{M} = \boldsymbol{r} \times \boldsymbol{F}$.

注意：① 外力对刚体转动的影响与力矩有关.

② 作用在刚体上的任一外力都可分解成平行于转轴的力和垂直于转轴的力,平行于转轴的力对刚体的转动不产生影响,此处的 $\boldsymbol{F}$ 是指垂直于转轴、在转动平面内的力,如图 4-1 所示.

③ 力矩的方向:沿转轴方向.

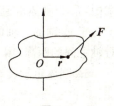

图 4-1

【例 4-2】 水平桌面上有一质量为 m_0、半径为 R 的均匀圆盘,可绕垂直盘面的中心轴在桌面上转动,桌面的摩擦因数为 μ,求圆盘转动时所受的摩擦阻力矩的大小.

分析：由力矩的定义 $\boldsymbol{M} = \boldsymbol{r} \times \boldsymbol{F}$ 可知,此处圆盘在转动过程中所受摩擦力的作用点连续分布在圆盘上各点处,而各点到转轴的距离 r 是不等的,因此应采用

微元法.

解：在半径 r 处取 dr 宽的圆环，如图 4-2 所示，则圆环的质量为

$$dm = \frac{m_0}{\pi R^2} \cdot 2\pi r dr$$

圆环所受摩擦力大小为 $\mu \cdot dm \cdot g$，圆环所受摩擦力矩的大小为

$$r \cdot \mu \cdot dm \cdot g = \frac{\mu m_0 g}{R^2} \cdot 2r^2 dr$$

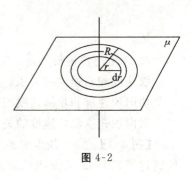

图 4-2

因此，圆盘所受的摩擦力矩的大小为

$$M_f = \int_0^R \frac{\mu m_0 g}{R^2} \cdot 2r^2 dr = \frac{2}{3}\mu m_0 gR$$

注意：不能把摩擦力的作用点等效在质心处．若等效在质心处，则圆盘所受摩擦力矩为 0，显然是不对的．于是有些同学就想当然地认为摩擦力的作用点等效在 $\frac{R}{2}$ 处，则 $M_f = \mu m_0 g \cdot \frac{R}{2}$，这种做法是一种典型的错误．

2. 转动惯量 J．

a. 定义式：$J = \sum_i m_i r_i^2$ 或 $J = \int r^2 dm$．

b. 物理意义：描述刚体转动惯性大小的量度．

c. J 的三个要素：刚体的质量、质量的空间分布、轴的位置．

d. 平行轴定理：

$$J = J_c + md^2$$

式中，J_c 为刚体对通过质心的 z_c 轴的转动惯量，J 为刚体对平行于 z_c 轴的 z 轴的转动惯量，m 为刚体的质量，d 为两平行轴之间的距离（图 4-3）．

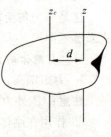

图 4-3

3. 刚体定轴转动的转动定律：

$$M = J\alpha$$

式中，M 是作用于刚体的合力矩，α 为刚体的角加速度.

刚体定轴转动的转动定律和质点动力学中的牛顿第二定律对应．

【例 4-3】 如图 4-4 所示的阿特伍德机装置中，滑轮和绳子间没有滑动且绳子不可伸长，轴与轮间无阻力矩，求滑轮两边的绳子张力．已知两物体质量分别为 m_1、m_2，滑轮可视为均匀圆盘，滑轮半

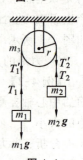

图 4-4

径为 r，质量为 m_3.（圆盘对过其中心且与盘面垂直的轴的转动惯量为 $\frac{1}{2}m_3r^2$）

解：m_1、m_2 的受力情况以及对滑轮的转动产生力矩的力如图 4-4 所示，根据牛顿第二定律和转动定律分别对 m_1、m_2 和滑轮列出方程，有

对 m_1：$\qquad\qquad\qquad m_1g - T_1 = m_1a$

对 m_2：$\qquad\qquad\qquad T_2 - m_2g = m_2a$

对滑轮：$\qquad\qquad\qquad T_1'r - T_2'r = J\alpha$

又 $a = r\alpha$，$T_1 = T_1{}'$，$T_2 = T_2{}'$，$J = \frac{1}{2}m_3r^2$，由这几个等式可求得绳中张力 T_1 和 T_2。

这是一道典型的阿特伍德机类型的题目，此类题目应分别对刚体和质点作受力分析，对质点用牛顿第二定律，对刚体用转动定律，然后再利用线量和角量的关系即可。

【例 4-4】 转动着的飞轮的转动惯量为 J，在 $t=0$ 时角速度为 ω_0，此后飞轮经过制动过程，阻力矩 M 的大小与角速度 ω 的平方成正比，比例系数为 k（k 为大于 0 的常数）。求：

(1) $\omega = \frac{\omega_0}{3}$ 时飞轮的角加速度 α；

(2) 从开始制动到 $\omega = \frac{\omega_0}{3}$ 所经过的时间 t。

解：(1) 由题意知 $M = -k\omega^2$，根据转动定律 $M = J\alpha$，得

$$\alpha = \frac{-k\omega^2}{J} = \frac{-k\left(\frac{\omega_0}{3}\right)^2}{J} = -\frac{k\omega_0{}^2}{9J}$$

(2) 因 $\qquad\qquad\qquad -k\omega^2 = J\alpha = J\frac{d\omega}{dt}$

分离变量，得

$$\frac{d\omega}{\omega^2} = -\frac{k}{J}dt$$

两边积分，有

$$\int_{\omega_0}^{\frac{\omega_0}{3}} \frac{d\omega}{\omega^2} = -\frac{k}{J}\int_0^t dt$$

故

$$t = -\frac{J}{k}\left(\frac{1}{\omega_0} - \frac{3}{\omega_0}\right) = \frac{2J}{k\omega_0}$$

此题中角加速度是个变化的量，第一问直接根据转动定律可得；第二问属于

刚体运动学中的第二类问题,即已知角加速度随时间的变化关系 $\alpha(t)$,或已知角加速度随角速度的变化关系 $\alpha(\omega)$,或已知角加速度随角位置的变化关系 $\alpha(\theta)$.本题目给出的是力矩随角速度 ω 的变化关系,结合转动定律,相当于给出了角加速度 α 随角速度 ω 的变化关系,即可求得 ω 随时间的关系.

(三)力矩的功、定轴转动的动能定理

1. 力矩的功 $W = \int_{\theta_1}^{\theta_2} M d\theta$、功率 $P = \dfrac{dW}{dt} = M\omega$.

注意:力矩做功本质上就是力做功,由于刚体是定轴转动,故考虑力矩做功比较方便.若有一外力作用于一个系统,可考虑该力做功,也可考虑该力产生的力矩做功,但不可重复考虑.

2. 定轴转动的动能定理.

a. 刚体转动的转动动能:$E_k = \dfrac{1}{2} J \omega^2$.

b. 刚体定轴转动的动能定理:$\int_{\theta_1}^{\theta_2} M d\theta = \dfrac{1}{2} J \omega^2 - \dfrac{1}{2} J \omega_0^2$.

注意:动能定理对质点适用,对刚体适用,对由质点和刚体组成的系统同样适用.

【**例 4-5**】 质量为 m、长为 L 的匀质细棒,可绕其一端的水平固定轴 O 在竖直面内转动,如图 4-5 所示.将细棒从水平位置静止释放,试求:

(1)棒由水平状态转过任一角度 θ 时的角加速度;

(2)此时的角速度.

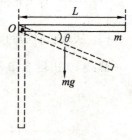

图 4-5

解:(1)此状态下重力对 O 轴产生的力矩为 $M = mg\dfrac{L}{2}\cos\theta$,根据转动定律,有

$$mg\dfrac{L}{2}\cos\theta = \dfrac{1}{3}mL^2 \alpha$$

故

$$\alpha = \dfrac{3g}{2L}\cos\theta$$

(2)棒转动过程中机械能守恒,设细棒在水平位置时重力势能为零,则

$$0 = \dfrac{1}{2} J \omega^2 - mg\dfrac{L}{2}\sin\theta$$

又

$$J = \dfrac{1}{3} mL^2$$

得

$$\omega = \sqrt{\dfrac{3g\sin\theta}{L}}$$

（四）刚体定轴转动的角动量定理、角动量守恒定律

1. 质点的角动量：$L = r \times p$，式中 p 为动量，r 为位置矢量.

刚体做定轴转动的角动量：$L = J\omega$.

2. 定轴转动的角动量定理：$\int_{t_1}^{t_2} M dt = L_2 - L_1$. 即刚体所受的合冲量矩等于其角动量的增量.

3. 角动量守恒定律：当质点或刚体所受合外力矩 $M = 0$ 时，质点或刚体角动量保持不变.

角动量守恒定律不仅对质点、刚体适用，对由质点和刚体组成的系统以及人体这样的非刚体都适用.

【例 4-6】 在半径为 R 的具有光滑竖直固定中心轴的水平圆盘上，有一人静止站立在距离转轴为 $\dfrac{R}{2}$ 处，人的质量是圆盘质量的 $\dfrac{1}{10}$. 开始时盘载人相对地以角速度 ω_0 匀速转动，如果此人垂直圆盘半径相对于盘以速率 v 沿与盘转动相反的方向做圆周运动，如图 4-6 所示. 已知圆盘对中心轴的转动惯量为 $\dfrac{MR^2}{2}$，求：

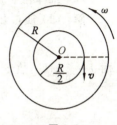

图 4-6

(1) 圆盘对地的角速度；

(2) 欲使圆盘对地静止，人沿着 $\dfrac{R}{2}$ 圆周对圆盘的速度 v 的大小及方向.

解：(1) 设圆盘对地的角速度为 ω，则人对地的角速度为

$$\omega' = \omega - \frac{v}{R/2} = \omega - \frac{2v}{R}$$

设圆盘质量为 M，则人质量为 $\dfrac{M}{10}$. 人与盘视为系统，则系统的角动量守恒，即

$$\left[\frac{1}{2}MR^2 + \frac{M}{10}\left(\frac{1}{2}R\right)^2\right]\omega_0 = \frac{1}{2}MR^2\omega + \frac{M}{10}\left(\frac{1}{2}R\right)^2\omega'$$

由以上两式，得

$$\omega = \omega_0 + \frac{2v}{21R}$$

(2) 欲使盘对地静止，则由上式可知：

$$\omega = \omega_0 + \frac{2v}{21R} = 0$$

所以

$$v = -\frac{21R\omega_0}{2}$$

式中负号表示人的走动方向与上一问中人的走动方向相反,即与盘的初始转动方向一致.

此题是个典型的系统角动量守恒的题目,但须注意的是:系统角动量守恒须是相对地面,是以地面作为参照系的.

【例 4-7】 水平桌面上有一质量为 M、长为 L 的细棒,可绕其一端的轴在桌面上转动,桌面的摩擦因数为 μ,开始时细棒静止.有一质量为 m 的子弹以 v_0 垂直细棒射入棒的另一端并留在其中和棒一起转动,忽略子弹重力造成的摩擦阻力矩.

(1) 求子弹射入棒后细棒所获得的共同的角速度 ω;

(2) 经过多少时间后细棒停止转动?

(3) 细棒在桌面上能转几圈?

解:(1) 质点和刚体碰撞过程中系统满足角动量守恒,即

$$mv_0 L = (J + mL^2)\omega$$

而 $J = \dfrac{1}{3}ML^2$,故

$$\omega = \frac{3mv_0}{(M+3m)L}$$

(2) 细棒所受摩擦阻力矩为

$$M_f = -\int x\mu g\,\mathrm{d}m = -\int_0^L x\mu g\,\frac{M}{L}\mathrm{d}x = -\frac{1}{2}\mu MgL$$

由角动量定理,有

$$M_f \Delta t = 0 - \left(\frac{1}{3}ML^2 + mL^2\right)\omega = -mv_0 L$$

得

$$\Delta t = \frac{2mv_0}{\mu Mg}$$

(3) 由定轴转动的动能定理,有

$$M_f \Delta\theta = 0 - \frac{1}{2}\left(\frac{1}{3}ML^2 + mL^2\right)\omega^2$$

得

$$\Delta\theta = \frac{3m^2 v_0^2}{(M+3m)\mu MgL}$$

圈数

$$n = \frac{\Delta\theta}{2\pi} = \frac{3m^2 v_0^2}{2\pi\mu MgL(M+3m)}$$

此题是个综合题,涉及力矩、力矩的功、刚体定轴转动的动能定理、角动量定理、角动量守恒.注意:质点和刚体的碰撞满足角动量守恒,而不满足动量守恒.

三、难点分析

质点力学部分许多内容在中学物理中就涉及过,学生有一定基础,本章则不

同,许多物理量和物理概念都是中学阶段没有涉及的,初学者往往感到较难.

本章的难点之一是摩擦力矩的计算,处理这个问题用微元法.选取适当的微元(如圆环、微小长度等),写出这个微元所受的摩擦力矩 dM,然后可对其积分求出 M.

本章的难点之二是运用转动定律处理包含质点(平动物体)和定轴转动刚体的问题(如阿特伍德机),初学者不会分析.解决这类问题可分以下几步:第一步,对相关联的物体(平动物体和定轴转动刚体)用"隔离体法"作受力分析和对轴的力矩进行分析;第二步,取定正方向后,分别对平动物体运用牛顿第二定律和对定轴转动刚体运用转动定律列式,建立方程;第三步,找出方程中角量、线量的关系;第四步,解方程组得解.要注意方程中所有的力矩、转动惯量以及角量对同一个转轴,而且正方向需取得一致.初学者往往在系统正方向需一致上出错.

本章的难点之三是质点和刚体的碰撞问题.质点和刚体的碰撞仍然有三种:完全弹性碰撞、非完全弹性碰撞和完全非弹性碰撞.其中完全弹性碰撞能量守恒,另两种碰撞能量不守恒.但质点和刚体的碰撞问题系统所受合外力不等于0,系统动量不守恒;但系统所受合外力矩等于0,系统角动量守恒.初学者往往都会误认为动量守恒.

四、习 题

(一) 选择题

1. 关于刚体对轴的转动惯量,下列说法正确的是 ( )
(A) 只取决于刚体的质量,与质量的空间分布和轴的位置无关
(B) 取决于刚体的质量和质量的空间分布,与轴的位置无关
(C) 取决于刚体的质量、质量的空间分布和轴的位置
(D) 只取决于转轴的位置,与刚体的质量和质量的空间分布无关

2. 有两个半径相同、质量相等的细圆环 A 和 B,A 环质量分布均匀,B 环质量分布不均匀,它们对通过环心并与环面垂直的轴的转动惯量分别为 J_A 和 J_B,则 ( )
(A) $J_A > J_B$ (B) $J_A < J_B$
(C) $J_A = J_B$ (D) 不能确定 J_A、J_B 哪个大

3. 两个匀质圆盘 A 和 B 的密度分别为 ρ_A 和 ρ_B,若 $\rho_A > \rho_B$,但两圆盘的质量与厚度相同,如两盘对通过盘心垂直于盘面的轴的转动惯量各为 J_A 和 J_B,则 ( )
(A) $J_A > J_B$ (B) $J_A < J_B$
(C) $J_A = J_B$ (D) 不能确定 J_A、J_B 哪个大

4. 半径为 R、质量为 M 的均匀圆盘,靠边挖去直径为 R 的一个圆孔,如

图4-7所示.对通过盘中心且与盘面垂直的 O 轴的转动惯量是 ( )

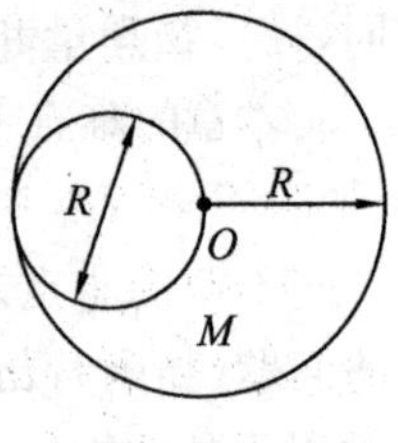

(A) $\frac{3}{8}MR^2$ (B) $\frac{7}{16}MR^2$

(C) $\frac{13}{32}MR^2$ (D) $\frac{15}{32}MR^2$

图 4-7

5. 半径不同的两只皮带轮以皮带相连,主动轮带动被动轮转动时,假定皮带轮不打滑,也不拉长,大轮边缘上一点 A 和小轮边缘上一点 B 的线速度和角速度的关系为 ( )

(A) $v_A > v_B, \omega_A > \omega_B$ (B) $v_A > v_B, \omega_A < \omega_B$

(C) $v_A = v_B, \omega_A > \omega_B$ (D) $v_A = v_B, \omega_A < \omega_B$

6. 刚体在一力矩作用下绕定轴转动,当力矩减小时刚体的 ( )
(A) 角速度和角加速度都增加
(B) 角速度增加,角加速度减小
(C) 角速度减小,角加速度增加
(D) 角速度和角加速度都减小

7. 均匀细棒 OA 可绕通过其一端 O 而与棒垂直的水平固定光滑轴转动.今使棒从水平位置由静止开始自由下落,在棒摆动到竖直位置的过程中,下列说法正确的是 ( )
(A) 角速度从小到大,角加速度从大到小
(B) 角速度从小到大,角加速度从小到大
(C) 角速度从大到小,角加速度从大到小
(D) 角速度从大到小,角加速度从小到大

8. 有两个力作用在一个有固定转轴的刚体上,下列说法正确的是 ( )
(A) 这两个力都平行于轴作用时,它们对轴的合力矩一定是零
(B) 这两个力都垂直于轴作用时,它们对轴的合力矩一定是零
(C) 当这两个力的合力为零时,它们对轴的合力矩也一定是零
(D) 当这两个力对轴的合力矩为零时,它们的合力也一定是零

9. 有人把一圆柱体放在光滑斜面上,放手后圆柱体将沿斜面 ( )
(A) 只滚不滑 (B) 只滑不滚 (C) 又滚又滑 (D) 不能确定

10. 如图 4-8 所示,有一个小块物体,置于一个光滑的水平桌面上,有一绳,其一端连接此物体,另一端穿过桌面中心的小孔.该物体原以角速度 ω 在距孔为 R 的圆周上转动,今将绳从小孔缓慢往下拉,则物体 ( )

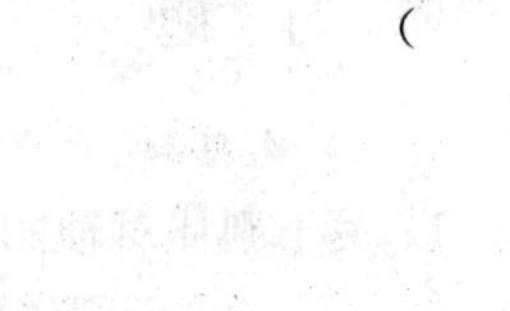

(A) 动能不变,动量改变,角动量改变
(B) 动量不变,动能改变,角动量改变

图 4-8

(C) 角动量不变,动量不变,动能改变
(D) 角动量不变,动能、动量都改变

11. 一块方板,可以绕通过其一个水平边的光滑固定轴自由转动,最初板自由下垂.今有一小团黏土,垂直板面撞击方板,并粘在板上,对黏土和方板系统,如果忽略空气阻力,在碰撞中守恒的量是   (   )
  (A) 动能   (B) 绕木板转轴的角动量
  (C) 机械能   (D) 动量

12. 花样滑冰运动员绕过自身的竖直轴转动,开始时两臂伸开,转动惯量为 J_0,角速度为 ω_0.然后她将两臂收回,使转动惯量减小为 $\dfrac{J_0}{3}$.这时她转动的角速度变为   (   )
  (A) $\dfrac{\omega_0}{3}$ (B) $\dfrac{1}{\sqrt{3}}\omega_0$ (C) $3\omega_0$ (D) $\sqrt{3}\omega_0$

13. 一圆形台面可绕中心轴无摩擦地转动,有一辆玩具小汽车相对台面静止启动,绕轴做圆周运动,然后小汽车又突然刹车,在这整个过程中   (   )
  (A) 机械能和角动量都守恒   (B) 机械能不守恒,角动量守恒
  (C) 机械能守恒,角动量不守恒   (D) 机械能和角动量都不守恒

14. 一个匀质砂轮半径为 R,质量为 M,绕通过中心且与盘面垂直的固定轴转动的角速度为 ω.若此时砂轮的动能等于一质量为 M 的自由落体从高度为 h 的位置落至地面时所具有的动能,那么 h 应等于   (   )
  (A) $\dfrac{1}{2}MR^2\omega^2$ (B) $\dfrac{R^2\omega^2}{4M}$ (C) $\dfrac{R\omega^2}{Mg}$ (D) $\dfrac{R^2\omega^2}{4g}$

15. 足球守门员要分别接住来势不同的两个球:一个球在空中无转动地飞来,另一个球从地面滚来.两个球的质量和前进的速度均一样,则守门员接住两个球所做的功   (   )
  (A) 相同   (B) 第一个球大   (C) 第二个球大   (D) 无法判断

(二) 填空题

1. 半径 $r=1.5$ m 的飞轮,初角速度 $\omega_0=10$ rad·s^{-1},角加速度 $\beta=-5$ rad·s^{-2},则在 $t=$ _____ 时角位移为零,而此时边缘上点的线速度 $v=$ _____.

2. 可绕水平轴转动的飞轮,直径为 1.0 m.一条绳子绕在飞轮的外周边缘上,如果从静止开始做匀角加速运动且在 4 s 内绳被展开 10 m,则飞轮的角加速度为 _____.

3. 半径为 30 cm 的飞轮,从静止开始以 0.50 rad·s^{-2} 的匀角加速度转动,则飞轮边缘上一点在飞轮转过 240° 时的切向加速度 $a_t=$ _____,法向加速度

$a_n =$ _____.

4. 一个以恒定角加速度转动的圆盘,如果在某一时刻的角速度 $\omega_1 = 20\pi$ rad·s^{-1},再转 60 转后角速度 $\omega_2 = 30\pi$ rad·s^{-1},则角加速度 $\beta =$ _____,转过上述 60 转所需的时间 $\Delta t =$ _____.

5. 一定滑轮质量为 M、半径为 R,对水平轴的转动惯量 $J = \frac{1}{2}MR^2$.在滑轮的边缘绕一细绳,绳的下端挂一物体.绳的质量可以忽略且不能伸长,滑轮与轴承间无摩擦.物体下落的加速度为 a,则绳中的张力 $T =$ _____.

6. 一轻绳绕在有水平轴的定滑轮上,滑轮的转动惯量为 J,绳下端挂一物体.物体所受重力为 P,滑轮的角加速度为 α.若将物体去掉而以与 P 相等的力直接向下拉绳子,滑轮的角加速度 α 将 _____.(填"变小"、"变大"或"不变")

7. 一长为 L 的轻质细杆,两端分别固定质量为 m 和 $2m$ 的小球,此系统在竖直平面内可绕过中点 O 且与杆垂直的水平光滑固定轴(O 轴)转动,开始时杆与水平面成 60°角,处于静止状态(图 4-9),无初速地释放以后,杆球这一刚体系统绕 O 轴转动,系统绕 O 轴的转动惯量 $J =$ _____,释放后,当杆转到水平位置时,刚体受到的合外力矩 $M =$ _____,角加速度 $\alpha =$ _____.

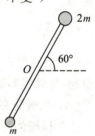

图 4-9

8. 半径为 R 具有光滑轴的定滑轮边缘绕一细绳,绳的下端挂一质量为 m 的物体,绳的质量可以忽略,绳与定滑轮之间无相对滑动,若物体下落的加速度为 a,则定滑轮对轴的转动惯量 $J =$ _____.

9. 一根质量为 M、长为 L 的均匀细杆,可在水平桌面上绕通过其一端的竖直固定轴转动.已知细杆与桌面的动摩擦因数为 μ,则杆转动时受的摩擦力矩的大小为 _____.

10. 一飞轮以 600 r·min^{-1} 的转速旋转,转动惯量为 2.5 kg·m^2,现加一恒定的制动力矩使飞轮在 1 s 内停止转动,则该恒定制动力矩的大小 $M =$ _____.

11. 如图 4-10 所示,质点 P 的质量为 2 kg,位置矢量为 r,速度为 v,它受到力 F 的作用.这三个矢量均在 xOy 面内,且 $r = 3.0$ m,$v = 4.0$ m·s^{-1},$F = 2$ N,则该质点对原点 O 的角动量 $L =$ _____,作用在质点上的力对原点的力矩 $M =$ _____.

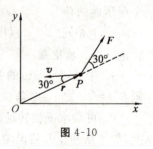

图 4-10

12. 一质点的角动量为 $L = 6t^2 \boldsymbol{i} - (2t+1)\boldsymbol{j} + (12t^3 - 8t^2)\boldsymbol{k}$,则质点在 $t = 1$ s 时所受合力矩 $M =$ _____.

13. 一均匀细杆可绕离其一端 $\frac{L}{4}$（L 为杆长）的水平轴 O 在竖直平面内转动，杆的质量为 m。当杆自由悬挂时，给它一个起始角速度 ω，若杆恰能持续转动而不摆动（摩擦不计），则 ω 最小应为_____。

14. 一圆盘正绕垂直于盘面的水平光滑固定轴 O 转动，如图 4-11 所示。现射来两个质量相同、速度大小相同、方向相反并在一条直线上的子弹，子弹射入圆盘并且留在盘内，则子弹射入后的瞬间，圆盘的角速度 ω 将_____。（填"变小"、"变大"或"不变"）

图 4-11

15. 一飞轮以角速度 ω_0 绕光滑固定轴旋转，飞轮对轴的转动惯量为 J_1；另一静止飞轮突然和上述转动的飞轮啮合，绕同一转轴转动，该飞轮对轴的转动惯量为前者的二倍。啮合后整个系统的角速度 $\omega=$_____。

16. 一个质量为 m 的小虫在可沿竖直固定光滑中心轴转动的水平圆盘边缘上，沿逆时针方向爬行，它相对于地面的速度为 v，此时圆盘正沿顺时针方向转动，相对于地面的角速度为 ω。设圆盘对中心轴的转动惯量为 J，圆盘半径为 R。若小虫停止爬行，则圆盘的角速度为_____。

(三) 计算及证明题

1. 某发动机飞轮在时间间隔 t 内的角位移为

$$\theta = at + bt^3 - ct^4 \quad (\theta:\text{rad}; t:\text{s})$$

求 t 时刻的角速度和角加速度。

2. 某种电机启动后转速随时间变化的关系为 $\omega = \omega_0(1 - e^{-\frac{t}{\tau}})$，式中 $\omega_0 = 9.0\ \text{rad}\cdot\text{s}^{-1}$，$\tau = 2.0\ \text{s}$。求：

(1) $t = 6.0\ \text{s}$ 时的转速；

(2) 角加速度随时间变化的规律；

(3) 启动后 $6.0\ \text{s}$ 内转过的圈数。

3. 一刚体绕固定轴从静止开始转动，角加速度为一常数。试证明：该刚体中任一点的法向加速度和刚体的角位移成正比。

4. 如图 4-12 所示的阿特伍德机装置中，滑轮和绳子间没有滑动且绳子不可伸长，轴与轮间有阻力矩，求滑轮两边绳子的张力。已知 $m_1 = 20\ \text{kg}$，$m_2 = 10\ \text{kg}$，滑轮质量 $m_3 = 5\ \text{kg}$，滑轮半径 $r = 0.2\ \text{m}$，滑轮可视为均匀圆盘，阻力矩 $M_f = 6.6\ \text{N}\cdot\text{m}$。（圆盘对过其中心且与盘面垂直的轴的转动惯量为 $\frac{1}{2}m_3 r^2$）

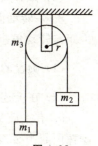

图 4-12

5. 如图 4-13 所示，一轻绳跨过两个质量分别为 m 和 $2m$、

半径分别为 R 和 $2R$ 的匀质定滑轮,绳的两端分别挂着质量为 m 和 $2m$ 的重物.当重物由静止开始运动时,求:

(1) 重物的加速度;

(2) 两滑轮之间绳子的张力.

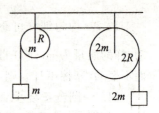

图 4-13

6. 固定在一起的两个同轴均匀圆柱体,可绕其光滑的水平对称轴 OO' 转动,设大小圆柱体的半径分别为 $R=0.20$ m,$r=0.10$ m,质量分别为 $M=10$ kg,$m=4$ kg,绕在两柱体上的细绳分别与物体 m_1 和物体 m_2 相连,m_1 和 m_2 分别挂在圆柱体的两侧,且 $m_1=m_2=2$ kg,如图 4-14 所示.求:

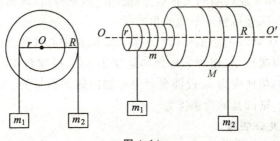

图 4-14

(1) 圆柱体转动时的角加速度;

(2) 两侧细绳的张力.

7. 如图 4-15 所示,一长为 l m 的均匀直棒可绕过其一端且与棒垂直的水平光滑固定轴转动.抬起另一端使棒向上与水平面成 $60°$,然后无初速地将棒释放.已知棒对轴的转动惯量为 $\frac{1}{3}ml^2$,其中 m 和 l 分别为棒的质量和长度.求:

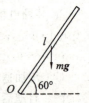

图 4-15

(1) 放手时棒的角加速度;

(2) 棒转到水平位置时的角加速度.

8. 一转动惯量为 J 的圆盘绕一固定轴转动,初始角速度为 ω_0,设它所受阻力矩与转动角速度成正比,即 $M=-k\omega$(k 为正的常数).求:

(1) 圆盘的角速度从 ω_0 变为 $\frac{\omega_0}{2}$ 时所需的时间;

(2) 在上述过程中阻力矩所做的功.

9. 有一质量为 m、半径为 R 的圆盘平放在水平桌面上,圆盘与水平桌面的摩擦因数为 μ.若圆盘绕通过其中心且垂直板面的固定轴以角速度 ω_0 开始旋转.

(1) 求圆盘所受摩擦阻力矩;

(2) 圆盘将在旋转几圈后停止转动?

10. 电扇在开启电源后,经过 t_1 时间达到了额定转速,此时相应的角速度为 ω_0,当关闭电源后,经过 t_2 时间风扇停转.已知风扇转子的转动惯量为 J,并假定摩擦阻力矩和电机的电磁力矩均为常量,试根据已知量推算电机的电磁力矩.

11. 一根放在水平光滑桌面上的匀质棒,可绕过其一端的竖直固定光滑轴 O 转动.棒的质量为 $m=1.5$ kg,长度为 $l=1.0$ m,对轴的转动惯量 $J=\frac{1}{3}ml^2$.初始时棒静止.今有一水平运动的子弹垂直地射入棒的另一端,并留在棒中,如图 4-16 所示.子弹的质量 $m'=0.020$ kg,速率 $v=400$ m·s^{-1}.试问:

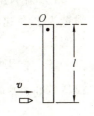

图 4-16

(1) 棒开始和子弹一起转动时角速度 ω 有多大?

(2) 若棒转动时受到大小为 $M_r=4.0$ N·m 的恒定阻力矩作用,棒能转过的角度 θ 为多大?

12. 如图 4-17 所示,长为 L 的匀质细杆,一端悬于 O 点,细杆自由下垂.紧挨 O 点悬一单摆,轻摆线的长度也是 L,摆球质量为 m.若单摆从水平位置由静止开始自由摆下,且摆球与细杆做完全弹性碰撞后摆球正好静止.

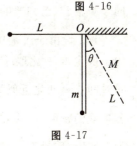

图 4-17

(1) 求细杆的质量 M;

(2) 试证细杆摆起的最大角度 $\theta = \arccos \frac{1}{3}$.(细杆对 O 点的转动惯量为 $\frac{1}{3}ML^2$)

13. 一长为 L 的均匀木棒,质量为 m,可绕水平光滑轴 O 在铅垂面内转动,开始时棒自然地铅直悬垂.现有质量为 m 的子弹以速率 v 从 A 点水平地射入棒中.假定 A 点与 O 点的距离为 $\frac{2}{3}L$,如图 4-18 所示.求:

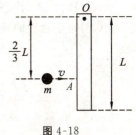

图 4-18

(1) 棒开始转动时的角速度;

(2) 棒上升的最大偏转角.

14. 一质量均匀分布的圆盘,质量为 M,半径为 R,放在一粗糙水平面上,圆盘可绕通过其中心 O 的竖直固定光滑轴转动.开始时,圆盘静止,一质量为 m 的子弹以水平速度 v_0 打入圆盘边缘并嵌在盘边上(与圆外切),如图 4-19 所示,设

摩擦因数为 μ.

(1) 求子弹击中圆盘后盘所获得的角速度；

(2) 经过多少时间后,圆盘停止转动?

(圆盘绕通过 O 点的竖直轴的转动惯量为 $\frac{1}{2}MR^2$, 忽略子弹重力造成的摩擦阻力矩)

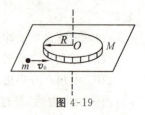

图 4-19

15. 在自由转动的水平圆盘上,站一质量为 m 的人,圆盘的半径为 R,转动惯量为 J,角速度为 ω,如果这人由盘边走到盘心,求角速度的变化及此系统动能的变化.

16. 一均质球,绕通过其中心的轴以一定的角速度转动着.如果该球在质量保持不变的基础上向中心塌缩,半径减为原半径的 $\frac{1}{n}$,那么该球的动能增为原来的多少倍?(已知球的转动惯量 $J = \frac{2}{5}mR^2$)

*17. 设由于流星从各个方向落到地球,使地球表面均匀地积存了厚度为 h 的一层尘埃(h 比地球半径小得多).从角动量考虑出发,证明：由此引起的一天的时间长短变化近似为一天的 $\frac{5hd}{RD}$ 倍,式中 R 为地球的半径,D 和 d 分别为地球和尘埃的密度.已知质量为 M、半径为 R 的均匀球对通过球心的轴的转动惯量为 $\frac{2}{5}MR^2$;质量为 m、半径为 R 的薄球壳对通过球心的轴的转动惯量为 $\frac{2}{3}mR^2$.

18. 一个有竖直光滑固定轴的水平转台,人站立在转台上,身体的中心轴线与转台竖直轴线重合,两臂伸开各举着一个哑铃.当转台转动时,此人把两哑铃水平地收缩到胸前,在这一收缩过程中,问：

(1) 转台、人与哑铃以及地球组成的系统机械能是否守恒?为什么?

(2) 转台、人与哑铃组成的系统角动量是否守恒?为什么?

(3) 每个哑铃的动量与动能是否守恒?为什么?

第5章

一、基本要求

1. 掌握库仑定律,掌握电场力的计算.
2. 掌握电场强度的定义,掌握场强叠加原理,并能熟练应用.
3. 掌握描述静电场的两个基本物理量——电场强度和电势的概念,理解电场强度是矢量,电势 V 是标量.掌握电势差、电势能的定义及其应用.
4. 理解静电场的两条基本定理——高斯定理和环路定理,认识静电场是有源场和保守场.
5. 掌握用点电荷的电场强度和叠加原理以及高斯定理求解带电系统电场强度的方法,能用电场强度与电势梯度的关系求解较简单带电系统的电场强度.
6. 了解电偶极子的概念,能计算电偶极子在均匀电场中的受力和运动.

二、主要内容及例题

(一) 库仑定律

其表达式为

$$F = \frac{1}{4\pi\varepsilon_0}\frac{q_1 q_2}{r^2}\boldsymbol{e}_r$$

(二) 电场强度

1. 电场强度的定义:$\boldsymbol{E} = \dfrac{\boldsymbol{F}}{q_0}$.

2. 在真空中,点电荷的场强:$\boldsymbol{E} = \dfrac{Q}{4\pi\varepsilon_0 r^2}\boldsymbol{e}_r$.

3. 电场叠加原理.

a. 离散分布电荷激发的场强:$\boldsymbol{E} = \sum\limits_i \dfrac{\boldsymbol{F}_i}{q} = \sum \boldsymbol{E}_i$.

b. 连续分布电荷激发的场强：将带电区域分成许多电荷元 dq，则 $\boldsymbol{E} = \int d\boldsymbol{E} = \int \dfrac{dq}{4\pi\varepsilon_0 r^2} \boldsymbol{e}_r$.

【例 5-1】 如图 5-1 所示，半径为 R 的带电细圆环，其电荷线密度 $\lambda = \lambda_0 \sin\phi$，式中 λ_0 为一常数，ϕ 为半径 R 与 x 轴所成的夹角. 试求环心 O 处的电场强度.

解：在求环心处的电场强度时，不能将带电圆环视为点电荷，现将其抽象为带电圆弧线. 在弧线上取线电荷元 dl，其电荷 $dq = \lambda_0 \sin\phi R d\phi$，此电荷元可视为点电荷，在 O 点的电场强度 $dE = \dfrac{dq}{4\pi\varepsilon_0 R^2}$.

因圆环上电荷对 y 轴呈对称性分布，电场分布也是轴对称的，则有 $E_x = 0$.

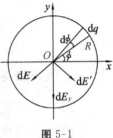

图 5-1

点 O 的合电场强度为

$$E = E_y = \int dE_y = \int -dE\sin\phi$$

$$= -\int_0^{2\pi} \dfrac{\lambda_0 \sin^2\phi}{4\pi\varepsilon_0 R} d\phi = -\dfrac{\lambda_0}{4\varepsilon_0 R}$$

（三）电场强度通量

$$\Phi_e = \int_S d\Phi_e = \int_S E\cos\theta dS = \int_S \boldsymbol{E} \cdot d\boldsymbol{S}$$

（四）高斯定理

数学表示式：

$$\oint_S \boldsymbol{E} \cdot d\boldsymbol{S} = \dfrac{1}{\varepsilon_0} \sum_{i=1}^n q_i^{in}$$

【例 5-2】 一半径为 R 的带电球体，其电荷体密度分布为 $\rho = \begin{cases} Ar, & r \leqslant R, \\ 0, & r > R, \end{cases}$ A 为一常量. 试求球体内外的场强分布.

解：由题意可得，电荷分布具有球面对称性，故而可以用高斯定理求解.

（1）球内：在球体内作一半径为 r 的同心高斯球面，在高斯面内取半径为 r、厚为 dr 的薄球壳，该壳内所包含的电荷为

$$dq = \rho dV = Ar \cdot 4\pi r^2 dr$$

在半径为 r 的球面内包含的总电荷为

$$q = \int_V \rho dV = \int_0^r 4\pi Ar^3 dr = \pi Ar^4 \quad (r \leqslant R)$$

按高斯定理,有

$$\oint_S \boldsymbol{E} \cdot \mathrm{d}\boldsymbol{S} = E_1 \cdot 4\pi r^2 = \frac{\pi A r^4}{\varepsilon_0}$$

得到
$$E_1 = \frac{Ar^2}{4\varepsilon_0} \quad (r \leqslant R)$$

方向沿径向,$A>0$ 时向外,$A<0$ 时向里.

(2) 球外:在球体外作一半径为 r 的同心高斯球面,按高斯定理,有

$$\oint_S \boldsymbol{E} \cdot \mathrm{d}\boldsymbol{S} = E_2 \cdot 4\pi r^2 = \frac{\pi A R^4}{\varepsilon_0}$$

得到
$$E_2 = \frac{AR^4}{4\varepsilon_0 r^2} \quad (r > R)$$

方向沿径向,$A>0$ 时向外,$A<0$ 时向里.

【例 5-3】 有一面接触型的半导体 pn 结,可看作分别聚集着带负电的电子和带正电的空穴的两个"无限大"带电平行平板(简称 n 区和 p 区),两区内电荷的代数和为零,p 区和 n 区的厚度都为 d. 按如图 5-2 所示的坐标(坐标原点 O 在两区的交界面上),设两区内电荷的体密度为

$$\rho(x) = \begin{cases} 0, & x < -d, x > d \\ -ax, & |x| \leqslant d \end{cases}$$

式中,a 是常量. 试证电场的分布为

$$E(x) = \frac{a}{2\varepsilon_0}(d^2 - x^2)$$

分析:利用高斯定理求电场分布,关键在于选择适当的高斯面. 由于 pn 结可视为一对分别带等量异号电荷的无限大平板,由对称性可知,电荷在 pn 结外 p 区和 n 区激发的合电场为零,在 pn 结内电场呈面对称,电场强度方向平行于 x 轴. 利用这一结论,可选择如图 5-2 所示的圆柱面为高斯面,用高斯定理求 pn 结内电场的分布.

证:选择如图 5-2 所示的圆柱面为高斯面,该闭合面的电场强度通量为

$$\oint_S \boldsymbol{E} \cdot \mathrm{d}\boldsymbol{S} = \int_{S_0} \boldsymbol{E} \cdot \mathrm{d}\boldsymbol{S}_0 + \int_{S_1} \boldsymbol{E} \cdot \mathrm{d}\boldsymbol{S}_1 + \int_{S_2} \boldsymbol{E} \cdot \mathrm{d}\boldsymbol{S}_2$$

pn 结内 $\boldsymbol{E} \perp \boldsymbol{S}_0$, $\quad \int_{S_0} \boldsymbol{E} \cdot \mathrm{d}\boldsymbol{S}_0 = 0$

pn 结外 $\boldsymbol{E} = 0$, $\quad \int_{S_2} \boldsymbol{E} \cdot \mathrm{d}\boldsymbol{S}_2 = 0$

因而 $\quad \oint_S \boldsymbol{E} \cdot \mathrm{d}\boldsymbol{S} = \int_{S_1} \boldsymbol{E} \cdot \mathrm{d}\boldsymbol{S}_1 = -E\Delta S$

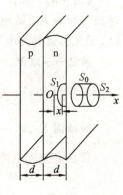

图 5-2

闭合面内的总电荷为

$$\int_V \rho dV = \int_x^d \rho \Delta S dx = -\frac{1}{2} a \Delta S (d^2 - x^2)$$

由高斯定理 $\oint_S \boldsymbol{E} \cdot d\boldsymbol{S} = \frac{1}{\varepsilon_0} \int_V \rho dV$，得电场强度的分布为

$$E(x) = \frac{a}{2\varepsilon_0}(d^2 - x^2)$$

（五）静电场环路定理和电势能

试验电荷 q_0 在 A 点处具有的电势能为

$$E_{pA} = q_0 \int_{AB} \boldsymbol{E} \cdot d\boldsymbol{l}$$

其中 $E_{pB} = 0$.

（六）电势

1. 电势数学表达式：$V_a = \int_A^\infty \boldsymbol{E} \cdot d\boldsymbol{l}$.

2. 点电荷电势：$V = \dfrac{q}{4\pi\varepsilon_0 r}$.

3. 电势叠加原理：$V = \sum\limits_{i=1}^{n} \dfrac{1}{4\pi\varepsilon_0} \dfrac{q_i}{r_i}$.

（七）计算电势的方法

1. 电势定义法.

利用公式 $V_A = \int_{AB} \boldsymbol{E} \cdot d\boldsymbol{l} + V_B$ 计算，已知场强分布，对路径积分.

2. 叠加法.

利用公式 $V = \dfrac{1}{4\pi\varepsilon_0} \int \dfrac{dq}{r}$ 计算，已知电荷分布，对电荷分布区域积分.

【例 5-4】 如图 5-3 所示，两个同心的均匀带电球面，内球面半径为 R_1、带电量为 Q_1，外球面半径为 R_2、带电量为 Q_2. 设无穷远处为电势零点，求电势的分布规律.

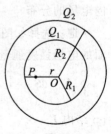

图 5-3

解法一：取 $V_\infty = 0$，均匀带电球面的电势为

对球面 R_1：$V_1 = \dfrac{Q_1}{4\pi\varepsilon_0 R_1}(r \leqslant R_1)$；$V_1 = \dfrac{Q_1}{4\pi\varepsilon_0 r}(r > R_1)$

对球面 R_2：$V_2 = \dfrac{Q_2}{4\pi\varepsilon_0 R_2}(r \leqslant R_2)$；$V_2 = \dfrac{Q_2}{4\pi\varepsilon_0 r}(r > R_2)$

任意 P 点的电势由 Q_1、Q_2 共同贡献，由电势叠加原理，有

$$V = V_1 + V_2 = \frac{Q_1}{4\pi\varepsilon_0 R_1} + \frac{Q_2}{4\pi\varepsilon_0 R_2} (r \leqslant R_1)$$

$$V = \frac{Q_1}{4\pi\varepsilon_0 r} + \frac{Q_2}{4\pi\varepsilon_0 R_2} (R_1 < r < R_2)$$

$$V = \frac{Q_1}{4\pi\varepsilon_0 r} + \frac{Q_2}{4\pi\varepsilon_0 r} (r \geqslant R_2)$$

解法二：利用高斯定理求出：

$$\boldsymbol{E} = \begin{cases} \boldsymbol{E}_1 = 0, & r \leqslant R_1 \\ \boldsymbol{E}_2 = \dfrac{Q_1}{4\pi\varepsilon_0 r^2}\boldsymbol{e}_r, & R_1 < r < R_2 \\ \boldsymbol{E}_3 = \dfrac{Q_1 + Q_2}{4\pi\varepsilon_0 r^2}\boldsymbol{e}_r, & r \geqslant R_2 \end{cases}$$

电势分布：

$$V = \int_{R_2}^{\infty} \boldsymbol{E}_3 \cdot \mathrm{d}\boldsymbol{l} + \int_{R_1}^{R_2} \boldsymbol{E}_2 \cdot \mathrm{d}\boldsymbol{l} + \int_{r}^{R_1} \boldsymbol{E}_1 \cdot \mathrm{d}\boldsymbol{l} = \frac{1}{4\pi\varepsilon_0}\left(\frac{Q_1}{R_1} + \frac{Q_2}{R_2}\right)(r \leqslant R_1)$$

$$V = \int_{R_2}^{\infty} \boldsymbol{E}_3 \cdot \mathrm{d}\boldsymbol{l} + \int_{r}^{R_2} \boldsymbol{E}_2 \cdot \mathrm{d}\boldsymbol{l} = \frac{Q_1}{4\pi\varepsilon_0 r} + \frac{Q_2}{4\pi\varepsilon_0 R_2}(R_1 < r < R_2)$$

$$V = \int_{r}^{\infty} \boldsymbol{E}_3 \cdot \mathrm{d}\boldsymbol{l} = \int_{r}^{\infty} \frac{Q_1 + Q_2}{4\pi\varepsilon_0 r^2}\mathrm{d}r = \frac{Q_1 + Q_2}{4\pi\varepsilon_0 r}(r \geqslant R_2)$$

【例 5-5】 一扇形均匀带电平面，如图 5-4 所示，电荷面密度为 σ，其两边的弧长分别为 l_1、l_2，试求圆心 O 处的电势（以无穷远处为电势零点）.

解：设圆弧对应角为 θ，在扇形面上作如图 5-3 所示的圆弧形窄条，其面积元为

$$\mathrm{d}S = \theta r \mathrm{d}r$$

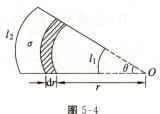

图 5-4

圆弧形窄条带电量为

$$\mathrm{d}q = \sigma \mathrm{d}S = \sigma\theta r \mathrm{d}r$$

$\mathrm{d}q$ 对 O 点的电势贡献为

$$\mathrm{d}V = \frac{\mathrm{d}q}{4\pi\varepsilon_0 r} = \frac{\sigma\theta}{4\pi\varepsilon_0}\mathrm{d}r$$

则圆心 O 点的电势为

$$V = \int_{\frac{l_1}{\theta}}^{\frac{l_2}{\theta}} \frac{\sigma\theta}{4\pi\varepsilon_0}\mathrm{d}r = \frac{\sigma(l_2 - l_1)}{4\pi\varepsilon_0}$$

（八）电场强度和电势梯度

电场强度和电势梯度的关系为

$$E = -\left(\frac{\partial V}{\partial x}i + \frac{\partial V}{\partial y}j + \frac{\partial V}{\partial z}k\right) = -\frac{\partial V}{\partial l_n}e_n$$

式中,e_n 为等势面法线方向的单位矢量.

【例 5-6】 一均匀带电圆盘,半径为 R,电荷面密度为 $\sigma(>0)$. 今有一质量为 m、电量为 $-q$ 的粒子($q>0$)沿圆板轴线(x 轴)方向向圆板运动. 已知在距圆心 O(也是 x 轴原点)为 b 的 B 点位置上时,粒子的速度为 v_0.

(1) 求盘轴线上任一点的电势;

(2) 由场强与电势的关系求轴线上任一点的场强;

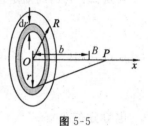

图 5-5

(3) 求粒子击中圆板时的速度 v(设圆板带电的均匀性始终不变).

解:(1) x 轴与盘轴线重合,原点在盘上. 以 O 为中心、内半径为 r、外半径为 $r+dr$ 的圆环(图 5-5)所带电量为

$$dq = 2\pi r \sigma dr$$

设 P 为 x 轴上任意一点,在 P 处产生的电势为

$$dV_P = \frac{1}{4\pi\varepsilon_0}\frac{dq}{\sqrt{x^2+r^2}} = \frac{1}{2\varepsilon_0}\frac{\sigma r dr}{\sqrt{x^2+r^2}}$$

整个盘在 P 点产生的电势为

$$V_P = \int dV_P = \int_0^R \frac{1}{2\varepsilon_0}\frac{\sigma r dr}{\sqrt{x^2+r^2}}$$

$$= \frac{\sigma}{4\varepsilon_0}\int_0^R \frac{dr^2}{\sqrt{x^2+r^2}} = \frac{\sigma}{2\varepsilon_0}\sqrt{x^2+r^2}\Big|_0^R$$

$$= \frac{\sigma}{2\varepsilon_0}(\sqrt{x^2+R^2}-x)$$

(2) 由上式可得 $E_y = E_z = 0$. 因 $\sigma > 0$,故电场沿 x 轴正向(P 在 $x>0$ 处),P 点的场强为

$$E_P = -\frac{\partial V}{\partial x} = \frac{\sigma}{2\varepsilon_0}\left(1 - \frac{x}{\sqrt{x^2+R^2}}\right)$$

(3) 由 $V_P = \frac{\sigma}{2\varepsilon_0}(\sqrt{x^2+R^2}-x)$,可得圆盘中心与 B 点的电势差为

$$U_{OB} = V_O - V_B = \frac{\sigma}{2\varepsilon_0}(R+b-\sqrt{R^2+b^2})$$

由能量守恒定律,有

$$\frac{1}{2}mv^2 = \frac{1}{2}mv_0^2 - (-qU_{OB}) = \frac{1}{2}mv_0^2 + \frac{q\sigma}{2\varepsilon_0}(R+b-\sqrt{R^2+b^2})$$

有

$$v=\sqrt{v_0{}^2+\frac{q\sigma}{m\varepsilon_0}(R+b-\sqrt{R^2+b^2})}$$

三、难点分析

本章的难点之一是用叠加原理求电场强度和电势.对电荷连续分布的带电体运用叠加原理计算电场强度和电势的主要步骤如下：

(1) 选取合适的便于计算的电荷元 dq.

(2) 写出 $d\boldsymbol{E}$ 和 dV 的表达式.

(3) 若求电场强度,需在图上标出电荷元 dq 在场点 p 的电场强度 $d\boldsymbol{E}$ 的方向,根据选取的坐标(选取坐标时应尽量利用带电体及 $\boldsymbol{E}$ 的对称性)写出 $d\boldsymbol{E}$ 在坐标轴方向的分量 dE_x,dE_y 和 dE_z,从而把矢量积分变成标量积分(若求电势,因电势是标量,故可直接积分).

(4) 确定积分上、下限并求解.

在求解过程中难点在于如何选取合适的电荷元 dq.何谓"合适"的电荷元？有两个原则：一是能写出对应的 $d\boldsymbol{E}$ 和 dV；二是能进行积分运算.对简单的带电系统,如直线、圆环等,可取长度元 dl（或 dx）,电荷元 dq 等于 λdl,直接用点电荷的电场强度和电势公式写出 $d\boldsymbol{E}$ 和 dV,积分即可.对较复杂的带电系统如"无限大"带电板、圆盘、扇形平面等,可把它看成某些简单带电体的组合,如以带电细直线、细圆环、圆弧窄条等作为带电单元(电荷元),利用这些简单带电体电场强度和电势的已有结果,写出 $d\boldsymbol{E}$ 和 dV 的表达式,然后积分.

"微元法"是物理学中一个常用而有效的方法,在力学、电磁学等许多部分都会用到.微元法的关键是选取"合适"的微元,这需要多看、多练,积累经验,才能灵活把握.

本章的难点之二是在用高斯定理求场强时,如何作合适的高斯面.首先要明确高斯面是一个封闭曲面,为了求出场强,不仅要使所作高斯面上场强在数值上处处相等,而且场强的方向要与面元的方向一致,使 $\boldsymbol{E}\cdot d\boldsymbol{S}=EdS$,如例 5-2 所示.若局部区域的场强大小不能相等,则可使该区域的面元方向与场强方向垂直,使 $\boldsymbol{E}\cdot d\boldsymbol{S}=0$,如例 5-3 中 pn 结内圆柱侧面上的场强.找到了这样的高斯面后,高斯定理中原先在积分号内的 E 便能提到积分号外.最后由已知的封闭曲面内包围的电荷代数和便可求出电场强度的大小 E.

四、习 题

(一) 选择题

1. 两个等量异号的点电荷 $+Q$ 和 $-Q$，相距为 r，在它们连线的中点 O 处放置另一点电荷 q，则 q 所受的电场力的大小等于　　　　　　　　　　（　）

(A) Q　　(B) $\dfrac{2Qq}{\pi\varepsilon_0 r^2}$　　(C) $\dfrac{Qq}{4\pi\varepsilon_0 r^2}$　　(D) $\dfrac{Qq}{2\pi\varepsilon_0 r^2}$

2. 在没有其他电荷存在的情况下，一个点电荷 q_1 受另一个点电荷 q_2 的作用力为 f_{12}，当放入第三个电荷 Q 后，以下说法正确的是　　　　（　）

(A) f_{12} 的大小不变，但方向改变，q_1 受的总电场力不变

(B) f_{12} 的大小改变，但方向不变，q_1 受的总电场力不变

(C) f_{12} 的大小和方向都不会改变，但 q_1 受的总电场力发生了变化

(D) f_{12} 的大小、方向均发生改变，q_1 受的总电场力也发生了变化

3. 下列关于电场强度的各种说法不正确的是　　　　　　　　　　（　）

(A) 点电荷的电场中，某一点的电场强度的大小只取决于产生电场的电荷 Q，与检验电荷无关

(B) 电场强度是描述电场的力的性质的物理量

(C) 电场中某一点场强的方向取决于检验电荷在该点所受电场力的方向

(D) 任何静电场中场强的方向总是电势降低最快的方向

4. 下列说法正确的是　　　　　　　　　　　　　　　　　　　　（　）

(A) 在以点电荷为中心的球面上，由该点电荷所产生的场强处处相等

(B) 场强可由 $E=\dfrac{F}{q}$ 定出，其中 q 为试验电荷，q 可正、可负，F 为试验电荷所受的电场力

(C) 电场中某点场强的方向，就是将一点电荷放在该点时所受电场力的方向

(D) 以上说法都不正确

5. 下列关于电场线的论述正确的是　　　　　　　　　　　　　　（　）

(A) 电场线上任一点的切线方向就是检验电荷在该点运动的方向

(B) 电场线弯曲的地方是非匀强电场，电场线为直线的地方一定是匀强电场

(C) 无论电场线是曲线还是直线，都要跟它相交的等势面垂直

(D) 只要正电荷的初速度为零，必将在电场中沿电场线方向运动

6. 一均匀带电球面，电荷面密度为 σ，球面内电场强度处处为零，球面上的微面元 dS 带有 σdS 的电荷，该电荷在球面内各点产生的电场强度　（　）

(A) 不一定都为零   (B) 处处不为零
(C) 处处为零   (D) 无法判定

7. 一电场强度为 E 的均匀电场，E 的方向与 x 轴正向夹角为 $30°$，如图 5-6 所示，则通过图中一半径为 R 的半球面的电场强度通量为　　　　　　　　　　(　　)

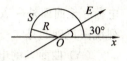

图 5-6

(A) $\pi R^2 E$ (B) $\frac{1}{2}\pi R^2 E$

(C) $2\pi R^2 E$ (D) 0

8. 有两个电量都是 $+q$ 的点电荷，相距为 $2a$. 今以左边的点电荷所在处为球心，以 a 为半径作一球形高斯面. 在球面上取两块相等的小面积 S_1 和 S_2，其位置如图 5-7 所示，通过 S_1 和 S_2 的电场强度通量分别为 Φ_1 和 Φ_2，通过整个球面的电场强度通量为 Φ_S，则 (　　)

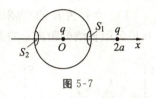

图 5-7

(A) $\Phi_1 > \Phi_2, \Phi_S = \dfrac{q}{\varepsilon_0}$ (B) $\Phi_1 < \Phi_2, \Phi_S = \dfrac{2q}{\varepsilon_0}$

(C) $\Phi_1 = \Phi_2, \Phi_S = \dfrac{q}{\varepsilon_0}$ (D) $\Phi_1 < \Phi_2, \Phi_S = \dfrac{q}{\varepsilon_0}$

9. 有一边长为 a 的正方形平面，在其中垂线上距中心 O 点 $\dfrac{a}{2}$ 处，有一电量为 q 的正点电荷，如图 5-8 所示，则通过该平面的电场强度通量为 (　　)

(A) $\dfrac{q}{\varepsilon_0}$ (B) $\dfrac{q}{4\varepsilon_0}$ (C) $\dfrac{q}{2\varepsilon_0}$ (D) $\dfrac{q}{6\varepsilon_0}$

图 5-8

10. 已知一高斯面所包围的体积内电荷代数和 $\sum\limits_i q_i = 0$，则可肯定 (　　)

(A) 高斯面上各点场强均为零
(B) 穿过高斯面上任一面元的电场强度通量均为零
(C) 穿过整个高斯面的电场强度通量为零
(D) 以上说法都不对

11. 一点电荷，放在球形高斯面的中心处. 下列哪一种情况，通过高斯面的电场强度通量发生变化？ (　　)

(A) 将另一点电荷放在高斯面外
(B) 将另一点电荷放进高斯面内
(C) 将球心处的点电荷移开，但仍在高斯面内

(D) 将高斯面半径缩小

12. 点电荷 Q 被曲面 S 包围,从无穷远处引入另一点电荷 q 至曲面外一点,如图 5-9 所示,则引入点电荷前后,下列说法正确的是 ( )

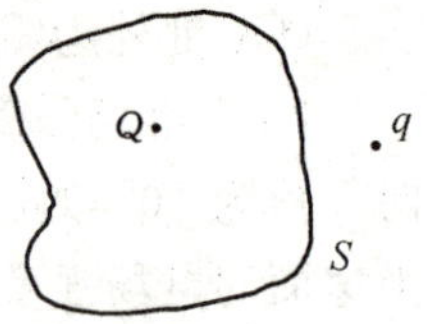

(A) 曲面 S 的电场强度通量不变,曲面上各点场强不变

(B) 曲面 S 的电场强度通量变化,曲面上各点场强不变

(C) 曲面 S 的电场强度通量变化,曲面上各点场强变化

(D) 曲面 S 的电场强度通量不变,曲面上各点场强变化

图 5-9

13. 半径为 R 的"无限长"均匀带电圆柱体的静电场中各点的电场强度的大小 E 与距轴线的距离 r 的关系曲线为 ( )

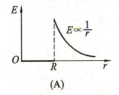
(A)

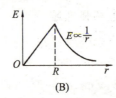
(B)

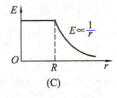
(C)

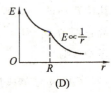
(D)

14. 在静电场中,下列说法正确的是 ( )

(A) 正电荷由高电势处运动到低电势处,电势能增加

(B) 正电荷由高电势处运动到低电势处,电势能减小

(C) 负电荷由低电势处运动到高电势处,电势能增加

(D) 负电荷由高电势处运动到低电势处,电势能减小

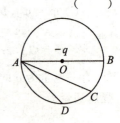

图 5-10

15. 一电量为 $-q$ 的点电荷位于圆心 O 处,A、B、C、D 为同一圆周上的四点,如图 5-10 所示. 现将一试验电荷从 A 点分别移动到 B、C、D 各点,则正确的说法是 ( )

(A) 从 A 到 B,电场力做功最大

(B) 从 A 到各点,电场力做功相等

(C) 从 A 到 D,电场力做功最大

(D) 从 A 到 C,电场力做功最大

16. 电场中电势越高的地方,则 ( )

(A) 那里的电场强度越大

(B) 放在那里的电荷的电势能越大

(C) 放在那里的正电荷的电势能越大

(D) 那里的等势面分布越密

17. 在图 5-11 中实线为某电场中的电场线,虚线表示等势面,由图可看出　　　　　　　(　　)

(A) $E_A > E_B > E_C$, $U_A > U_B > U_C$

(B) $E_A < E_B < E_C$, $U_A < U_B < U_C$

(C) $E_A > E_B > E_C$, $U_A < U_B < U_C$

(D) $E_A < E_B < E_C$, $U_A > U_B > U_C$

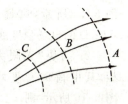

图 5-11

18. 在图 5-12 所示的静电场中,让电子逆着电场线的方向由 A 点移到 B 点,则　　　(　　)

(A) 电场力做正功,A 点电势高于 B 点电势

(B) 电场力做正功,A 点电势低于 B 点电势

(C) 电场力做负功,A 点电势高于 B 点电势

(D) 电场力做负功,A 点电势低于 B 点电势

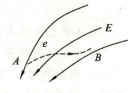

图 5-12

19. 如图 5-13 所示,在点电荷 q 的电场中,选取 q 为中心、R 为半径的球面上一点 P_1 处作为电势零点,则与点电荷 q 距离为 r 的 P_2 点的电势为　　　(　　)

(A) $\dfrac{q}{4\pi\varepsilon_0 r}$ 　　(B) $\dfrac{q}{4\pi\varepsilon_0}\left(\dfrac{1}{r}-\dfrac{1}{R}\right)$

(C) $\dfrac{q}{4\pi\varepsilon_0(r-R)}$ 　　(D) $\dfrac{q}{4\pi\varepsilon_0}\left(\dfrac{1}{R}-\dfrac{1}{r}\right)$

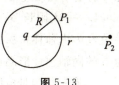

图 5-13

20. 如图 5-14 所示,在真空中半径分别为 R 和 $2R$ 的两个同心球面,其上分别均匀地带有电量 $+q$ 和 $-3q$.今将一电量为 $+Q$ 的带电粒子从内球面处由静止释放,则该粒子到达外球面时的动能为　　(　　)

(A) $\dfrac{Qq}{4\pi\varepsilon_0 R}$ 　　(B) $\dfrac{Qq}{2\pi\varepsilon_0 R}$

(C) $\dfrac{Qq}{8\pi\varepsilon_0 R}$ 　　(D) $\dfrac{3Qq}{8\pi\varepsilon_0 R}$

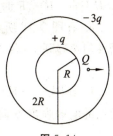

图 5-14

21. 下列说法正确的是　　　　　　　　　　(　　)

(A) 电场强度的方向总是跟电场力的方向一致

(B) 电场中电势高的点电场强度一定大

(C) 电荷沿等势面运动时,电场力一定不做功

(D) 顺着电场线方向,电势降低,场强减弱

(二) 填空题

1. 有一边长为 a 的立方体,在其中一顶点上有一电量为 q 的正点电荷,如

图 5-15 所示,则通过该立方体平面 ABCD 的电场强度通量为_____.

2. 两块"无限大"的带电平行平板,其电荷面密度均为 $\sigma(\sigma>0)$,如图 5-16 所示,则

　　Ⅰ 区 E 的大小为_____,方向为_____.

　　Ⅱ 区 E 的大小为_____,方向为_____.

　　Ⅲ 区 E 的大小为_____,方向为_____.

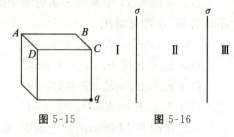

图 5-15　　　图 5-16

3. 在空间有一非均匀电场,其电场线分布如图 5-17 所示,在电场中作一半径为 R 的闭合球面 S,已知通过球面上某一面元 ΔS 的电场强度通量为 $\Delta \Phi_e$,则通过该球面其余部分的电场强度通量为_____.

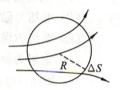

图 5-17

4. 一"无限长"均匀带电的空心圆柱体,内半径为 a,外半径为 b,电荷体密度为 ρ.若作一半径为 $r(a<r<b)$、长度为 L 的同轴圆柱形高斯柱面,则其中包含的电量 $q=$_____.

5. 有一均匀带电圆柱体,高为 L,半径为 $R(L\gg R)$,单位长度带电量为 λ,在圆柱体的中垂面上有一 P 点,离圆柱体轴线的距离为 r,当 $r<R$ 时,$E=$_____;当 $r>R$ 且 $(r-R)\ll R$ 时,$E=$_____;当 $r\gg L$ 时,$E=$_____.

6. 在图 5-18 所示的静电场的电场线图中,若将一正点电荷从 a 点经任意路径匀速移到 b 点,外力做正功还是负功?_____.其电势能是增加还是减少?_____.

7. 在图 5-19 所示的静电场的等势图中,已知 $U_1>U_2>U_3$.在图上画出 a、b 两点的电场强度方向,并比较它们的大小.E_a_____E_b.(填"<"、"="或">")

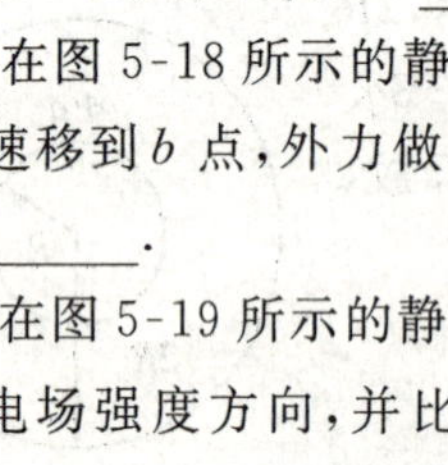

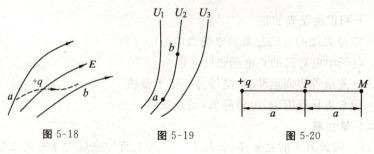

图 5-18 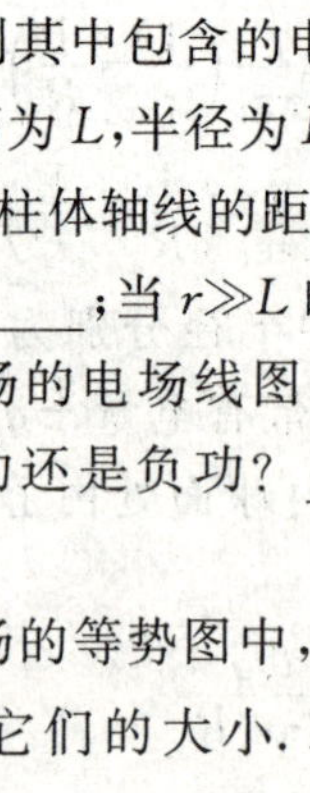　　　图 5-19 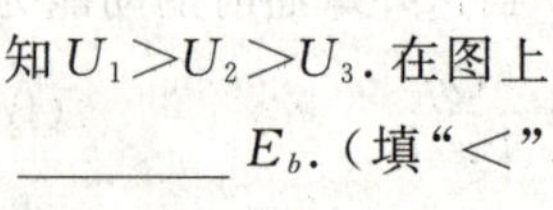　　　图 5-20

8. 如图 5-20 所示,在点电荷 $+q$ 的电场中,若取图中 P 点处为电势零点,

则 M 点的电势为_____.

9. 一均匀静电场,电场强度 $E=(400i+600j)$ V·m^{-1},则点 $a(3,2)$ 和点 $b(1,0)$ 之间的电势差 $U_{ab}=$_____.(x、y 以米计)

10. 若已知两个同心的均匀带电球面的电荷面密度均相同,其半径分别为 a 和 b,内球面的电势为 U(半径为 a),两球面的电荷面密度为_____.

图 5-21

11. 真空中有一半径为 R 的半圆细环,均匀带电量为 Q,如图 5-21 所示.设无穷远处为电势零点,则圆心 O 点处的电势 $U_O=$_____.若将一带电量为 q 的点电荷从无穷远处移到圆心 O 点,则电场力做功 $A=$_____.

12. 如图 5-22 所示,两个同心的均匀带电球面,内球面半径为 R_1、带电量为 Q_1,外球面半径为 R_2、带电量为 Q_2.设无穷远处为电势零点,则在两个球面之间、距离球心为 r 处的 P 点的电场强度大小 $E=$_____,电势 $U=$_____.

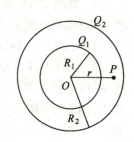

图 5-22

13. 一"无限长"均匀带电直线,电荷线密度为 λ,在它的电场作用下,一质量为 m、带电量为 q 的质点以此带电直线为轴做匀速圆周运动,该质点的速率 $v=$_____.

14. 如图 5-23 所示,在场强为 E 的均匀电场中,A、B 两点距离为 d,AB 连线方向与 E 夹角是 $45°$,从 A 点经任意路径到 B 点的场强线积分 $\int_{AB} E \cdot dl =$_____.

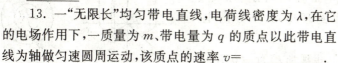

图 5-23

15. 如图 5-24 所示,$\overparen{BCD}$ 是以 O 点为圆心、以 R 为半径的半圆弧,在 A 点有一电量为 $+q$ 的点电荷,O 点有一电量为 $-q$ 的点电荷,线段 $\overline{BA}=R$.现将一单位正电荷从 B 点沿半圆弧轨道 BCD 移到 D 点,则电场力所做的功为_____.

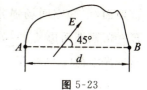

图 5-24

16. 若静电场的某个立体区域电势等于恒量,则该区域的电场强度分布是_____;若电势随空间坐标作线性变化,则该区域的场强是_____.

(三) 计算及证明题

1. 如图 5-25 所示,"无限大"平面开有一个半径为 R 的圆洞.设平面均匀带电,电荷面密度为 σ,求该圆洞的轴线上离洞心为 r 处的电场强度.

2. 如图 5-26 所示,真空中一长为 L 的均匀带电细直杆,总电量为 q,试求在直杆延长线上距杆的一端距离为 d 的 P 点的电场强度.

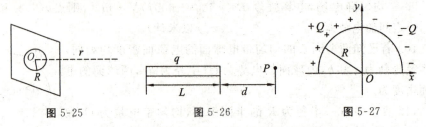

图 5-25   图 5-26   图 5-27

3. 如图 5-27 所示,一个半圆形带电体,沿其左半部分均匀分布电量为 $+Q$,沿其右半部分均匀分布电量为 $-Q$.试求圆心 O 处的电场强度.

*4. 如图 5-28 所示,一"无限长"带电圆柱面,其面电荷密度由式 $\sigma = \sigma_0 \cos\varphi$ 所决定,式中 φ 如图所示,求圆柱轴线上的场强.

5. 一环形薄片由细绳悬吊着,环的外半径为 R,内半径为 $R/2$,并有电量 Q 均匀分布在环面上.细绳长 $3R$,也有电量 Q 均匀分布在绳上,如图 5-29 所示.试求圆环中心 O 处的电场强度.

6. 如图 5-30 所示,虚线所示为一立方形的高斯面,已知空间场强分别为: $E_x = bx$, $E_y = 0$, $E_z = 0$. 高斯面边长 $a = 0.1$ m,常数 $b = 1\,000$ N·C^{-1}·m^{-1}. 试求该闭合面内包含的净电荷 ($\varepsilon_0 = 8.85 \times 10^{-12}$ C^2·N^{-1}·m^{-2}).

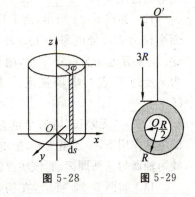

图 5-28   图 5-29

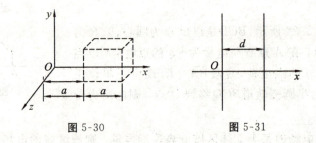

图 5-30   图 5-31

*7. 如图 5-31 所示,一厚度为 d 的"无限大"带电平板,其电荷体密度 $\rho = kx^2$ $(0 < x < d)$,式中 k 为一正的常数.求:

(1) 平板内、外任意点的电场强度;

(2) 电场强度为零的点的位置.

8. 有一带电球壳,内、外半径分别为 R_1 和 R_2 ($R_1 = a$),电荷体密度 $\rho =$

$\dfrac{Q}{2\pi a^2 r}$,式中 r 为球壳内任意点到球心的距离. 在球心处放置一点电荷 Q, 求证球壳区域内场强 E 与 r 的大小无关.

9. 一半径为 R 的带电球体, 其电荷体密度分布为

$$\rho = \begin{cases} \dfrac{qr}{\pi R^4}, & r \leqslant R \\ 0, & r > R \end{cases}$$

式中 q 为一正的常量, 试求:

(1) 带电球体的总电量;
(2) 球内、外各点的电场强度.

10. 如图 5-32 所示, 一个半径为 R_1 的"无限长"圆柱体, 电荷线密度为 λ, 外面套一个半径为 R_2 的"无限长"同轴圆柱面, 电荷线密度为 $-\lambda$, 求整个空间的电场强度.

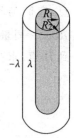

图 5-32

11. 半径为 R 的半球面, 均匀带有电荷, 电荷面密度为 σ, 求其球心处的电势.

12. 如图 5-33 所示, 一同轴"无限长"圆筒, 内半径 $R_1 = R_0$, 外半径 $R_2 = 2R_0$, 内、外圆筒均匀带正负电荷, 且知外圆筒与内圆筒的电位差为 $U = U_0$, 试求电子在内圆筒 R_1 处(内圆筒外)所受的电场力的大小.

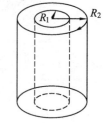

图 5-33

13. 两个同心的均匀带电球面, $R_1 = 5.0$ cm, $R_2 = 20$ cm, 分别均匀地带着电荷 $q_1 = 2.0 \times 10^{-9}$ C 和 $q_2 = -4.0 \times 10^{-9}$ C.

(1) 求两球面的电势 V_1 和 V_2;
(2) 在两个球面之间何处为电势零点?

14. 如图 5-34 所示, 半径分别为 R_1、R_2 的均匀带电半圆环, 若电荷面密度为 σ, 求环心 O 处的电势.

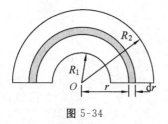

图 5-34

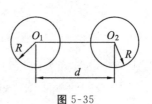

图 5-35

15. 图 5-35 为两个半径均为 R 的非导体球壳, 表面上均匀带电, 带电量分别为 $+Q$ 和 $-Q$, 两球心相距为 $d(d > 2R)$. 求两球心间的电势差.

16. 如图 5-36 所示,在 x 轴上放置一端在原点 ($x=0$)、长为 l 的细棒,细棒上分布着 $\lambda = kx$ 的正电荷,其中 k 为常数.若取无限远处电势为零.试求:

(1) y 轴上任一点 P 的电势;

(2) 试用场强与电位关系求 E_y.

17. 如图 5-37 所示,一半径为 R 的均匀带正电圆环,其电荷线密度为 λ. 在其轴线上有 A、B 两点,它们与环心的距离分别为 $\overline{OA} = \sqrt{3}R$,$\overline{OB} = \sqrt{8}R$. 一质量为 m、带电量为 q 的粒子从 A 点运动到 B 点. 求在此过程中电场力所做的功.

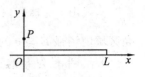

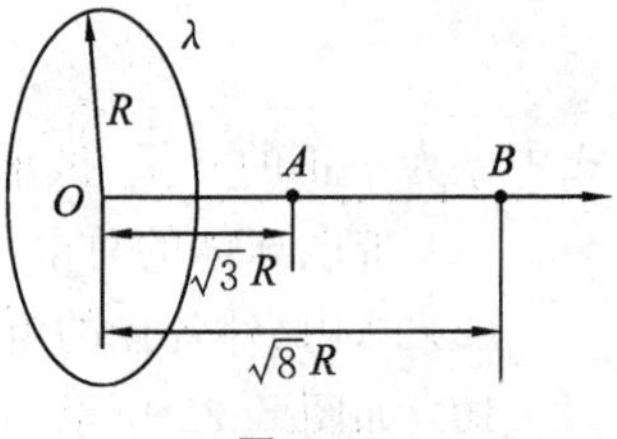

图 5-36

图 5-37

第6章 静电场中的导体与电介质

一、基本要求

1. 掌握导体静电平衡时的条件,并能根据导体静电平衡的条件分析导体在静电场中的电荷分布和电场分布.

2. 了解介质的极化机理,掌握有介质存在时的高斯定理,理解电位移矢量的概念,会计算有介质存在时对称性电场的电场强度.

3. 理解孤立导体的电容性质,掌握电容器的电容,并会计算常见电容器的电容.

4. 掌握静电场的能量以及能量密度概念,并能具体应用.

二、主要内容及例题

(一) 导体静电平衡的条件

a. 导体内部场强处处为零.

b. 导体是一个等势体.

c. 导体表面的场强与表面垂直.

注意:① 静电平衡的导体内部场强一定为零,但电势并不一定为零.

② 接地的导体电势为零,但电荷不一定为零.

【例6-1】 如图6-1所示,半径为 R_1 的导体球和半径为 R_2 的薄导体球壳同心并相互绝缘,现把 $+Q$ 的电量给予内球.

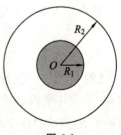

图 6-1

(1) 求外球所带的电量及电势;

(2) 把外球接地后再重新绝缘,求外球所带的电量及电势;

(3) 然后把内球接地,求内球所带的电量及外球的电势.

分析与讨论：根据导体静电平衡的条件和性质，确定导体各面的电荷分布是正确求解本题的前提和关键。情况发生变化时（如接地）电荷重新分布，导体达到新的平衡状态，电场同时发生改变。

（1）根据静电平衡性质，外球壳内表面带电量为$-Q$，外表面带电量为$+Q$，外球电势为

$$V_2 = \frac{Q}{4\pi\varepsilon_0 R_2}$$

（2）外球壳接地，其电势为零，根据电势定义式可知外球壳外空间电场强度为零，可断定外球壳外表面无电荷分布，而内表面仍分布电量$-Q$，内球的电场线终止于外球壳的内表面。所以，外球壳接地，并不影响两球之间的电场分布。这时外球壳所带电量为$-Q$，达到静电平衡状态，重新绝缘并不引起平衡变化。外球壳电势为

$$V_2' = 0$$

（3）再把内球接地，内球电势为零，意味着内球所带电量发生变化，设为Q_1。由静电平衡性质和电荷守恒定律可知，外球的电荷也将重新分布，其内表面分布电荷$-Q_1$，外表面分布电荷$(-Q+Q_1)$，达到静电平衡，此时内球电势为

$$V_1 = \frac{Q_1}{4\pi\varepsilon_0 R_1} + \frac{-Q_1}{4\pi\varepsilon_0 R_2} + \frac{-Q+Q_1}{4\pi\varepsilon_0 R_2}$$

因内球接地，$V_1 = 0$，即

$$\frac{Q_1}{4\pi\varepsilon_0 R_1} + \frac{-Q_1}{4\pi\varepsilon_0 R_2} + \frac{-Q+Q_1}{4\pi\varepsilon_0 R_2} = 0$$

得

$$Q_1 = \frac{R_1}{R_2} Q$$

即内球表面分布电量为$\frac{R_1}{R_2}Q$，此时外球电势为

$$V_2'' = \frac{-Q+Q_1}{4\pi\varepsilon_0 R_2} = \frac{(R_1-R_2)Q}{4\pi\varepsilon_0 R_2^2}$$

【例 6-2】 一块带电量为Q_1的导体平板 A 和另一块带电量为Q_2的导体平板 B 平行相对放置，如图 6-2 所示，假设导体平板面积为S，两块导体平板间距为d，且$\sqrt{S} \gg d$。求：

（1）导体平板 A 和 B 两边的电荷面密度；

（2）两板之间的电场强度。

解：（1）静电平衡时，板 A、B 内任意一点的电场强度为零。

设静电平衡时，板 A 左、右两边的电荷面密度分别为σ_1和σ_2，

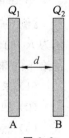

图 6-2

板 B 左、右两边的电荷面密度分别为 σ_3 和 σ_4，则

$$E_A = \frac{\sigma_1}{2\varepsilon_0} - \frac{\sigma_2}{2\varepsilon_0} - \frac{\sigma_3}{2\varepsilon_0} - \frac{\sigma_4}{2\varepsilon_0} = 0$$

$$E_B = \frac{\sigma_1}{2\varepsilon_0} + \frac{\sigma_2}{2\varepsilon_0} + \frac{\sigma_3}{2\varepsilon_0} - \frac{\sigma_4}{2\varepsilon_0} = 0$$

解得

$$\sigma_1 = \sigma_4, \sigma_2 = -\sigma_3$$

$$\sigma_1 + \sigma_2 = \frac{Q_1}{S}, \sigma_3 + \sigma_4 = \frac{Q_2}{S}$$

联立以上两式，解得

$$\sigma_1 = \frac{Q_1 + Q_2}{2S}, \sigma_2 = \frac{Q_1 - Q_2}{2S}, \sigma_3 = -\frac{Q_1 - Q_2}{2S}, \sigma_4 = \frac{Q_1 + Q_2}{2S}$$

（2）两块板之间的电场强度为

$$E = \frac{\sigma_2}{2\varepsilon_0} + \left|\frac{\sigma_3}{2\varepsilon_0}\right| = \frac{Q_1 - Q_2}{2\varepsilon_0 S}$$

（二）介质中的高斯定理

$$\oint_S \boldsymbol{D} \cdot \mathrm{d}\boldsymbol{S} = \sum q_0$$

各向同性介质中：
$$\boldsymbol{D} = \varepsilon_0 \varepsilon_r \boldsymbol{E} = \varepsilon \boldsymbol{E}$$

（三）电容器的电容

电容定义式：
$$C = \frac{Q}{V_A - V_B} = \frac{Q}{U_{AB}}$$

计算电容器电容的步骤如下：

① 设电容器两极板分别带电量为 $+Q$ 和 $-Q$；

② 求出两极板间的场强分布；

③ 利用电势差定义 $U_{AB} = V_A - V_B = \int_A^B \boldsymbol{E} \cdot \mathrm{d}\boldsymbol{l}$，求出两极板间的电势差；

④ 利用 $C = \dfrac{Q}{U_{AB}}$ 求出电容.

平行板电容器（真空）的电容为

$$C_0 = \frac{\varepsilon_0 S}{d}$$

充满各向同性介质时，电容为

$$C = \varepsilon_r C_0$$

电容器串联时，其总电容为

$$\frac{1}{C} = \frac{1}{C_1} + \frac{1}{C_2} + \cdots$$

电容器并联时,其总电容为

$$C = C_1 + C_2 + \cdots$$

【例 6-3】 在如图 6-3 所示的平行板电容器中放入相对电容率为 ε_r,厚度为 b 的电介质,电容器两极板间的距离为 d,面积为 S. 试求此电容器的电容.

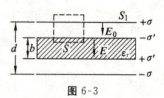

图 6-3

解:设想在把电介质放入电容器之前,电容器极板上的自由电荷面密度为 σ. 电介质放入极板之间以后,极板上的自由电荷面密度并没有改变,仍为 σ. 设极板与电介质之间的电场强度为 E_0,电介质中的电场强度为 E. 作底面积为 S 的正圆柱形高斯面(图 6-2),于是由电介质中的高斯定理,有

$$\oint_S \boldsymbol{D} \cdot \mathrm{d}\boldsymbol{S} = q = \sigma S = DS$$

$$D = \sigma$$

注意:D 的分布仅与自由电荷的分布有关(在具有对称性分布的各向同性均匀介质中).

由 $D = \varepsilon_0 \varepsilon_r E$,得

真空中 $$E_0 = \frac{\sigma}{\varepsilon_0} \tag{1}$$

介质中 $$E = \frac{\sigma}{\varepsilon_0 \varepsilon_r} \tag{2}$$

而两极板之间的电势差为

$$V_1 - V_2 = \int_0^{d-b} \boldsymbol{E}_0 \cdot \mathrm{d}\boldsymbol{L} + \int_{d-b}^d \boldsymbol{E} \cdot \mathrm{d}\boldsymbol{L}$$

$$= \frac{\sigma}{\varepsilon_0}(d-b) + \frac{\sigma}{\varepsilon_0 \varepsilon_r} b$$

由电容定义式,可得此电容器的电容为

$$C = \frac{Q}{V_1 - V_2} = \frac{\sigma S}{\frac{\sigma}{\varepsilon_0}(d-b) + \frac{\sigma}{\varepsilon_0 \varepsilon_r} b}$$

$$= \frac{\varepsilon_r \varepsilon_0 S}{(1 - \varepsilon_r) b + \varepsilon_r d}$$

这个电容器也可看成三个电容器的串联,故可利用教材中平行板电容器的计算方法,根据串联电容器求总电容的公式来计算.

三个电容器为：上极板和电介质上表面之间，设电容为 C_1；电介质上下表面之间，设电容为 C_2；电介质下表面和下极板之间，设电容为 C_3. 设上极板和电介质上表面之间的距离为 a，根据平行板电容器的电容公式，有

$$C_1=\varepsilon_0\frac{S}{a}, C_2=\varepsilon_0\varepsilon_r\frac{S}{b}, C_3=\varepsilon_0\frac{S}{d-a-b}$$

根据串联电容器的总电容公式，有

$$\frac{1}{C}=\frac{1}{C_1}+\frac{1}{C_2}+\frac{1}{C_3}$$

可得

$$C=\frac{\varepsilon_r\varepsilon_0 S}{(1-\varepsilon_r)b+\varepsilon_r d}$$

若将电介质换成同样大小的导体板，则电容器的电容将为多少？
可作如下计算：此时，极板与导体板之间（空气中）的电场强度为

$$E_0=\frac{\sigma}{\varepsilon_0}=\frac{Q}{S\varepsilon_0}$$

而导体中电场强度为零. 所以，电容器两极板之间的电势差为

$$V_1-V_2=E_0(d-b)=\frac{Q}{S\varepsilon_0}(d-b)$$

所以此电容器的电容为

$$C=\frac{Q}{V_1-V_2}=\frac{\varepsilon_0 S}{d-b}$$

当然，此时也可用电容器的串联公式来计算.

（四）静电场的能量

能量密度为 $$w_e=\frac{1}{2}\varepsilon_0\varepsilon_r E^2$$

电场的能量为 $$W=\int w_e dV=\int \frac{1}{2}\varepsilon_0\varepsilon_r E^2 dV$$

有电场存在的地方就有能量，积分区域遍及场不为零的空间.

电容器储存的能量为 $$W_e=\frac{1}{2}\frac{Q^2}{C}=\frac{1}{2}CU^2=\frac{1}{2}QU$$

【例 6-4】 如图 6-4(a) 所示，带电导体球半径为 R_1，带电量为 Q，球外有一同心的薄导体球壳，半径为 R_2，在导体球和球壳间充满相对电容率为 ε_r 的电介质. 试求：

(1) 整个空间的电场分布；
(2) 电势分布情况；
(3) 介质层内、外表面间的电势差；

(4) 介质层中的电场能量.

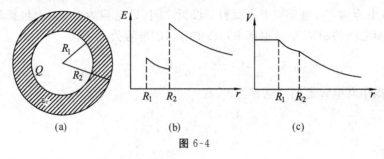

图 6-4

解:(1) 由于电荷及介质层均为球对称分布,故可以利用高斯定理求解. 在带电导体球内无自由电荷,故

$$D_1 = 0, \ E_1 = 0, \ 0 \leqslant r \leqslant R_1$$

在介质层内,作一半径为 r 的球壳作为高斯面,由 $\oint_S \boldsymbol{D} \cdot \mathrm{d}\boldsymbol{S} = \sum q_0$,可得

$$D_2 = \frac{Q}{4\pi r^2}, \ R_1 < r < \infty$$

$$E_2 = \frac{D_2}{\varepsilon_0 \varepsilon_r} = \frac{Q}{4\pi \varepsilon_0 \varepsilon_r r^2}, \ R_1 < r \leqslant R_2$$

在介质层外,有

$$E_3 = \frac{D_2}{\varepsilon_0} = \frac{Q}{4\pi \varepsilon_0 r^2}, \ R_2 < r < \infty$$

故整个空间的电场分布为

$$E = \begin{cases} 0, & 0 \leqslant r \leqslant R_1 \\ \dfrac{Q}{4\pi\varepsilon_0\varepsilon_r r^2}, & R_1 < r \leqslant R_2 \\ \dfrac{Q}{4\pi\varepsilon_0 r^2}, & R_2 < r < \infty \end{cases}$$

电场分布情况如图 6-4(b) 所示.

(2) 以无限远处为电势零点. 带电球体的电势为

$$V_1 = \int_r^{R_1} \boldsymbol{E}_1 \cdot \mathrm{d}\boldsymbol{r} + \int_{R_1}^{R_2} \boldsymbol{E}_2 \cdot \mathrm{d}\boldsymbol{r} + \int_{R_2}^{\infty} \boldsymbol{E}_3 \cdot \mathrm{d}\boldsymbol{r}$$

$$= \frac{Q}{4\pi\varepsilon_0\varepsilon_r}\left(\frac{1}{R_1} - \frac{1}{R_2}\right) + \frac{Q}{4\pi\varepsilon_0 R_2}, \ 0 \leqslant r \leqslant R_1$$

介质层内任意一点的电势为

$$V_2 = \int_r^{R_2} \boldsymbol{E}_2 \cdot \mathrm{d}\boldsymbol{r} + \int_{R_2}^{\infty} \boldsymbol{E}_3 \cdot \mathrm{d}\boldsymbol{r}$$

$$= \frac{Q}{4\pi\varepsilon_0\varepsilon_r}\left(\frac{1}{r} - \frac{1}{R_2}\right) + \frac{Q}{4\pi\varepsilon_0 R_2}, \quad R_1 < r \leqslant R_2$$

介质层外任意一点的电势为

$$V_3 = \int_r^\infty \boldsymbol{E}_3 \cdot \mathrm{d}\boldsymbol{r} = \frac{Q}{4\pi\varepsilon_0 r}, \quad R_2 < r < \infty$$

电势分布情况如图 6-4(c)所示.

(3) 介质层内、外表面间的电势差为

$$U_{12} = \int_{R_1}^{R_2} \boldsymbol{E}_2 \cdot \mathrm{d}\boldsymbol{r} = \frac{Q}{4\pi\varepsilon_0\varepsilon_r}\left(\frac{1}{R_1} - \frac{1}{R_2}\right)$$

(4) 介质层内储存的能量为

$$W_e = \frac{1}{2}QU_{12} = \frac{Q^2}{8\pi\varepsilon_0\varepsilon_r}\left(\frac{1}{R_1} - \frac{1}{R_2}\right)$$

或 $\quad W_e = \int w_e \mathrm{d}V = \int_{R_1}^{R_2} \frac{1}{2}\varepsilon_0\varepsilon_r E_2^2 \cdot 4\pi r^2 \mathrm{d}r = \frac{Q^2}{8\pi\varepsilon_0\varepsilon_r}\left(\frac{1}{R_1} - \frac{1}{R_2}\right)$

三、难点分析

静电场中的导体与电介质这一章是以上一章知识为基础,是上一章基本原理的应用和推广.

本章的难点之一是确定各种情况下电荷在导体上的分布.解决这个问题就要熟练掌握导体静电平衡条件和导体静电平衡时的性质,做到概念清晰、结论明确,由此来确定导体各表面的电荷分布.然后结合场强叠加原理、高斯定理、电势定义式及电势叠加原理等上一章讨论的求电场强度和电势的方法与步骤进行求解.

要注意静电平衡时导体上的电荷一定分布在表面上,导体内部场强一定为零;导体内部电场强度为零时,电势并不一定为零,如带电量为 Q 的导体球,其内部场强为零,但电势不为零.若取无穷远处为电势零点,导体球的电势为 $\frac{Q}{4\pi\varepsilon_0 R}$;接地的导体电势为零,电荷不一定为零,如例 6-1(3)所示.

本章的难点之二是如何求解有介质存在时的电场强度,有些问题中可能既有导体,又有电介质,对导体只需把表面电荷分布搞清楚,对于电介质,若自由电荷和电介质的极化电荷分布都具有一定的对称性,可用有介质存在时的高斯定理,应用自由电荷的分布,先求出电位移矢量 $\boldsymbol{D}$,再根据在各向同性均匀电介质中有 $\boldsymbol{D} = \varepsilon_0\varepsilon_r\boldsymbol{E}$,求出场强的分布,如例 6-4 所示.

四、习 题

(一) 选择题

1. 一个不带电的空腔导体球壳,内、外半径分别为 R_1 和 R_2,在腔内离球心的距离为 d 处有一点电荷 $+q$,用导线将球壳接地后,再把接地线撤离,则球心 O 点的电势为(无限远处电势为零)   (   )

(A) $\dfrac{q}{4\pi\varepsilon_0 d}$ (B) 0

(C) $\dfrac{q}{4\pi\varepsilon_0}\left(\dfrac{1}{d}-\dfrac{1}{R_1}\right)$ (D) $\dfrac{q}{4\pi\varepsilon_0}\left(\dfrac{1}{d}-\dfrac{1}{R_1}+\dfrac{1}{R_2}\right)$

2. 如图 6-5 所示,将一个电量为 q 的点电荷放在一个半径为 R 的不带电的导体球附近,点电荷距导体球球心的距离为 d. 设无穷远处为电势零点,则在导体球球心 O 点,有   (   )

(A) $E=0, V=\dfrac{q}{4\pi\varepsilon_0 d}$

(B) $E=\dfrac{q}{4\pi\varepsilon_0 d^2}, V=\dfrac{q}{4\pi\varepsilon_0 d}$

(C) $E=0, V=0$

(D) $E=\dfrac{q}{4\pi\varepsilon_0 d^2}, V=\dfrac{q}{4\pi\varepsilon_0 R}$

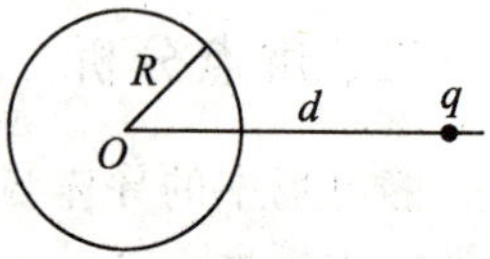

图 6-5

3. A、B 为两导体大平板,面积均为 S,平行放置,如图 6-6 所示,A 板带电量为 $+Q_1$,B 板带电量为 $+Q_2$,如果使 B 板接地,则 A、B 间电场强度大小 E 为   (   )

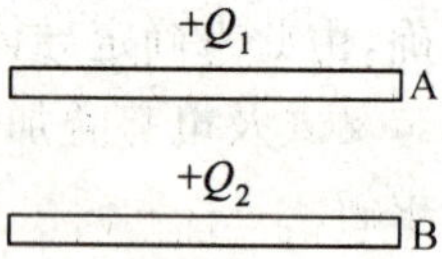

(A) $\dfrac{Q_1}{2\varepsilon_0 S}$ (B) $\dfrac{Q_1-Q_2}{2\varepsilon_0 S}$

(C) $\dfrac{Q_1}{\varepsilon_0 S}$ (D) $\dfrac{Q_1+Q_2}{2\varepsilon_0 S}$

图 6-6

4. 关于高斯定理,下列说法正确的是   (   )

(A) 高斯面内不包围自由电荷,则面上各点电位移矢量 D 为零

(B) 高斯面上 D 处处为零,则面内必不存在自由电荷

(C) 高斯面的 D 通量仅与面内自由电荷有关

(D) 以上说法都不正确

5. 设有一个带正电的导体球壳,若球壳内充满电介质、球壳外是真空,球壳外一点的场强大小和电势用 E_1、U_1 表示;若球壳内、外为真空,壳外一点的场强大小和电势用 E_2、U_2 表示,则两种情况下球壳外同一点处的场强和电势大

小的关系为 ( )

(A) $E_1=E_2, U_1=U_2$　　(B) $E_1=E_2, U_1>U_2$

(C) $E_1>E_2, U_1>U_2$　　(D) $E_1<E_2, U_1<U_2$

6. 一平行板电容器充电后与电源断开,然后在其一半体积中充满介电常数为 ε 的各向同性均匀电介质,如图 6-7 所示,则 ( )

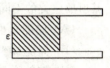

图 6-7

(A) 两部分中的电场强度相等

(B) 两部分中的电位移矢量相等

(C) 两部分极板上的自由电荷面密度相等

(D) 以上三量都不相等

7. C_1 和 C_2 两空气电容器串联以后接电源充电. 在电源保持连接的情况下,在 C_2 中插入一电介质板,如图 6-8 所示,则 ( )

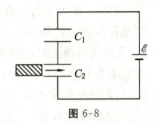

图 6-8

(A) C_1 极板上电量增加,C_2 极板上电量增加

(B) C_1 极板上电量减小,C_2 极板上电量增加

(C) C_1 极板上电量增加,C_2 极板上电量减少

(D) C_1 极板上电量减少,C_2 极板上电量减少

8. 根据电介质中的高斯定理,在电介质中电位移矢量沿任意一个闭合曲面的积分等于这个曲面所包围自由电荷的代数和.下列推论正确的是 ( )

(A) 若电位移矢量沿任意一个闭合曲面的积分等于零,曲面内一定没有自由电荷

(B) 若电位移矢量沿任意一个闭合曲面的积分等于零,曲面内电荷的代数和一定等于零

(C) 若电位移矢量沿任意一个闭合曲面的积分不等于零,曲面内一定有极化电荷

(D) 介质中的高斯定理表明电位移矢量仅仅与自由电荷的分布有关

(E) 介质中的电位移矢量与自由电荷和极化电荷的分布有关

9. 用力 F 把电容器中的电介质板拉出,在图 6-9(a)和(b)两种情况下,电容器中储存的静电能量将 ( )

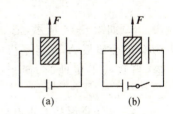

图 6-9

(A) 都增加

(B) 都减少

(C) (a)增加,(b)减少

(D) (a)减少,(b)增加

10. 将一空气平行板电容器接到电源上充电到一定电压后,断开电源,再将一块与极板面积相同的金属板平行地插入两极板之间(图 6-10),则由于金属板的插入及其所放位置的不同,对电容器储能的影响为   (　　)

(A) 储能减少,但与金属板相对极板的位置无关

(B) 储能减少,且与金属板相对极板的位置有关

(C) 储能增加,但与金属板相对极板的位置无关

(D) 储能增加,且与金属板相对极板的位置有关

图 6-10

11. 一个大平行板电容器水平放置,两极板间的一半空间充有各向同性均匀电介质,另一半为空气,如图 6-11 所示.当两极板带上恒定的等量异号电荷时,有一个质量为 m、带电量为 $+q$ 的质点,在极板间的空气区域中处于平衡状态.此后,若把电介质抽去,则该质点   (　　)

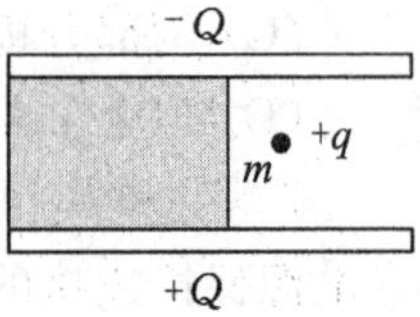

(A) 保持不动　　　　　(B) 向上运动

(C) 向下运动　　　　　(D) 是否运动不能确定

图 6-11

(二) 填空题

1. 如图 6-12 所示,两同心导体球壳,内球壳带电量为 $+q$,外球壳带电量为 $-2q$.静电平衡时,外球壳的电荷分布:内表面为_____,外表面为_____.

2. 如图 6-13 所示,两块很大的导体平板平行放置,面积都是 S,有一定厚度,所带电量分别为 Q_1 和 Q_2.如不计边缘效应,则 A、B、C、D 四个表面上的电荷面密度分别为_____、_____、_____、_____.

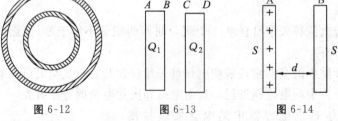

图 6-12　　　　图 6-13　　　　图 6-14

3. 如图 6-14 所示,把一块原来不带电的金属板 B,移近一块已带有正电量为 Q 的金属板 A,两者平行放置.设两板面积都为 S,板间距离为 d,忽略边缘效应,当 B 板不接地时,两板间电势差 $U_{AB}=$_____;当 B 板接地时,$U_{AB}'=$_____.

4. 一任意形状的带电导体,其电荷面密度分布为 $\sigma(x,y,z)$,则在导体表面附近任意点处的电场强度的大小 $E(x,y,z)=$_____,其方向为_____.

5. 如图 6-15 所示,在静电场中有一立方形均匀导体,边长为 a,已知立方体中心 O 处的电势为 U_0,则立方体顶点 A 的电势为_____.

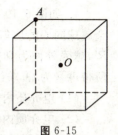

图 6-15

6. 已知空气的击穿场强为 $30\ \text{kV}\cdot\text{cm}^{-1}$,一平行板空气电容器两极板间距离为 $1.5\ \text{cm}$,则该平行板电容器的耐压值是_____.

7. 一空气平行板电容器,电容为 C,两极板间距离为 d,充电后,两极板间相互作用力为 F,则两极板间的电势差为_____,极板上的电量大小为_____.

8. 一空气平行板电容器,两极板间距离为 d,极板上所带电量分别为 $+q$ 和 $-q$,板间电势差为 U,在忽略边缘效应的情况下,板间场强大小为_____;若在两板间平行地插入一厚度为 $t(t<d)$ 的金属板,则板间电势差变为_____,此时电容值等于_____.

9. 一电容为 C 的电容器,极板上带有电量 Q,若使该电容器与另一个完全相同的不带电的电容器并联,则该电容器组的静电能 $W=$_____.

10. 一空气电容器充电后切断电源,电容器储能 W_0,若此时灌入相对介电常数为 ε_r 的煤油,电容器储能变为 W_0 的_____倍;若灌煤油时电容器一直与电源相连接,则电容器储能将是 W_0 的_____倍.

(三) 计算题

1. 如图 6-16 所示,在真空中将半径为 R 的金属球接地,在与球心 O 相距为 $r(r>R)$ 处放置一点电荷 q,不计接地导线上电荷的影响,求金属球表面上的感应电荷总量.

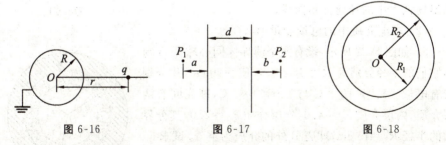

图 6-16 图 6-17 图 6-18

2. 如图 6-17 所示,一厚度为 d 的"无限大"均匀带电导体平板,单位面积上两板面带电量之和为 σ. 试求:离左板面距离为 a 的一点 P_1 与离右板面距离为 b 的一点 P_2 之间的电势差.

3. 点电荷 q 处在导体球壳的中心,壳的内、外半径分别为 R_1 和 R_2,如图 6-18 所示,求场强和电势分布,并画出 E-r 和 V-r 曲线.

4. 如图 6-19 所示,在半径为 R 的金属球外,有一与金属球同心的均匀各向同性的电介质球壳,其外半径为 R',球壳外面为真空.电介质的相对电容率为 ε_r,金属球所带电量为 Q.求:

(1) 电介质内、外的电场强度分布;

(2) 电介质内、外的电势分布.

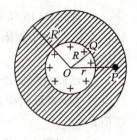

图 6-19

5. 极板面积为 S、间距为 d 的平行板电容器,中间有两层厚度各为 d_1 和 $d_2(d_1+d_2=d)$,相对介电常数各为 ε_{r_1} 和 ε_{r_2} 的电介质层,如图 6-20 所示.当上、下极板所带电荷的面密度为 $\pm\sigma$ 时,试求:

(1) 两层介质中的 D 和 E;

(2) 极板间电势差;

(3) 电容 C.

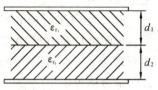

图 6-20

6. 半径为 R、介电常数为 ε 的均匀介质球中心放一点电荷 Q,球外是空气.求:

(1) 球内、外的电位移 D 和电场强度 E 的分布;

(2) 球内、外的电势分布.

7. 两个同心导体球壳,其间充满相对介电常数为 ε_r 的各向同性均匀电介质,外球壳以外为真空,内球壳半径为 R_1,带电量为 Q_1;外球壳内、外半径分别为 R_2 和 R_3,带电量为 Q_2,如图 6-21 所示.

(1) 求整个空间的电场强度 E 的表达式,并定性画出场强大小的径向分布曲线;

(2) 求电介质中的电场能量 W_e.

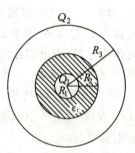

图 6-21

8. 如图 6-22 所示,设有两个薄导体同心球壳 A 与 B,它们的半径分别为 $R_1=10$ cm 与 $R_3=20$ cm,并分别带有电量 -4.0×10^{-8} C 与 1.0×10^{-7} C,球壳间有两层介质,内层介质 $\varepsilon_{r_1}=4.0$,外层介质 $\varepsilon_{r_2}=2.0$,其分界面的半径 $R_2=15$ cm,球壳 B 外的介质为空气.试求:

(1) 两球间的电势差 U_{AB};

(2) 离球心 30 cm 处的电场强度;

(3) 球 A 的电势.

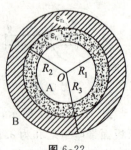

图 6-22

9. 两电容器的电容之比 $C_1:C_2=1:2$.

(1) 把它们串联后接到电压一定的电源上充电,它们的电能之比是多少?

(2) 如果是并联充电,电能之比是多少?

(3) 在上述两种情况下电容器系统的总电能之比又是多少?

10. 如图 6-23 所示,半径为 R_1、长为 l 的圆柱导体,外面套一个半径为 R_2、长为 l 的同轴圆柱面,圆柱导体的电荷线密度为 $-\lambda$,圆柱面的电荷线密度为 λ,圆柱体与圆柱面之间的空间充满相对电容率为 ε_r 的电介质. 求:

(1) 圆柱体与圆柱面之间的电势差;

(2) 圆柱体与圆柱面之间的电容量;

(3) 圆柱体与圆柱面之间空间储存的电场能量.

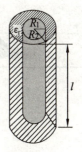

图 6-23

第7章 恒定磁场

一、基本要求

1. 熟练掌握毕奥-萨伐尔定律及其应用,并能应用长直线电流、圆电流的结论和磁场叠加原理求解组合电流的磁场.
2. 理解磁通量的概念并会计算,掌握高斯定理,熟练掌握安培环路定理及其应用.
3. 理解安培定律,能计算简单形状载流导体在非均匀磁场中受到的力.
4. 理解磁矩的概念,会计算均匀磁场中载流线圈所受磁力矩.
5. 了解磁介质的分类,掌握介质中的安培环路定理的应用.

二、主要内容及例题

(一) 毕奥-萨伐尔定律及其应用

1. 数学表达式:

$$d\boldsymbol{B} = \frac{\mu_0}{4\pi} \cdot \frac{I d\boldsymbol{l} \times \boldsymbol{e}_r}{r^2}$$

$d\boldsymbol{B}$ 为电流元 $I d\boldsymbol{l}$ 在 P 点产生的磁感应强度.

$d\boldsymbol{B}$ 的大小为

$$dB = \frac{\mu_0 I \sin\alpha}{4\pi r^2} dl$$

方向为 $I d\boldsymbol{l} \times \boldsymbol{e}_r$ 方向. $\boldsymbol{e}_r$ 表示由源点指向场点.

载流导线在 P 点产生的磁感应强度为

$$\boldsymbol{B} = \int d\boldsymbol{B} = \int \frac{\mu_0 I d\boldsymbol{l} \times \boldsymbol{e}_r}{4\pi r^2} \text{(场强叠加原理)}$$

上式为磁感应强度的矢量表达式,求解时可由对称性分析或建立坐标,分别求分量式,使矢量积分化为标量积分(定积分).

2. 由毕奥-萨伐尔定律得到的重要结论.

a. 直导线电流.

有限长直导线电流在 P 点产生的磁感应强度为

$$B=\frac{\mu_0 I}{4\pi a}(\cos\theta_1 - \cos\theta_2)$$

式中, θ_1、θ_2、a 见图 7-1.

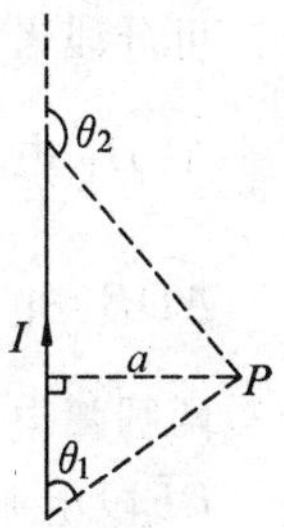

"无限长"直导线电流在 P 点产生的磁感应强度为

$$B=\frac{\mu_0 I}{2\pi a}$$

"半无限长"直导线电流在 P 点产生的磁感应强度为

$$B=\frac{\mu_0 I}{4\pi a}$$

导线延长线上 P 点的磁感应强度为

$$B=0$$

b. 圆形电流.

轴线上 P 点的磁感应强度为

$$B=\frac{\mu_0 IR^2}{2(R^2+x^2)^{3/2}}$$

圆心处的磁感应强度为

$$B=\frac{\mu_0 I}{2R}$$

图 7-1

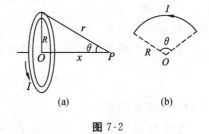

图 7-2

上式中的各量如图 7-2(a)所示.

c. 一段圆弧电流在圆心处的磁感应强度为

$$B=\frac{\mu_0 I}{2R}\cdot\frac{\theta}{2\pi}$$

式中, R 为圆的半径, 见图 7-2(b).

3. 磁场叠加原理.

对于由直线及圆弧等组成的载流导线的磁场, 可求相应典型电流磁场的叠加; 对于求连续分布电流所产生的磁感应强度, 可取电流元 dI, 得到相应的 d**B** 再积分.

【例 7-1】 如图 7-3 所示, 真空中两根长直导线与粗细均匀、半径为 R 的金属圆环上 A、B 两点连接, 当长直导线中通有电流 I 时, 求环心 O 处的磁感应强度.

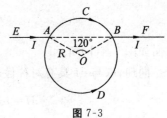

图 7-3

解: 用典型载流导线场强叠加原理求解.

可分段考虑各段导线在同一点 O 产生的磁感应强度.

$\overset{\frown}{ACB}$：电流 $I_1=\dfrac{2}{3}I$，$B_1=\dfrac{\mu_0 I_1}{2R}\times\dfrac{120°}{360°}=\dfrac{\mu_0 I}{9R}$，方向垂直纸面向里.

$\overset{\frown}{ADB}$：电流 $I_2=\dfrac{1}{3}I$，$B_2=\dfrac{\mu_0 I_2}{2R}\times\dfrac{240°}{360°}=\dfrac{\mu_0 I}{9R}$，方向垂直纸面向外.

两圆弧电流在 O 点产生的磁感应强度大小相等、方向相反.

$\overline{BF}$ 段电流在 O 点产生的磁感应强度为

$$B_3=\dfrac{\mu_0 I}{4\pi a}(\cos\theta_1-\cos\theta_2)=\dfrac{\mu_0}{4\pi}\cdot\dfrac{I}{R\cos60°}(\cos150°-\cos180°)$$

$$=\dfrac{\mu_0 I}{2\pi R}\left(1-\dfrac{\sqrt{3}}{2}\right)$$

方向垂直纸面向里.

$\overline{EA}$ 段电流在 O 点产生的磁感应强度为

$$B_4=B_3=\dfrac{\mu_0 I}{2\pi R}\left(1-\dfrac{\sqrt{3}}{2}\right)$$

方向垂直纸面向里.

所以整个导线在 O 点产生的磁感应强度为

$$B_0=B_1-B_2+B_3+B_4=\dfrac{\mu_0 I}{2\pi R}(2-\sqrt{3})$$

方向垂直纸面向里.

【例 7-2】 如图 7-4(a)所示，一个半径为 R 的"无限长"半圆柱面导体，沿长度方向的电流 I 在柱面上均匀分布，求半圆柱面轴线 OO' 上的磁感应强度.

解：轴线上任一点 P 离半圆柱面两端距离是无限远，可利用"无限长"载流导线的磁场和场强叠加原理求得 B_P.

取宽 $\mathrm{d}l$ 载流 $\mathrm{d}I$ "无限长"导线，在 P 处的磁感应强度为

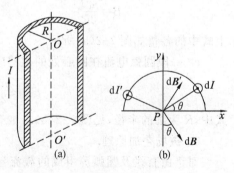

图 7-4

$$\mathrm{d}B=\dfrac{\mu_0\mathrm{d}I}{2\pi R}$$

方向如图 7-4(b)所示.

同理，取与 $\mathrm{d}I$ 具有对称性的 $\mathrm{d}I'$，可推得其在 P 点的磁感应强度 $\mathrm{d}B'$. 其中

$$\mathrm{d}I=j\mathrm{d}l=\dfrac{I}{\pi R}\mathrm{d}l=\dfrac{I}{\pi R}R\mathrm{d}\theta=\dfrac{I}{\pi}\mathrm{d}\theta$$

由对称性知,$\mathrm{d}I$、$\mathrm{d}I'$产生合磁感应强度$\mathrm{d}\boldsymbol{B}_合$沿$x$轴正方向,即
$$\mathrm{d}B_x=\mathrm{d}B\sin\theta$$
$$B=B_x=\int\mathrm{d}B_x=\int_0^I\frac{\mu_0\mathrm{d}I}{2\pi R}\sin\theta=\int_0^\pi\frac{\mu_0}{2\pi R}\cdot\frac{I}{\pi}\sin\theta\mathrm{d}\theta=\frac{\mu_0 I}{\pi^2 R}$$
方向沿x轴正方向.

【例7-3】 一均匀带电圆盘带电量为Q,半径为R,绕中心转轴以角速度ω匀速转动,求O点处的磁感应强度.

解: 在半径r处取$\mathrm{d}r$宽的圆环,则

图 7-5

$$\mathrm{d}q=\sigma\cdot 2\pi r\mathrm{d}r=\frac{Q}{\pi R^2}\cdot 2\pi r\mathrm{d}r$$

以ω旋转后等效圆电流为
$$\mathrm{d}I=\frac{\mathrm{d}q}{\frac{2\pi}{\omega}}=\frac{Q\omega r}{\pi R^2}\mathrm{d}r$$

$\mathrm{d}I$在O点处产生的磁感应强度为
$$\mathrm{d}B=\frac{\mu_0\mathrm{d}I}{2r}=\frac{\mu_0 Q\omega}{2\pi R^2}\mathrm{d}r$$

故O点处的磁感应强度为
$$B=\int_0^R\frac{\mu_0 Q\omega}{2\pi R^2}\mathrm{d}r=\frac{\mu_0 Q\omega}{2\pi R}$$

(二)安培环路定理及其应用

其数学式为
$$\oint_L\boldsymbol{B}\cdot\mathrm{d}\boldsymbol{l}=\mu_0\sum_i I_i$$

其中$\sum_i I_i$指闭合回路L所包围的电流的代数和.

安培环路定理是普遍成立的定理,但用它来求$\boldsymbol{B}$是有条件的.这要求电流产生的磁场具有一定的对称性,回路形状的选取与场对称性有关,回路过所求场点.

下列载流体的磁场可用安培环路定理求得:

① "无限长"载流直导线,"无限长"载流圆柱体、圆柱面及它们的同轴组合;

② "无限大"载流平面;

③ 螺绕环和"无限长"螺线管.

【例 7-4】 有一"无限大"薄导体板,设单位宽度上的恒定电流为 I,如图 7-6 所示,求导体平板周围的磁感应强度.

解: 图 7-6 中仅画出"无限大"平面的一部分. 根据问题的对称性,可知"无限大"导体平板周围的磁感应强度 B 的方向必定平行于板的平面,而垂直于电流的方向. 故取矩形闭合路径 $abcda$ 为闭合积分路径,使积分环绕方向与电流方向间满足右手螺旋法则. 在 $\overline{ab}$、$\overline{cd}$ 上各点 B 的大小相等,方向分别与 $a \to b$,$c \to d$ 一致,而 $\overline{da}$、$\overline{bc}$ 上各点 B 的方向与 $d \to a$,$b \to c$ 的方向垂直. 因此,

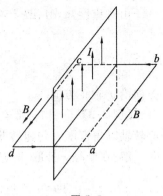

图 7-6

$$\oint_L \boldsymbol{B} \cdot \mathrm{d}\boldsymbol{l} = \int_a^b \boldsymbol{B} \cdot \mathrm{d}\boldsymbol{l} + \int_b^c \boldsymbol{B} \cdot \mathrm{d}\boldsymbol{l} + \int_c^d \boldsymbol{B} \cdot \mathrm{d}\boldsymbol{l} + \int_d^a \boldsymbol{B} \cdot \mathrm{d}\boldsymbol{l}$$
$$= B \cdot \overline{ab} + B \cdot \overline{cd} = 2B \cdot \overline{ab}$$

由安培环路定理,有

$$2B \cdot \overline{ab} = \mu_0 I \overline{ab}, \quad B = \frac{\mu_0 I}{2}$$

(三) 磁通量、高斯定理

磁通量 $\Phi_m = \int \mathrm{d}\Phi_m = \int_S \boldsymbol{B} \cdot \mathrm{d}\boldsymbol{S}$,上式可计算非均匀场的磁通量.

高斯定理:$\oint_S \boldsymbol{B} \cdot \mathrm{d}\boldsymbol{S} = 0$.

(四) 安培力、磁矩、磁力矩

1. 磁场对电流元的作用:

$$\mathrm{d}\boldsymbol{F} = I\mathrm{d}\boldsymbol{l} \times \boldsymbol{B} \text{(安培定律)}$$

式中,$\mathrm{d}\boldsymbol{F}$ 大小 $\mathrm{d}F = I\mathrm{d}lB\sin\theta$,方向为 $I\mathrm{d}\boldsymbol{l} \times \boldsymbol{B}$ 的方向,$\boldsymbol{B}$ 为 $I\mathrm{d}\boldsymbol{l}$ 所在处的磁场.

2. 磁场对载流导线的作用力,即安培力为

$$\boldsymbol{F} = \int \mathrm{d}\boldsymbol{F} = \int_L I\mathrm{d}\boldsymbol{l} \times \boldsymbol{B}$$

上式为矢量积分,具体求解时可取坐标,按坐标分量分别积分,将矢量积分化为标量积分(注意对称分析).

3. 磁场对载流线圈的作用.

磁矩 $\qquad\qquad\qquad m = IS\boldsymbol{e}_n$

I、$\boldsymbol{e}_n$ 符合右手螺旋系.

均匀磁场的磁力矩 $\qquad \boldsymbol{M} = \boldsymbol{m} \times \boldsymbol{B}$

M 的大小 $M = mB\sin\theta$，方向为 $\boldsymbol{m} \times \boldsymbol{B}$ 的方向.

【**例 7-5**】 如图 7-7 所示，长直载流导线的电流为 I，试求通过矩形面积的磁通量.

解："无限长"直载流导线周围空间一点的磁感应强度大小为 $B = \dfrac{\mu_0 I}{2\pi r}$，方向垂直纸面向里. 取面积元 $\mathrm{d}S = l\mathrm{d}r$，则

$$\mathrm{d}\Phi = \boldsymbol{B} \cdot \mathrm{d}\boldsymbol{S} = Bl\mathrm{d}r$$

$$\Phi = \int \mathrm{d}\Phi = \int Bl\mathrm{d}r = \int_a^{a+b} \frac{\mu_0 Il}{2\pi r}\mathrm{d}r = \frac{\mu_0 Il}{2\pi}\ln\frac{a+b}{a}$$

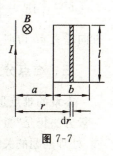

图 7-7

【**例 7-6**】 电流 I 均匀地流过半径为 R 的圆形长直导线，试计算单位长度导线内的磁场通过图中所示剖面的磁通量.

分析：由图 7-8 可得导线内部距轴线为 r 处的磁感应强度

$$B(r) = \frac{\mu_0 Ir}{2\pi R^2}$$

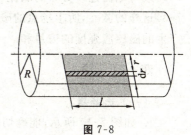

图 7-8

在剖面上磁感应强度分布不均匀，因此，需从磁通量的定义 $\Phi = \displaystyle\int \boldsymbol{B}(r) \cdot \mathrm{d}\boldsymbol{S}$ 来求解. 沿轴线方向在剖面上取面元 $\mathrm{d}S = l\mathrm{d}r$，考虑到面元上各点 $\boldsymbol{B}$ 相同，故穿过面元的磁通量 $\mathrm{d}\Phi = B\mathrm{d}S$，通过积分，可得图中所示剖面内的磁通量

$$\Phi = \int_S B\mathrm{d}r \cdot 1$$

解：由分析可得图中所示剖面内的磁通量

$$\Phi = \int_0^R \frac{\mu_0 Ir}{2\pi R^2}\mathrm{d}r = \frac{\mu_0 I}{4\pi}$$

【**例 7-7**】 如图 7-9 所示，载有电流 I_1 的"无限长"直导线旁有一与其共面的载流导线 ab，其上电流为 I_2，求 ab 导线受到的磁场力.

解："无限长"直载流导线周围空间一点的磁感应强度大小 $B = \dfrac{\mu_0 I_1}{2\pi r}$，方向垂直纸面向里. 在 ab 导线上取一电流元 $I_2\mathrm{d}l$，在外场中受到的磁场力为

$$\mathrm{d}\boldsymbol{F} = I_2\mathrm{d}\boldsymbol{l} \times \boldsymbol{B}$$

则 $\mathrm{d}\boldsymbol{F}$ 的大小 $\mathrm{d}F = I_2\mathrm{d}lB$，方向垂直 ab 边向上. 故 ab 导线受到的安培力垂直 ab 边向上.

$$F = \int dF = \int I_2 dl B = \int \frac{\mu_0 I_1 I_2}{2\pi r} dl = \int_a^{a+b} \frac{\mu_0 I_1 I_2}{2\pi r \cos\alpha} dr = \frac{\mu_0 I_1 I_2}{2\pi \cos\alpha} \ln\frac{a+b}{a}$$

方向垂直 ab 边向上.

三、难点分析

本章的难点是利用叠加原理求磁感应强度. 利用叠加原理求磁感应强度的一般方法仍是"微元法",步骤与静电场一章中用叠加原理求电场强度的步骤相同. 处理问题的关键是如何将一些载流体分割成多个典型形状的载流单元(例 7-1)或将电流连续分布的载流体分割成载流细直导线(例 7-2)、载流细圆环(例 7-3)这样的微元,所求场点的磁感应强度等于这些典型载流单元或微元在该点产生的磁感应强度的矢量和.

四、习 题

(一)选择题

1. 如图 7-10 所示,能确切描述载流圆线圈在其轴线上任意点所产生的 B 随 x 的变化关系的是(x 坐标轴垂直于圆线圈平面,原点在圆线圈中心 O) ( )

图 7-10

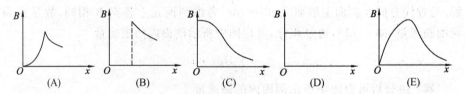

2. 一载有电流 I 的细导线分别均匀密绕在半径为 R 和 r 的长直圆筒上形成两个螺线管($R=2r$),两螺线管单位长度上的匝数相等. 两螺线管中的磁感应强度大小 B_R 和 B_r 应满足 ( )

(A) $B_R = 2B_r$ (B) $B_R = B_r$ (C) $2B_R = B_r$ (D) $B_R = 4B_r$

3. 如图 7-11 所示,一载有电流 I 的回路 $abcd$,它在 O 点处所产生的磁感应强度 B_O 为 ( )

(A) $\dfrac{\mu_0 I \theta}{2\pi}\left(\dfrac{1}{R_1} - \dfrac{1}{R_2}\right)$,方向垂直纸面朝外

(B) $\dfrac{\mu_0 I \theta}{4\pi}\left(\dfrac{1}{R_2} - \dfrac{1}{R_1}\right)$,方向垂直纸面朝里

(C) $\dfrac{\mu_0 I \theta}{4}\left(\dfrac{1}{R_1} - \dfrac{1}{R_2}\right)$,方向垂直纸面朝里

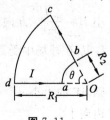

图 7-11

(D) $\dfrac{\mu_0 I\theta}{2}\left(\dfrac{1}{R_2}-\dfrac{1}{R_1}\right)$,方向垂直纸面朝外

4. 如图 7-12 所示,两种形状的载流线圈中的电流强度相同,则 O_1、O_2 处的磁感应强度大小关系是 (　　)

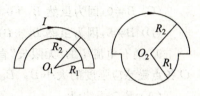

图 7-12

(A) $B_{O_1}<B_{O_2}$　　　　(B) $B_{O_1}>B_{O_2}$
(C) $B_{O_1}=B_{O_2}$　　　　(D) 无法判断

5. 一根沿 y 轴的"无限长"直导线在 xOz 面弯折成如图 7-13 所示的形状,当通以电流 I 时,在圆心 P 处的磁感应强度 $\boldsymbol{B}$ 的大小 (　　)

(A) $B=\dfrac{\mu_0 I}{2R}\sqrt{1+\dfrac{1}{\pi^2}}$　　(B) $B=\dfrac{\mu_0 I}{2\pi R}\sqrt{1+\dfrac{1}{\pi^2}}$

(C) $B=\dfrac{\mu_0 I}{2R}\left(1+\dfrac{1}{\pi^2}\right)$　　(D) $B=\dfrac{\mu_0 I}{2R}\left(\dfrac{1}{\pi}-1\right)$

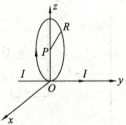

图 7-13

6. 氢原子处在基态时,它的电子可看作是在半径 $a=0.52\times 10^{-8}$ cm 的轨道上做匀速圆周运动,速率 $v=2.2\times 10^8$ cm·s^{-1},如图 7-14 所示. 那么电子在轨道中心所产生的磁感应强度为 (　　)

(A) 13 T　　　　　　(B) 8.5×10^{-4} T
(C) 8.5×10^{-6} T　　　(D) 8.5×10^{-5} T

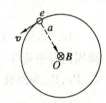

图 7-14

7. 如图 7-15 所示,两个半径为 R 的相同的金属环在 a、b 两点接触(ab 连线为环直径),并相互垂直放置. 电流 I 由 a 端流入,b 端流出,则环中心 O 点的磁感应强度大小为 (　　)

(A) 0　　　　　　　(B) $\dfrac{\mu_0 I}{4R}$

(C) $\dfrac{\sqrt{2}\mu_0 I}{4R}$　　　　(D) $\dfrac{\mu_0 I}{R}$

(E) $\dfrac{\sqrt{2}\mu_0 I}{8R}$

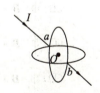

图 7-15

8. 电流 I 由长直导线 1 沿平行于 bc 边方向经 a 点流入一电阻均匀分布的正三角形线框,再由 b 点沿垂直 ac 边方向流出,经长直导线 2 返回电源,如图 7-16 所示. 若载流直导线 1、2 及三角形线框在 O 点产生的磁感应强度分别用 $\boldsymbol{B}_1$、$\boldsymbol{B}_2$ 和 $\boldsymbol{B}_3$ 表示,则 O 点磁感应强度大小 (　　)

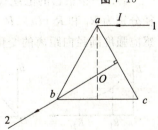

图 7-16

(A) $B=0$,因为 $B_1=B_2=B_3=0$

(B) $B=0$,因为虽然 $B_1\neq 0, B_2\neq 0$,但 $B_1+B_2=0, B_3=0$

(C) $B\neq 0$,因为虽然 $B_2=0, B_3=0$,但 $B_1\neq 0$

(D) $B\neq 0$,因为虽然 $B_1+B_2=0$,但 $B_3\neq 0$

9. 通有电流 I 的"无限长"直导线弯成如图 7-17 所示的三种形状,则 P、Q、O 各点磁感应强度的大小 B_P、B_Q、B_O 间的关系为 （   ）

(A) $B_P>B_Q>B_O$ 　　　　 (B) $B_Q>B_P>B_O$

(C) $B_Q>B_O>B_P$ 　　　　 (D) $B_O>B_Q>B_P$

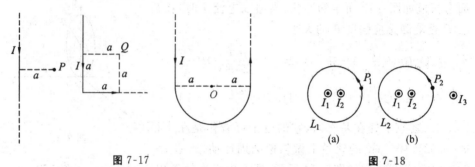

图 7-17　　　　　　　　　　　　　　　　图 7-18

10. 如图 7-18 所示,在图(a)和图(b)中各有一半径相同的圆形回路 L_1、L_2,圆周内有电流 I_1、I_2,其分布相同,且均在真空中,但在图(b)中 L_2 回路外有电流 I_3,P_1、P_2 为两圆形回路上的对应点,则 （   ）

(A) $\oint_{L_1} \boldsymbol{B}\cdot\mathrm{d}\boldsymbol{l} = \oint_{L_2} \boldsymbol{B}\cdot\mathrm{d}\boldsymbol{l}, \boldsymbol{B}_{P_1}=\boldsymbol{B}_{P_2}$

(B) $\oint_{L_1} \boldsymbol{B}\cdot\mathrm{d}\boldsymbol{l} \neq \oint_{L_2} \boldsymbol{B}\cdot\mathrm{d}\boldsymbol{l}, \boldsymbol{B}_{P_1}=\boldsymbol{B}_{P_2}$

(C) $\oint_{L_1} \boldsymbol{B}\cdot\mathrm{d}\boldsymbol{l} = \oint_{L_2} \boldsymbol{B}\cdot\mathrm{d}\boldsymbol{l}, \boldsymbol{B}_{P_1}\neq \boldsymbol{B}_{P_2}$

(D) $\oint_{L_1} \boldsymbol{B}\cdot\mathrm{d}\boldsymbol{l} \neq \oint_{L_2} \boldsymbol{B}\cdot\mathrm{d}\boldsymbol{l}, \boldsymbol{B}_{P_1}\neq \boldsymbol{B}_{P_2}$

11. 一根很长的电缆线由两个同轴的圆柱面导体组成,若这两个圆柱的半径分别为 R_1 和 R_2($R_1<R_2$),通有等值反向电流,其中正确反映了电流产生的磁感应强度随径向距离的变化关系的是 （   ）

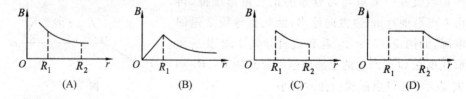

(A)　　　　　　　(B)　　　　　　　(C)　　　　　　　(D)

12. 如图 7-19 所示,两根直导线 ab 和 cd 沿半径方向被接到一个截面处处相等的铁环上,稳恒电流 I 从 a 端流入,从 d 端流出,则磁感应强度 $\boldsymbol{B}$ 沿图中闭合路径 L 的积分 $\oint_L \boldsymbol{B} \cdot \mathrm{d}\boldsymbol{l}$ 等于 ( )

(A) $\mu_0 I$ (B) $\dfrac{\mu_0 I}{3}$

(C) $\dfrac{\mu_0 I}{4}$ (D) $\dfrac{2\mu_0 I}{3}$

图 7-19

13. 如图 7-20 所示,在一圆形电流 I 所在的平面内,选取一个同心圆形闭合回路 L,则由安培环路定理可知 ( )

(A) $\oint_L \boldsymbol{B} \cdot \mathrm{d}\boldsymbol{l} = 0$,且环路上任意一点 $B = 0$

(B) $\oint_L \boldsymbol{B} \cdot \mathrm{d}\boldsymbol{l} = 0$,且环路上任意一点 $B \neq 0$

(C) $\oint_L \boldsymbol{B} \cdot \mathrm{d}\boldsymbol{l} \neq 0$,且环路上任意一点 $B \neq 0$

(D) $\oint_L \boldsymbol{B} \cdot \mathrm{d}\boldsymbol{l} \neq 0$,且环路上任意一点 B = 常量

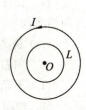

图 7-20

14. 匀强磁场中有一矩形通电线圈(图 7-21),其平面与磁场平行,在磁场作用下,线圈发生转动,其方向是 ( )

(A) ab 边转入纸内,cd 边转出纸外
(B) ab 边转出纸外,cd 边转入纸内
(C) ad 边转入纸内,bc 边转出纸外
(D) ad 边转出纸外,bc 边转入纸内

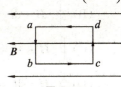

图 7-21

15. 一"无限长"直载流导线通有电流 I_1,长为 b、通有电流 I_2 的导线 AB 与长直载流导线垂直(图 7-22),其 A 端距长直导线的距离为 a,则导线 AB 受到的安培力大小为 ( )

(A) $\dfrac{\mu_0 I_1 I_2 b}{2\pi a}$ (B) $\dfrac{\mu_0 I_1 I_2 b}{2\pi\left(a+\dfrac{b}{2}\right)}$

(C) $\dfrac{\mu_0 I_1 I_2}{2\pi a}\ln\dfrac{a+b}{a}$ (D) $\dfrac{\mu_0 I_1 I_2}{2\pi}\ln\dfrac{a+b}{a}$

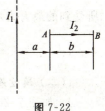

图 7-22

16. 如图 7-23 所示,在磁感应强度为 $\boldsymbol{B}$ 的均匀磁场中,有一圆形载流导线,a、b、c 是其上三个长度相等的电流元,则它们所受安培力大小的关系为 ( )

(A) $F_a > F_b > F_c$ (B) $F_a < F_b < F_c$
(C) $F_b > F_c > F_a$ (D) $F_a > F_c > F_b$

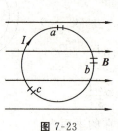

图 7-23

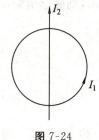

图 7-24

17. 长直电流 I_2 与圆形电流 I_1 共面,并与其一直径相重合,如图 7-24 所示(但两者间绝缘). 设长直电流不动,则圆形电流将 ( )

(A) 绕 I_2 旋转   (B) 向左运动
(C) 向右运动   (D) 向上运动
(E) 不动

18. 如图 7-25 所示,流出纸面的电流为 $2I$,流进纸面的电流为 I,则下列各式正确的是 ( )

(A) $\oint_{L_1} \boldsymbol{H} \cdot \mathrm{d}\boldsymbol{l} = 2I$

(B) $\oint_{L_2} \boldsymbol{H} \cdot \mathrm{d}\boldsymbol{l} = I$

(C) $\oint_{L_3} \boldsymbol{H} \cdot \mathrm{d}\boldsymbol{l} = -I$

(D) $\oint_{L_4} \boldsymbol{H} \cdot \mathrm{d}\boldsymbol{l} = -I$

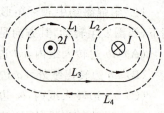

图 7-25

19. 在匀强磁场中有两个平面线圈,且 $S_1 = 2S_2$,通有电流 $I_1 = 2I_2$,则它们所受到的最大力矩之比 $\dfrac{M_1}{M_2}$ 为 ( )

(A) 1   (B) 2   (C) $\dfrac{1}{4}$ (D) 4

(二)填空题

1. 如图 7-26 所示,在 xOy 平面内,有两根互相绝缘,分别通有电流 $\sqrt{3}I$ 和 I 的长直导线. 设两根导线互相垂直,则在 xOy 平面内,磁感应强度为零的点的轨迹方程为_____.

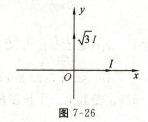

图 7-26

2. 在真空中,将一根"无限长"直载流导线在一平面内弯成如图 7-27 所示的形状,并通以电流 I,则圆心 O 点的磁感应强度 B 的大小为_____.

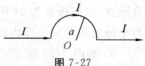

图 7-27

3. 半径为 a_1 的载流圆形线圈与边长为 a_2 的方形载流线圈通有相同的电流,如图 7-28 所示.若两线圈中心 O_1 和 O_2 的磁感应强度大小相同,则半径与边长之比 $a_1 : a_2$ 为_____.

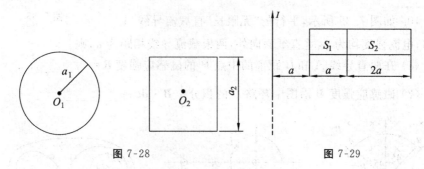

图 7-28　　　　　　　　　图 7-29

4. 在"无限长"直载流导线的右侧面有面积分别为 S_1 和 S_2 的两个矩形回路,如图 7-29 所示.两个回路与长直载流导线在同一平面内,且矩形回路的一边与长直载流导线平行,则通过面积 S_1 的矩形回路的磁通量与通过面积 S_2 的矩形回路的磁通量之比为_____.

5. 如图 7-30 所示,AB、CD 为长直导线,BC 为圆心在 O 点的一段圆弧形导线,其半径为 R.若通以电流 I,则 O 点的磁感应强度为_____.

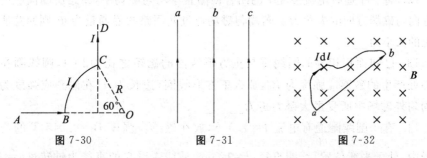

图 7-30　　　　　图 7-31　　　　　图 7-32

6. 如图 7-31 所示,三条"无限长"直导线等距离地并排摆放,导线 a、b、c 分别载有 1 A、2 A、3 A 同方向的电流.由于磁相互作用的结果,导线 a、b、c 单位长度上分别受力 F_1、F_2、F_3,则 F_1、F_2 的比值是_____.

7. 如图 7-32 所示,在磁感应强度为 B 的均匀磁场中,垂直于磁场方向的平面内有一段载流弯曲导线,电流为 I,则弯曲导线所受的安培力为_____.

8. 如图 7-33 所示,"无限长"直载流导线与一个"无限长"薄电流板构成闭合回路,电流板宽为 a(导线与板在同一平面内),则导线与电流板间单位长度内的作用力大小为_____.

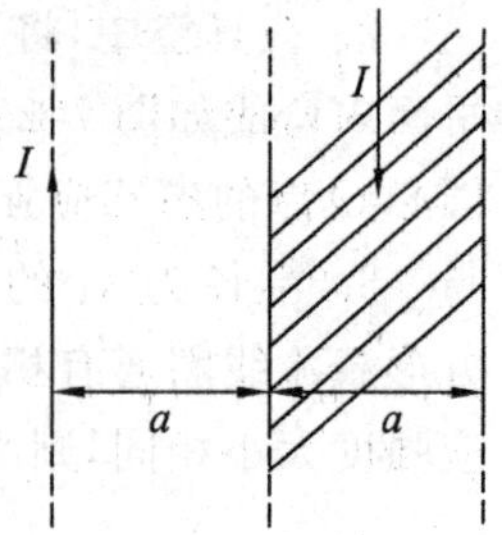

9. 如图 7-34 所示,一根载流导线被弯成半径为 R 的 $\frac{1}{4}$ 圆弧,放在磁感应强度为 $\boldsymbol{B}$ 的均匀磁场中,则载流导线 ab 所受磁场的作用力的大小为_____,方向为_____.

图 7-33

10. 如图 7-35 所示,平行的"无限长"直载流导线 A 和 B,电流强度均为 I,垂直纸面向外,两根载流导线相距为 a,则

(1) 在两直导线 A 和 B 距离的中点 P 的磁感应强度 $\boldsymbol{B}=$_____;

(2) 磁感应强度 $\boldsymbol{B}$ 沿图中环路 L 的积分 $\oint_L \boldsymbol{B} \cdot d\boldsymbol{l} =$_____.

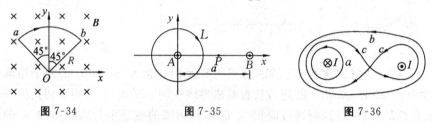

图 7-34　　　　图 7-35　　　　图 7-36

11. 两长直导线通有电流 I,图 7-36 中有三种环路,在每种情况下,$\oint_L \boldsymbol{B} \cdot d\boldsymbol{l}$ 等于:_____(环路 a);_____(环路 b);_____(环路 c).

12. 将一个通有电流强度 I 的闭合回路置于均匀磁场中,回路所围面积的法线方向与磁场方向的夹角为 α,若均匀磁场通过此回路的磁通量为 Φ,则回路所受力矩的大小为_____.

13. 已知面积相等的圆线圈与正方形线圈的磁矩之比为 $2:1$,圆线圈在其中心处产生的磁感应强度为 B_0,那么正方形线圈(边长为 a)在磁感应强度为 B 的均匀外磁场中所受最大磁力矩为_____.

14. 有一圆线圈通有电流 $I=1.0$ A,放在磁感应强度 $B=0.015$ T 的均匀磁场中,处于平衡位置,线圈直径 $d=12$ cm,使线圈以它的直径为轴转过 $\alpha=\frac{\pi}{2}$,外力必须做功 $W=$_____,如果转过 $\alpha=2\pi$,外力必须做功 $W=$_____.

15. 一个半径为 R、电荷面密度为 σ 的均匀带电圆盘,以角速度 ω 绕过圆心且垂直盘面的轴线 AA' 旋转;今将其放入磁感应强度为 $\boldsymbol{B}$ 的均匀外磁场中,$\boldsymbol{B}$ 的方向垂直于轴线 AA'.在距盘心为 r 处取一宽为 dr 的圆环,则圆环内相当于有电流_____,该电流所受磁力矩的大小为_____,圆盘所受合力矩的大小为_____.

(三)计算及证明题

1. 如图 7-37 所示,一"无限长"直导线通有电流 $I=10$ A,在一处折成夹角 $\theta=60°$ 的折线,求角平分线上与导线的垂直距离均为 $r=0.1$ cm 的 P 点处的磁感应强度.

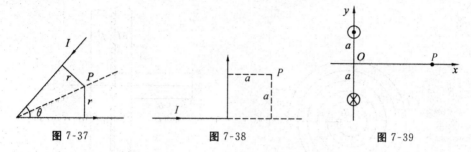

图 7-37   图 7-38   图 7-39

2. 一"无限长"载有电流 I 的直导线在一处折成直角,P 点位于导线所在平面内,距一条折线的延长线和另一条导线的距离都为 a,如图 7-38 所示,求 P 点处的磁感应强度.

3. 图 7-39 为两条穿过 y 轴且垂直于 xOy 平面的平行长直导线的俯视图,两条导线皆通有电流 I,但方向相反,它们到 x 轴的距离皆为 a.
(1) 试推导出 x 轴上 P 点处的磁感应强度 $B(x)$ 的表达式;
(2) 求 P 点在 x 轴上何处时,该点的 B 取得最大值.

4. 在真空中,电流由长直导线 1 沿底边 ac 方向经 a 点流入一电阻均匀分布的正三角形线框,再由 b 点沿平行于底 ac 方向从三角形线框流出,经长直导线 2 返回,如图 7-40 所示.已知直导线的电流强度为 I,三角形线框的每一边的边长为 l,求正三角形中心 O 点处的磁感应强度.

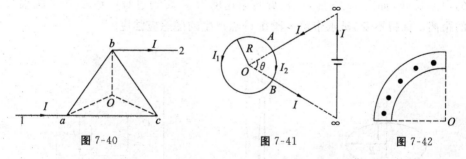

图 7-40   图 7-41   图 7-42

5. 两根导线沿半径方向引向铁环上的 A、B 两点,并在很远处与电源相连,如图 7-41 所示.已知圆环的粗细均匀,求环中心 O 处的磁感应强度.

6. 一半径为 R 的"无限长"四分之一圆柱形金属薄片沿轴向通有电流 I,横截面如图 7-42 所示,电流在金属薄片上均匀分布,求圆柱轴线上任意一点 O 处的磁感应强度.

7. 如图7-43所示,有一密绕平面螺旋线圈,其上通有电流I,总匝数为N,它被限制在半径为R_1和R_2的两个圆周之间,求此螺旋线中心O点处的磁感应强度.

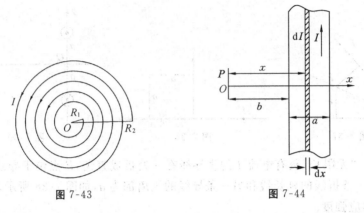

图 7-43　　　　图 7-44

8. 如图7-44所示,在纸面内有一宽度为a的"无限长"的薄载流平面,电流I均匀分布在面上(或线电流密度$i=\dfrac{I}{a}$),试求与载流平面共面的点P处的磁场,P距板一边为b.

9. 半径为R的圆片上均匀带电,面电荷密度为σ_0,若该圆片以角速度ω绕它的轴旋转,如图7-45所示.试求圆片轴线上距圆片中心为x处的磁感应强度B的大小.

10. 有一长为b、线密度为$\lambda(\lambda>0)$的带电线段AB,可绕与其一端距离为a的O点旋转,如图7-46所示,设旋转角速度为ω,转动过程中线段A端距轴O的距离a保持不变,试求带电线段在O点产生的磁感应强度.

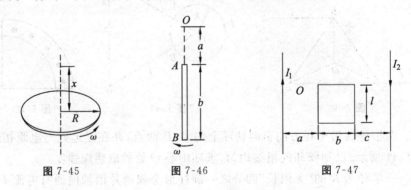

图 7-45　　　　图 7-46　　　　图 7-47

11. 两条长直载流导线与一长方形线圈共面,如图7-47所示.已知$a=b=$

$c=10$ cm, $l=10$ cm, $I_1=I_2=100$ A,求通过线圈的磁通量.

12. 如图 7-48 所示,电缆由导体圆柱和一同轴的导体圆筒构成,使用时电流 I 从一导体流出,从另一导体流回,电流均匀分布在横截面上.设圆柱体的半径为 r_1,圆筒的内、外半径分别为 r_2 和 r_3,若场点到轴线的距离为 r,试求 r 从 0 到 ∞ 范围内各处磁感应强度的大小.

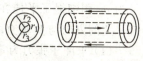

图 7-48

13. 矩形截面的螺绕环绕有 N 匝线圈,通以电流 I,其尺寸如图 7-49 所示.

(1) 求环内磁感应强度的分布;

(2) 证明:通过螺绕环截面的磁通量 $\Phi = \dfrac{\mu_0 N I h}{2\pi} \ln \dfrac{b}{a}$.

14. 一"无限长"圆柱体铜导体(磁导率为 μ_0),半径为 R,通有均匀分布的电流 I.今取一矩形平面 S(长为 1 m,宽为 $2R$),位置如图 7-50 中画斜线部分所示,求通过该矩形平面的磁通量.

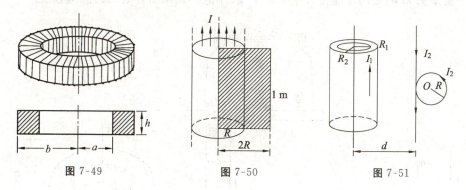

图 7-49 图 7-50 图 7-51

15. 有一长直导体圆筒,内、外半径分别为 R_1 和 R_2,如图 7-51 所示.它所载的电流 I_1 均匀分布在其横截面上,导体旁边有一绝缘"无限长"直导线,载有电流 I_2,且在中部绕了一个半径为 R 的圆圈.设导体圆筒的轴线与长直导线平行,它们相距为 d,而且它们与导体圆圈共面,求圆心 O 点处的磁感应强度.

16. 在半径为 R 的长直圆柱形导体内部,与轴线平行地挖去一半径为 r 的长直圆柱形空腔,两轴间距离为 a,且 $a>r$,横截面如图 7-52 所示.现在电流 I 沿导体管流动,电流均匀分布在管的横截面上,而电流方向与管的轴线平行.求:

(1) 圆柱轴线上磁感应强度的大小;

(2) 空心部分轴线上磁感应强度的大小.

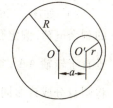

图 7-52

17. 如图 7-53 所示,有一根长为 l 的直导线,质量为 m,用细绳子平挂在外磁场 B 中,导线中通有电流 I,I 的方向与 B 垂直.

(1) 求绳子张力为零时的电流;

(2) 在什么条件下导线会向上运动?

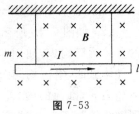

图 7-53

18. 如图 7-54 所示,长直电流 I_1 附近有一等腰直角三角形线框,通以电流 I_2,两者共面,求长直电流 I_1 对 $\triangle ABC$ 各边的磁场力.

19. 安培秤是一种测量磁场的装置,其结构如图 7-55 所示.在天平的右臂挂有一个矩形的线圈,线圈共 N 匝,线圈的下端处于待测磁场中.假设磁场为匀强磁场,磁感应强度与线圈平面垂直.当线圈中通有如图所示的电流 I 时,调节两个秤盘上的砝码使天平平衡,然后使电流反向,这时需在天平的左盘上再加一个质量为 m 的砝码才能使天平重新平衡.求此时线圈所在处的磁感应强度.

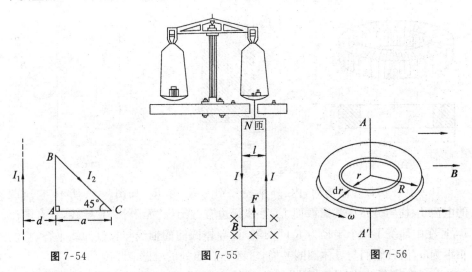

图 7-54   图 7-55   图 7-56

20. 如图 7-56 所示,一平面塑料圆盘,半径为 R,表面带有面电荷密度为 σ 的剩余电荷.假定圆盘绕其轴线 AA' 以角速度 $\omega(\text{rad}\cdot\text{s}^{-1})$ 转动,磁场 B 的方向垂直于转轴 AA'.试证:磁场作用于圆盘的力矩的大小为 $M = \dfrac{\pi\sigma\omega R^4 B}{4}$. (提示:将圆盘分成许多同心圆环来考虑)

第8章 电磁感应

一、基本要求

1. 理解电动势的概念.
2. 熟练掌握法拉第电磁感应定律及其应用,会计算感应电动势并判断其方向.
3. 理解动生电动势及感生电动势的本质,会用电动势的定义式计算动生电动势和感生电动势,理解涡旋电场的概念及计算涡旋电场的分布.
4. 理解自感和互感,会计算简单问题中的自感系数和互感系数.
5. 掌握磁能密度、磁能公式,会计算均匀磁场和对称磁场的能量.
6. 了解位移电流,理解电磁场方程组(积分形式)的物理意义.

二、主要内容及例题

(一) 电动势

电动势定义:$\mathscr{E} = \int_{-}^{+} \boldsymbol{E}_k \cdot \mathrm{d}\boldsymbol{l}$(非静电力只存在于电源内部)

或 $\mathscr{E} = \oint_L \boldsymbol{E}_k \cdot \mathrm{d}\boldsymbol{l}$(非静电力存在于整个环路)

其中,$\boldsymbol{E}_k$ 为非静电场强,$\mathscr{E}$ 的方向为由电源负极指向电源正极.

(二) 法拉第电磁感应定律及其应用

法拉第电磁感应定律:$\mathscr{E} = -\dfrac{\mathrm{d}\Psi}{\mathrm{d}t}$($\Psi = N\Phi$)(负号表示方向).也可用 $\mathscr{E} = \left|\dfrac{\mathrm{d}\Psi}{\mathrm{d}t}\right|$ 计算 $\mathscr{E}$ 大小,$\mathscr{E}$ 方向由楞次定律来判断.

(三) 动生电动势

1. 动生电动势中非静电力为洛仑兹力,非静电电场强度为

$$\boldsymbol{E}_k = \boldsymbol{v} \times \boldsymbol{B}$$

2. 动生电动势：由一段导体运动产生的动生电动势为

$$\mathscr{E}_{ab} = \int_a^b (\boldsymbol{v} \times \boldsymbol{B}) \cdot \mathrm{d}\boldsymbol{l}$$

由导体回路运动产生的动生电动势为

$$\mathscr{E} = \oint_L (\boldsymbol{v} \times \boldsymbol{B}) \cdot \mathrm{d}\boldsymbol{l}$$

3. 动生电动势的计算方法.

a. 利用公式 $\mathscr{E}_{ab} = \int_a^b \boldsymbol{E}_k \cdot \mathrm{d}\boldsymbol{l} = \int_a^b (\boldsymbol{v} \times \boldsymbol{B}) \cdot \mathrm{d}\boldsymbol{l}$ 直接计算：$\mathscr{E}_{ab} > 0$，表明 $\mathscr{E}$ 方向由 $a \rightarrow b, V_a < V_b$；$\mathscr{E}_{ab} < 0$，表明 $\mathscr{E}$ 方向由 $b \rightarrow a, V_a > V_b$.

b. 构成合适回路，用法拉第电磁感应定律求解：$\mathscr{E} = \left| \dfrac{\mathrm{d}\Psi}{\mathrm{d}t} \right|$，$\mathscr{E}$ 方向由楞次定律判断.

【例 8-1】 如图 8-1 所示，长为 L 的金属棒 OA 绕通过 O 端的 Oz 轴旋转，棒与 Oz 的夹角为 θ，棒的角速度为 ω，均匀磁场 $\boldsymbol{B}$ 的方向与 Oz 轴相同，求 OA 上感应电动势的大小和方向（B、ω 是常量）.

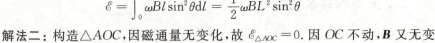

图 8-1

解法一：直接应用动生电动势公式：

$$\mathrm{d}\mathscr{E} = (\boldsymbol{v} \times \boldsymbol{B}) \cdot \mathrm{d}\boldsymbol{l} = vB\mathrm{d}l\cos\left(\dfrac{\pi}{2} - \theta\right) = vB\mathrm{d}l\sin\theta$$

因

$$r = l\sin\theta, v = \omega r = \omega l \sin\theta$$

故

$$\mathscr{E} = \int_0^L \omega B l \sin^2\theta \, \mathrm{d}l = \dfrac{1}{2}\omega B L^2 \sin^2\theta$$

解法二：构造 $\triangle AOC$，因磁通量无变化，故 $\mathscr{E}_{\triangle AOC} = 0$. 因 OC 不动，$\boldsymbol{B}$ 又无变化，$\mathscr{E}_{OC} = 0$，故 $\mathscr{E}_{OA} = \mathscr{E}_{CA}$.

CA 垂直切割磁力线，很容易计算出 $\mathscr{E}_{CA} = \dfrac{1}{2}B\omega R^2$，其中 $R = L\sin\theta$. 所以

$$\mathscr{E}_{OA} = \mathscr{E}_{CA} = \dfrac{1}{2}B\omega L^2 \sin^2\theta$$

【例 8-2】 导线 AB 长为 l，它与一载流长直导线共面，并与其垂直. 如图 8-2 所示，A 端到载流导线的距离为 a. 求当 AB 以匀速 $\boldsymbol{v}$ 平行于载流导线运动时，导线中感应电动势的大小和方向.

解法一：AB 中的电动势为动生电动势，用公式 $\mathscr{E}_{AB} = \int_A^B (\boldsymbol{v} \times \boldsymbol{B}) \cdot \mathrm{d}\boldsymbol{l}$ 求得 [图 8-2(a)].

$$\mathscr{E}_{AB} = \int_A^B (\boldsymbol{v} \times \boldsymbol{B}) \cdot \mathrm{d}\boldsymbol{l} = -\int_a^{a+l} vB\mathrm{d}x = -v\int_a^{a+l} \dfrac{\mu_0 I}{2\pi x}\mathrm{d}x$$

$$= -\frac{\mu_0 I v}{2\pi} \ln \frac{a+l}{a} \text{(方向为 } B \to A\text{)}$$

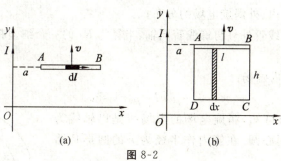

图 8-2

解法二：用法拉第电磁感应定律求解．此时需作补充折线 $ADCB$，构成一矩形回路 $ABCDA$[图 8-2(b)]，通过此回路的磁通量为

$$\Phi_{ABCDA} = \int_S \boldsymbol{B} \cdot \mathrm{d}\boldsymbol{S} = \int_a^{a+l} Bh\,\mathrm{d}x = \int_a^{a+l} \frac{\mu_0 I h}{2\pi x}\mathrm{d}x = \frac{\mu_0 I h}{2\pi}\ln\frac{a+l}{a}$$

回路中的感应电动势为

$$\mathscr{E}_{ABCDA} = -\frac{\mathrm{d}\Phi}{\mathrm{d}t} = -\frac{\mu_0 I}{2\pi}\ln\frac{a+l}{a}\frac{\mathrm{d}h}{\mathrm{d}t} = -\frac{\mu_0 I v}{2\pi}\ln\frac{a+l}{a}$$

因为补充折线 $ADCB$ 是静止的，其中无电动势，则回路中的电动势等于 AB 段导线中的电动势．故

$$\mathscr{E}_{AB} = \mathscr{E}_{ABCDA} = -\frac{\mu_0 I v}{2\pi}\ln\frac{a+l}{a}$$

（四）感生电动势

1. 非静电力由感生电场提供，感生电场 E_k 起源于变化的磁场．

$$\oint_L \boldsymbol{E}_k \cdot \mathrm{d}\boldsymbol{l} = -\frac{\mathrm{d}\Phi}{\mathrm{d}t} = -\int_S \frac{\partial \boldsymbol{B}}{\partial t} \cdot \mathrm{d}\boldsymbol{S} \text{（回路不动）} \neq 0$$

感生电场为有旋场．

$$\oint_S \boldsymbol{E}_k \cdot \mathrm{d}\boldsymbol{S} = 0$$

感生电场为无源场．

变化磁场的周围空间必产生感生电场（涡旋电场）．涡旋电场的存在与场中是否有回路无关．回路的存在只是把涡旋电场以电动势的形式显示出来．

2. 感生电动势的计算方法．

a. 用定义式求：$\mathscr{E} = \oint_L \boldsymbol{E}_k \cdot \mathrm{d}\boldsymbol{l}$（闭合回路），$\mathscr{E} = \int_a^b \boldsymbol{E}_k \cdot \mathrm{d}\boldsymbol{l}$（一段回路）．

b. 用法拉第电磁感应定律求：$\mathscr{E} = -\dfrac{\mathrm{d}\Phi}{\mathrm{d}t}$．

【例 8-3】 一均匀密绕的长直螺线管半径为 R_1，长为 $L(L \gg R_1)$，单位长度匝数为 n. 导线中通有电流 $I = I_0 \sin\omega t$. 试求：

（1）螺线管内、外涡旋电场的分布；

（2）套在螺线管外且与螺线管同轴、半径为 R_2 的一个细塑料环中的感生电动势.

解：（1）管内磁场：
$$B = \mu_0 nI = \mu_0 n I_0 \sin\omega t$$

由磁场分布可知，涡旋电场的电场线是以轴线为中心的一系列同心圆. 在管内作半径为 r 的圆形环路（图 8-3）.

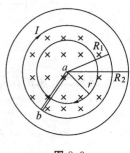

图 8-3

当 $r < R_1$ 时，
$$\oint \boldsymbol{E}_1 \cdot \mathrm{d}\boldsymbol{l} = E_1 \cdot 2\pi r = -\frac{\mathrm{d}B}{\mathrm{d}t}\int_S \mathrm{d}S = -\pi r^2 \frac{\mathrm{d}B}{\mathrm{d}t}$$

$$E_1 = -\frac{r}{2}\frac{\mathrm{d}B}{\mathrm{d}t} = -\frac{1}{2}\mu_0 n I_0 \omega r \cos\omega t$$

类似地，在管外作圆形环路，当 $r > R_1$ 时，有
$$\oint \boldsymbol{E}_2 \cdot \mathrm{d}\boldsymbol{l} = E_2 \cdot 2\pi r = -\frac{\mathrm{d}B}{\mathrm{d}t}\int_S \mathrm{d}S = -\pi R_1^2 \frac{\mathrm{d}B}{\mathrm{d}t}$$

$$E_2 = -\frac{R_1^2}{2r}\frac{\mathrm{d}B}{\mathrm{d}t} = -\frac{1}{2r}\mu_0 n I_0 \omega R_1^2 \cos\omega t$$

（2）细塑料环虽然不处于磁场中，但其所在区域存在涡旋电场，所以塑料环中产生感生电动势.

解法一： 应用法拉第电磁感应定律：
$$\mathscr{E}_i = \frac{\mathrm{d}\Phi}{\mathrm{d}t} = -\pi R_1^2 \frac{\mathrm{d}B}{\mathrm{d}t} = -\pi R_1^2 \mu_0 n I_0 \omega \cos\omega t$$

解法二： 应用电动势的定义计算：
$$\mathscr{E}_i = \oint \boldsymbol{E}_k \cdot \mathrm{d}\boldsymbol{l} = \oint E_k \mathrm{d}l = 2\pi R_2 E_2 = 2\pi R_2 \left(-\frac{1}{2R_2}\mu_0 n I_0 \omega R_1^2 \cos\omega t\right)$$
$$= -\pi R_1^2 \mu_0 n I_0 \omega \cos\omega t$$

讨论：① 细塑料环中有无感生电流？

② 图 8-3 中放置的 ab 导体中的感应电动势 $\mathscr{E}_{ab}$ 为多少？

【例 8-4】 一半径为 R 没有铁芯的"无限长"密绕螺线管，单位长度上的匝数为 n，通入 $\frac{\mathrm{d}I}{\mathrm{d}t} =$ 常数的增长电流，将一导线垂直于磁场放置在管内外，如图 8-4 所示，$ab = bc = R$，求导线 ab、bc 上感生电动势的大小.

解：管内外场有感生电场 E_k，感生电场电场线闭合，由对称性知，感生电场 E_k 方向为同心圆切线方向，E_k 垂直于半径 R.

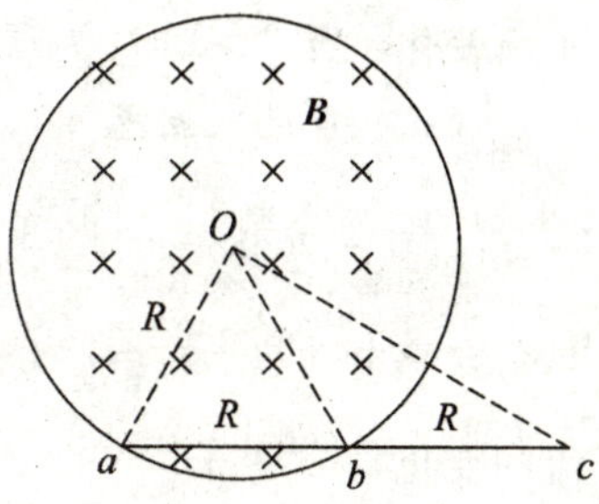

此题用公式 $E = \int E_k \cdot dl$ 计算不方便，可用法拉第电磁感应定律求解. 连接 Oa、Ob，其上 $E_k \neq 0$，但 $E_k \cdot dl = 0$，故回路 Oab 上电动势即为 ab 棒上电动势，即

$$\mathscr{E}_{ab} = \mathscr{E}_1 = \frac{d\Phi}{dt} = \frac{dB}{dt}S_1 = \frac{\sqrt{3}}{4}R^2 \frac{dB}{dt}$$

方向为 $a \to b$.

同理，连接 Oc，求得 bc 棒上的感生电动势的大小为

$$\mathscr{E}_{bc} = \mathscr{E}_2 = \frac{d\Phi}{dt} = \frac{dB}{dt}S_2 = \frac{\pi R^2}{12} \cdot \frac{dB}{dt}$$

方向为 $b \to c$，且 $\mathscr{E}_{ab} > \mathscr{E}_{bc}$.

图 8-4

【例 8-5】 如图 8-5 所示，导体 CD 以恒定速率在一个三角形的导体线框 MON 上滑动，v 垂直 CD 向右，磁场方向垂直纸面向里. 当磁场分布为非均匀，且随时间变化的规律 $B = kx\cos\omega t$ 时，求任一时刻 CD 运动到 x' 处，框架 COD 内的感应电动势的大小和方向（设 $t=0$ 时，$x=0$）.

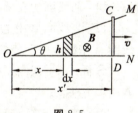

图 8-5

解：本题中既有动生电动势又有感生电动势，用法拉第电磁感应定律求解比较简便.

任一时刻 t，三角形回路内的磁通量为

$$\Phi_m = \int_S \boldsymbol{B} \cdot d\boldsymbol{S} = \int_0^x Bh\,dx = \int_0^x kx^2\cos\omega t \cdot \tan\theta \cdot dx$$

$$= \frac{1}{3}kx^3\cos\omega t \cdot \tan\theta$$

可见，当导体运动时，磁通量 Φ_m 随 x、t 变化，分别求导，得

$$\mathscr{E} = -\frac{d\Phi_m}{dt} = \frac{1}{3}k\omega x^3\sin\omega t \cdot \tan\theta - kx^2\cos\omega t \cdot \tan\theta \cdot v$$

当 $x = x'$ 时，

$$\mathscr{E} = \frac{1}{3}k\omega x'^3\sin\omega t \cdot \tan\theta - kx'^2\cos\omega t \cdot \tan\theta \cdot v$$

式中前面一项为感生电动势，后面一项为动生电动势. 回路内的电动势方向则在

不断变化:当 $\mathscr{E}>0$ 时,为顺时针方向;当 $\mathscr{E}<0$ 时,为逆时针方向.

(五)自感与互感

1. 自感系数: $L=\dfrac{\Psi}{I}\left(L=\dfrac{|\mathscr{E}_L|}{\mathrm{d}I/\mathrm{d}t}\right)$

自感电动势 $\mathscr{E}_L=-L\dfrac{\mathrm{d}I}{\mathrm{d}t}$($L$ 为常量,负号表示自感电动势将反抗线圈中电流的变化)

2. 互感系数: $M_{12}=M_{21}=\dfrac{\Psi_{21}}{I_1}=\dfrac{\Psi_{12}}{I_2}$

互感电动势 $\mathscr{E}_{21}=-M\dfrac{\mathrm{d}I_1}{\mathrm{d}t}$($M$ 不变),$\mathscr{E}_{12}=-M\dfrac{\mathrm{d}I_2}{\mathrm{d}t}$($M$ 不变)

【例 8-6】 如图 8-6 所示,一面积为 4.0 cm² 共 50 匝的小圆形线圈 A 放在半径为 20 cm 共 100 匝的大圆形线圈 B 的正中央,两线圈同心且同平面.设线圈 A 内各点的磁感应强度可看作是相同的.求:

(1) 两线圈的互感;

(2) 当线圈 B 中电流的变化率为 $-50\ \mathrm{A\cdot s^{-1}}$ 时,线圈 A 中感应电动势的大小和方向.

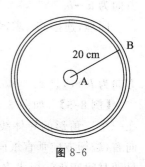

图 8-6

分析: 求两线圈回路的互感,与求自感一样,通常有两种方法:

(1) 理论计算.设回路 I 中通有电流 I_1,穿过回路 II 的磁通量为 Φ_{21},则互感 $M=M_{21}=\dfrac{\Phi_{21}}{I_1}$;也可设回路 II 中通有电流 I_2,穿过回路 I 的磁通量为 Φ_{12},则 $M=M_{12}=\dfrac{\Phi_{12}}{I_2}$.虽然两种途径所得结果相同,但在很多情况下,不同途径所涉及的计算难易程度会有很大的不同.以本题为例,如设线圈 B 中有电流 I 通过,则在线圈 A 中心处的磁感应强度很容易求得,由于线圈 A 很小,其所在处的磁场可视为均匀的,因而穿过线圈 A 的磁通量 $\Phi\approx BS$.反之,如设线圈 A 通有电流 I,其周围的磁场分布不均匀,且难以计算,因而穿过线圈 B 的磁通量也就很难求得.由此可见,计算互感一定要善于选择方便的途径.不过,理论计算也只适用于形状较为规则的简单情况.

(2) 实验方法.工程中一般用 $M=\left|\dfrac{\mathscr{E}_M}{\mathrm{d}I/\mathrm{d}t}\right|$ 求解,式中 $\dfrac{\mathrm{d}I}{\mathrm{d}t}$ 为某一回路的电流变化率,$\mathscr{E}_M$ 为另一回路的互感电动势,两者在实验中都很容易测量.

解: (1) 设线圈 B 中有电流 I,则它在圆心处产生的磁感应强度 $B_0=$

$N_B \dfrac{\mu_0 I}{2R}$，穿过小线圈 A 的磁链近似为

$$\Psi_A = N_A B_0 S_A = N_A N_B \dfrac{\mu_0 I}{2R} S_A$$

两线圈的互感为

$$M = \dfrac{\Psi_A}{I} = N_A N_B \dfrac{\mu_0 S_A}{2R} = 6.28 \times 10^{-6} \text{ H}$$

(2) 线圈 A 中感应电动势的大小为

$$\mathscr{E}_A = -M \dfrac{dI}{dt} = 3.14 \times 10^{-4} \text{ V}$$

互感电动势的方向和线圈 B 中的电流方向相同.

（六）磁能

自感磁能 $\quad W_m = \dfrac{1}{2} L I^2$（适用于自感为 L 的任意形状的载流线圈）

磁能密度 $\quad w_m = \dfrac{B^2}{2\mu}$

磁场能量 $\quad W_m = \displaystyle\int_V w_m dV$

【例 8-7】 两根长直导线平行放置，导线本身的半径为 a，两根导线间距离为 $b(b \gg a)$，如图 8-7(a)所示. 两根导线中通有电流强度均为 I、但方向相反的电流.

(1) 求这两根导线单位长度的自感系数（忽略导线内磁通）；

(2) 若将导线间距离由 b 增大到 $2b$，求磁场对单位长度导线所做的功；

(3) 若将导线间的距离由 b 增大到 $2b$，则导线方向上单位长度的磁能改变了多少？是增加还是减少？试说明能量的转换情况.

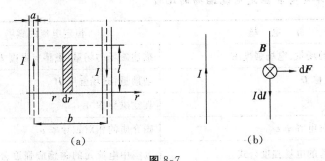

图 8-7

解：(1) 由于 $b \gg a$，导线内部的磁通量可忽略，由图 8-7 可求出宽为 $(b-2a)$、长为 l 的矩形截面的磁通量.

$$\Phi = \int_S \boldsymbol{B} \cdot \mathrm{d}\boldsymbol{S} = \int_a^{b-a}\left[\frac{\mu_0 I}{2\pi r} + \frac{\mu_0 I}{2\pi(b-r)}\right] l \mathrm{d}r = \frac{\mu_0 I l}{\pi}\ln\frac{b-a}{a} \approx \frac{\mu_0 I l}{\pi}\ln\frac{b}{a}$$

$$L = \frac{\Phi}{I} = \frac{\mu_0 l}{\pi}\ln\frac{b}{a}$$

单位长度导线的自感为

$$L_\text{单} = \frac{L}{l} = \frac{\mu_0}{\pi}\ln\frac{b}{a}$$

(2) 设左边导线不动,右边导线移动,在右边导线上取电流元 $I\mathrm{d}\boldsymbol{l}$,其在左边导线产生的磁场中受力为 $\mathrm{d}\boldsymbol{F} = I\mathrm{d}\boldsymbol{l} \times \boldsymbol{B}$,方向向右,如图 8-7(b)所示.

单位长度导线受力为

$$F_\text{单} = \frac{\mathrm{d}F}{\mathrm{d}l} = BI$$

则磁场对单位长度导线所做的功为

$$A = \int \mathrm{d}A = \int_b^{2b} F_\text{单} \mathrm{d}r = \int_b^{2b}\frac{\mu_0 I}{2\pi r} I \mathrm{d}r = \frac{\mu_0 I^2}{2\pi}\ln 2$$

(3) 由磁能公式 $W = \frac{1}{2}LI^2$ 得,当两导线间距分别为 b 和 $2b$ 时单位长度磁能分别为

$$W_1 = \frac{\mu_0 I^2}{2\pi}\ln\frac{b}{a},\ W_2 = \frac{\mu_0 I^2}{2\pi}\ln\frac{2b}{a}$$

$$\Delta W = W_2 - W_1 = \frac{\mu_0 I^2}{2\pi}\ln 2$$

磁场力做正功,磁能增加,此能量必定来源于电源.因为导线移动时将产生感应电流,其方向与原来导线中电流方向相反,欲使导线中电流保持为 I,必须使外加电源克服感应电动势做功,于是电源所做的功转变为磁能.

(七)静电场和恒定电流磁场的比较

静 电 场	恒定电流的磁场
描述静电场的场量:电场强度 $\boldsymbol{E}$	描述磁场的场量:磁感应强度 $\boldsymbol{B}$
辅助量:电位移 $\boldsymbol{D}$	辅助量:磁场强度 $\boldsymbol{H}$
真空电容率 ε_0	真空磁导率 μ_0
电介质的相对电容率 ε_r	磁介质的相对磁导率 μ_r
真空中点电荷的电场强度公式: $\mathrm{d}\boldsymbol{E} = \frac{1}{4\pi\varepsilon_0}\frac{\mathrm{d}q}{r^2}\boldsymbol{e}_r$	真空中电流元的磁感应强度公式:毕奥-萨伐尔定律, $\mathrm{d}\boldsymbol{B} = \frac{\mu_0}{4\pi}\frac{I\mathrm{d}\boldsymbol{l}\times\boldsymbol{e}_r}{r^2}$

续表

静 电 场	恒定电流的磁场
静电场中的高斯定理:$\oint_S \boldsymbol{E} \cdot \mathrm{d}\boldsymbol{S} = \dfrac{\sum q}{\varepsilon_0}$ 或 $\oint_S \boldsymbol{D} \cdot \mathrm{d}\boldsymbol{S} = \sum q_i$,它指出静电场是有源场,其电场线始于正电荷,止于负电荷	恒定电流磁场中的高斯定理:$\oint_S \boldsymbol{B} \cdot \mathrm{d}\boldsymbol{S} = 0$,它指出恒定电流磁场的磁力线总是闭合的,故其磁场为有旋场
静电场的环路定理:$\oint_l \boldsymbol{E} \cdot \mathrm{d}\boldsymbol{l} = 0$,它指出静电场是保守场	恒定电流磁场的安培环路定理:$\oint_l \boldsymbol{B} \cdot \mathrm{d}\boldsymbol{l} = \mu_0 \sum I_i$ 或 $\oint_l \boldsymbol{H} \cdot \mathrm{d}\boldsymbol{l} = \sum I_i$,它指出磁场为非保守场
电介质中 $\boldsymbol{D}$ 与 $\boldsymbol{E}$ 的关系:$\boldsymbol{D} = \varepsilon_0 \varepsilon_r \boldsymbol{E}$	磁介质中 $\boldsymbol{H}$ 与 $\boldsymbol{B}$ 的关系:$\boldsymbol{H} = \dfrac{\boldsymbol{B}}{\mu_0 \mu_r}$
电场的能量密度:$w_e = \dfrac{1}{2}\varepsilon_0 \varepsilon_r E^2 = \dfrac{1}{2}DE$	磁场的能量密度:$w_m = \dfrac{1}{2}\dfrac{B^2}{\mu_0 \mu_r} = \dfrac{1}{2}HB$

(八) 位移电流 麦克斯韦方程组

位移电流 $$I_d = \frac{\mathrm{d}\Psi_D}{\mathrm{d}t} = \int_S \frac{\partial \boldsymbol{D}}{\partial t} \cdot \mathrm{d}\boldsymbol{S}$$

位移电流密度 $$\boldsymbol{j}_d = \frac{\partial \boldsymbol{D}}{\partial t}$$

全电流定律 $$\oint_L \boldsymbol{H} \cdot \mathrm{d}\boldsymbol{l} = I_s = I_c + I_d$$

麦克斯韦方程组
$$\oint_S \boldsymbol{D} \cdot \mathrm{d}\boldsymbol{S} = \sum q_0$$
$$\oint_L \boldsymbol{E} \cdot \mathrm{d}\boldsymbol{l} = -\int_S \frac{\partial \boldsymbol{B}}{\partial t} \cdot \mathrm{d}\boldsymbol{S}$$
$$\oint_S \boldsymbol{B} \cdot \mathrm{d}\boldsymbol{S} = 0$$
$$\oint_L \boldsymbol{H} \cdot \mathrm{d}\boldsymbol{l} = \int_S \left(\boldsymbol{j} + \frac{\partial \boldsymbol{D}}{\partial t}\right) \cdot \mathrm{d}\boldsymbol{S}$$

【*例 8-8】 一平行圆板空气电容器,如图 8-8 所示,圆板的半径 $R = 5.0$ cm. 在充电时,两极板间的电场强度随时间的变化率为 1.0×10^5 V·m^{-1}·s^{-1}. 求:

(1) 两极板间的位移电流;

(2) 圆板内离中心轴线 3 cm 处的磁感应强度 B.

解:(1) 由于平行圆板间为空气,故 $\varepsilon = \varepsilon_0 \varepsilon_r \approx \varepsilon_0$. 于是 $\boldsymbol{D} = \varepsilon_0 \varepsilon_r \boldsymbol{E} \approx \varepsilon_0 \boldsymbol{E}$. 按位移电流定义,有

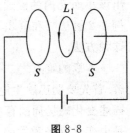

图 8-8

$$I_d = \int_S \frac{\partial \boldsymbol{D}}{\partial t} \cdot d\boldsymbol{S} = \varepsilon_0 \frac{dE}{dt} S$$

S 为圆板的面积，即 $S = \pi R^2$，所以

$$I_d = \varepsilon_0 \frac{dE}{dt} \pi R^2$$

将已知数据代入上式，得

$$I_d = 7.0 \times 10^{-9} \text{ A}$$

（2）全电流定律为

$$\oint_l \boldsymbol{H} \cdot d\boldsymbol{l} = I_c + I_d$$

因电容器内两平行圆板间的传导电流 $I_c = 0$，本题欲求圆板内离中心轴线 3 cm 处的磁感应强度，故作半径 $r = 3.0$ cm 的环路 L_1，如图 8-8 所示. 于是流过环路 L_1 的位移电流为

$$I_d' = I_d \frac{\pi r^2}{\pi R^2}$$

故

$$\oint_{L_1} \boldsymbol{H} \cdot d\boldsymbol{l} = H \cdot 2\pi r = I_d' = I_d \cdot \frac{\pi r^2}{\pi R^2}$$

即

$$H = \frac{r}{2\pi R^2} I_d$$

故得

$$B = \mu_0 H = \frac{\mu_0 r}{2\pi R^2} I_d$$

将 $I_d = 7.0 \times 10^{-9}$ A，$r = 3.0$ cm，$R = 5.0$ cm 代入，得 $B = 1.68 \times 10^{-14}$ T.

三、难点分析

本章的重点是法拉第电磁感应定律及其应用. 而法拉第电磁感应定律指出，感应电动势是磁通量随时间的变化率的负值. 为此，本章的难点之一为如何求非均匀磁场中的磁通量，方法仍是"微元法". 选取一个合适的小面元 dS，要求所取的小面元内的磁场是均匀的，即大小相等、方向相同，然后利用 $d\Phi = B dS \cos\theta$ 求出该小面元内的磁通量，再积分求出结果. 积分时需正确定出积分的上下限. 如例 8-2 解法二和例 8-5 有关磁通量的计算部分及上一章例 7-5 和例 7-6，均采用这种方法.

本章的难点之二是关于感生电场和位移电流这两个概念的理解和具体求解. 首先要明确感生电场和位移电流是麦克斯韦提出的两个假设，是为了形象地描述变化磁场周围存在电场，变化电场周围存在磁场引入的两个概念. 感生电场是由变化磁场激发的一种新型电场，它不同于静电场，电场线是涡旋状的，所以

感生电场也称为涡旋场.位移电流和变化电场联系在一起,位移电流和传导电流一样可以激发磁场,所以位移电流的引入实际是指出了变化的电场激发了磁场.数学式 $\oint_L \boldsymbol{E}_k \cdot \mathrm{d}\boldsymbol{l} = -\int_S \frac{\partial \boldsymbol{B}}{\partial t} \cdot \mathrm{d}\boldsymbol{S}$ 也可以理解为感生电场 $\boldsymbol{E}_k$ 是描述变化磁场所激发电场的数学语言.位移电流的数学表达式 $I_d = \int_S \frac{\partial \boldsymbol{D}}{\partial t} \cdot \mathrm{d}\boldsymbol{S}$ 是描述变化电场所激发磁场的数学语言.

关于感生电场的计算,本教材只讨论了如例 8-3 所示具有对称性分布的磁场变化所激发的感生电场.由对称性分析,通过积分,很容易求得其感生电场.对于其他复杂情况,求解析解还是有困难的,感兴趣的同学可参阅《电动力学》.同样地,对位移电流的计算也只讨论了圆形平板电容器充放电时的情况,如例 8-8 所示,对此我们只需牢记位移电流是传导电流的连续,这样便能大致了解平行板电容器内磁场的大小和方向情况.麦克斯韦提出了感生电场和位移电流这两个假设,同时将与静电场和稳恒磁场相关的四个方程推广到了非稳恒情况,得到了麦克斯韦方程组,其内容是极其丰富的.

四、习 题

(一) 选择题

1. 一导体线圈在均匀磁场中,下图几种情况能产生感应电流的是 （   ）

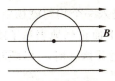
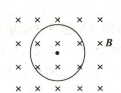
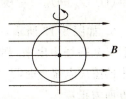

(A) 线圈沿磁场方向平移　　(B) 线圈沿垂直于磁场方向平移　　(C) 线圈以自身直径为轴转动,转轴与磁场方向垂直

2. 如图 8-9 所示,MN 为两根水平放置的平行金属导轨,ab 与 cd 为垂直于导轨并可在其上自由滑动的两根直裸导线,外磁场均匀并垂直水平面向上.当外力使 ab 向右平移时,cd （   ）

图 8-9

(A) 不动　　　　　　　　(B) 转动
(C) 向左移动　　　　　　(D) 向右移动

3. 如图 8-10 所示,长度为 l 的直导线 ab 在均匀磁场 $\boldsymbol{B}$ 中以速度 $\boldsymbol{v}$ 移动,直导线 ab 中的电动势为 （   ）

(A) Blv (B) $Blv\sin\alpha$
(C) $Blv\cos\alpha$ (D) 0

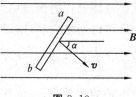

图 8-10

4. 一长度为 L 的导体棒 Ob 在垂直于磁场方向的平面内绕其一端 O 点以匀角速度 ω 转动,如图 8-11 所示,若磁场为均匀磁场,$Oa=ab$,则 Oa 段中的动生电动势 $\mathscr{E}_{Oa}$ 与 ab 段中的动生电动势 $\mathscr{E}_{ab}$ 之间的关系为 ( )

(A) $\mathscr{E}_{ab}=\mathscr{E}_{Oa}$ (B) $\mathscr{E}_{ab}=2\mathscr{E}_{Oa}$
(C) $\mathscr{E}_{ab}=3\mathscr{E}_{Oa}$ (D) $\mathscr{E}_{ab}=4\mathscr{E}_{Oa}$

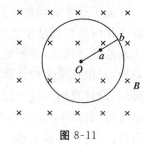

图 8-11

5. 如图 8-12 所示,棒 AD 长为 L,在匀强磁场 B 中绕 OO' 轴转动,角速度为 ω,$AC=\dfrac{L}{3}$,则 A、D 两点间的电势差为 ( )

(A) $U_D-U_A=\dfrac{1}{6}B\omega L^2$

(B) $U_A-U_D=\dfrac{1}{6}B\omega L^2$

(C) $U_D-U_A=\dfrac{2}{9}B\omega L^2$

(D) $U_A-U_D=\dfrac{2}{9}B\omega L^2$

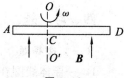

图 8-12

6. 如图 8-13 所示,一矩形线圈以匀速 v 从无场空间进入一个均匀磁场中,之后又从磁场中出来,到无场空间.若不计线圈的自感,则下面正确地表示了线圈中的感应电流与时间的关系的图为(从线圈刚进入磁场时开始计时,I 以顺时针方向为正) ( )

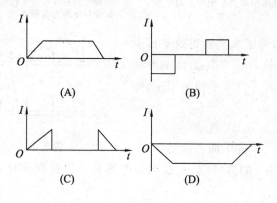

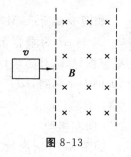

图 8-13

7. 一闭合正方形线圈放在均匀磁场中,绕通过其中心且与一边平行的转轴 OO' 转动,转轴与磁场方向垂直,转动角速度为 ω,如图 8-14 所示. 要使线圈中感应电流的幅值增加到原来的两倍(导线的电阻不能忽略),则应 (　　)

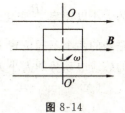

图 8-14

(A) 把线圈的匝数增加到原来的两倍

(B) 把线圈的匝数增加到原来的两倍,而形状不变

(C) 把线圈切割磁力线的两条边增长到原来的两倍

(D) 把线圈的角速度 ω 增大到原来的两倍

8. 将导线折成半径为 R 的 $\dfrac{3}{4}$ 圆弧,然后放在垂直纸面向里的均匀磁场里,导线沿 aOe 的分角线方向以速度 v 向右运动,如图 8-15 所示.

(1) 导线中产生的感应电动势为 (　　)

(A) 0　　　　　　　　(B) $\dfrac{\sqrt{2}}{2}BRv$

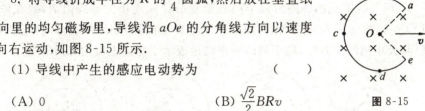

图 8-15

(C) BRv　　　　　　(D) $\sqrt{2}BRv$

(2) 导线中电势差最大的两点为 (　　)

(A) a 与 e　　　　　(B) b 与 d

(C) a 与 c　　　　　(D) c 与 d

9. 一块铜板放在磁感应强度正在增大的磁场中时,铜板中出现涡流(感应电流),则涡流将 (　　)

(A) 加速铜板中磁场的增加　　(B) 减缓铜板中磁场的增加

(C) 对磁场不起作用　　　　　(D) 使铜板中磁场反向

10. 在圆柱形空间内有一磁感应强度为 B 的均匀磁场,如图 8-16 所示,B 的大小以速率 $\dfrac{dB}{dt}$ 变化. 在磁场中有 A、B 两点,其间可放置一直导线和一弯曲的导线,则 (　　)

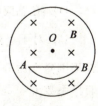

图 8-16

(A) 电动势只在直导线中产生

(B) 电动势只在弯曲导线中产生

(C) 电动势在直导线和弯曲导线中都产生,且两者大小相等

(D) 直导线中的电动势小于弯曲导线中的电动势

11. 在圆柱形空间中有一磁感应强度为 B 的均匀磁场,如图 8-17 所示,B

的大小以速率 $\dfrac{dB}{dt}$ 变化. 今有一长度为 l_0 的金属棒先后放在磁场的两个不同位置 1 和 2，则金属棒在这两个位置时棒内的感应电动势的大小关系为 ( )

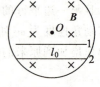

图 8-17

(A) $\mathscr{E}_2 = \mathscr{E}_1 \neq 0$ (B) $\mathscr{E}_2 > \mathscr{E}_1$

(C) $\mathscr{E}_2 < \mathscr{E}_1$ (D) $\mathscr{E}_2 = \mathscr{E}_1 = 0$

12. 一交变磁场被限制在一半径为 R 的圆柱体中，在柱内、外分别有两个静止点电荷 q_A 和 q_B，则 ( )

(A) q_A 受力，q_B 不受力   (B) q_A、q_B 都受力

(C) q_A、q_B 都不受力   (D) q_A 不受力，q_B 受力

13. 用导线围成的回路由两个同心圆及沿径向连接的导线组成，放在轴线通过 O 点的圆柱形均匀磁场中，回路平面垂直于柱轴，如果磁场方向垂直纸面向里，其大小随时间减少，则下列图中正确地表示了感应电流的方向的是（ ）

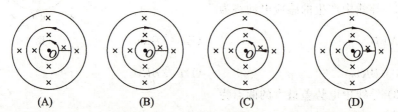

(A)   (B)   (C)   (D)

14. 在感应电场中电磁感应定律可写成 $\oint_L \boldsymbol{E}_k \cdot d\boldsymbol{l} = -\dfrac{d\Phi}{dt}$，式中 $\boldsymbol{E}_k$ 为感应电场的电场强度，此式表明 ( )

(A) 闭合曲线 L 上 $\boldsymbol{E}_k$ 处处相等

(B) 感应电场是保守力场

(C) 感应电场的电场线不是闭合曲线

(D) 在感应电场中不能像对静电场那样引入电势的概念

15. 对于单匝线圈，自感系数的定义式为 $L = \dfrac{\Phi}{I}$. 当线圈的几何形状、大小及周围磁介质分布不变，且无铁磁介质时，若线圈中的电流强度变小，则线圈的自感系数 L ( )

(A) 变大，与电流成反比关系   (B) 变小

(C) 不变   (D) 变大，但不与电流成反比关系

16. 在真空中一个通有电流的线圈 a 所产生的磁场内有另一个线圈 b，a 和 b 相对位置固定. 若线圈 b 中没有电流通过，则线圈 b 与 a 间的互感系数（ ）

(A) 一定为零   (B) 一定不为零

(C) 可以不为零　　　　　　　　(D) 不可能确定

17. 用线圈的自感系数 L 来表示载流线圈磁场能量的公式 $W_m = \frac{1}{2}LI^2$，它
　　　　　　　　　　　　　　　　　　　　　　　　　　　　　　　　（　）

(A) 只适用于"无限长"密绕螺线管

(B) 只适用于单匝圆线圈

(C) 只适用于一个匝数很多且密绕的螺线环

(D) 适用于自感系数 L 一定的任意线圈

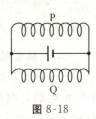

图 8-18

18. 如图 8-18 所示，两个线圈 P 和 Q 并联地接到一电动势恒定的电源上．线圈 P 的自感和电阻分别是线圈 Q 的两倍，线圈 P 和 Q 之间的互感可忽略不计．当达到稳定状态后，线圈 P 的磁场能量与线圈 Q 的磁场能量的比值是　　（　）

(A) 4　　　　　　　　　　　(B) 2

(C) 1　　　　　　　　　　　(D) $\frac{1}{2}$

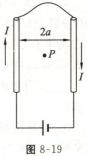

图 8-19

19. 真空中两根很长的相距为 $2a$ 的平行直导线与电源组成闭合回路，如图 8-19 所示．已知导线中的电流强度为 I，则在两导线正中间某点 P 处的磁能密度为　　　（　）

(A) $\frac{1}{\mu_0}\left(\frac{\mu_0 I}{2\pi a}\right)^2$　　　　　(B) $\frac{1}{2\mu_0}\left(\frac{\mu_0 I}{2\pi a}\right)^2$

(C) $\frac{1}{2\mu_0}\left(\frac{\mu_0 I}{\pi a}\right)^2$　　　　　(D) 0

*20. 对位移电流，下列说法正确的是　　　　　　　（　）

(A) 位移电流是由变化的电场产生的

(B) 位移电流是由线性变化的磁场产生的

(C) 位移电流的热效应服从焦耳-楞次定律

(D) 位移电流的磁效应不服从安培环路定理

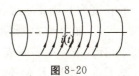

图 8-20

*21. 如图 8-20 所示，空气中有一"无限长"金属薄壁圆筒，在表面上沿圆周方向均匀地流着一层随时间变化的面电流 $i(t)$，则　　　　　　　　　　（　）

(A) 圆筒内均匀地分布着变化的磁场和变化的电场

(B) 任意时刻通过圆筒内假想的任一球面的磁通量和电通量均为零

(C) 沿圆筒外任意闭合环路上磁感应强度的环流不为零

(D) 沿圆筒内任意闭合环路上电场强度的环流为零

22. 如图 8-21 所示，平行板电容器(忽略边缘效应)充电时，沿环路 L_1、L_2

磁场强度 **H** 的环流中,必有 （　　）

(A) $\oint_{L_1} \boldsymbol{H} \cdot d\boldsymbol{l} > \oint_{L_2} \boldsymbol{H} \cdot d\boldsymbol{l}$

(B) $\oint_{L_1} \boldsymbol{H} \cdot d\boldsymbol{l} = \oint_{L_2} \boldsymbol{H} \cdot d\boldsymbol{l}$

(C) $\oint_{L_1} \boldsymbol{H} \cdot d\boldsymbol{l} < \oint_{L_2} \boldsymbol{H} \cdot d\boldsymbol{l}$

(D) $\oint_{L_1} \boldsymbol{H} \cdot d\boldsymbol{l} = 0$

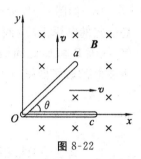

图 8-21

(二) 填空题

1. 一根直导线在磁感应强度为 **B** 的均匀磁场中以速度 **v** 运动切割磁力线. 导线中对应于非静电力的场强(称为非静电场场强)$E_V =$ ＿＿＿＿＿＿＿＿.

2. 如图 8-22 所示,有一折成∠形的金属导线($aO=Oc=L$),位于 xOy 平面中,磁感应强度为 **B** 的匀强磁场垂直于 xOy 平面. 当金属导线以速度 **v** 沿 x 轴正方向运动时,导线上 a、c 两点间的电势差 $U_{ac} =$ ＿＿＿＿＿＿＿;当金属导线以速度 **v** 沿 y 轴正向运动时,a、O 两点中＿＿＿＿点电势高.

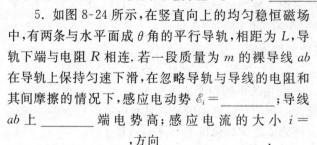

图 8-22

3. 用导线制成一半径 $r=10$ cm 的圆形闭合线圈,其电阻 $R=10$ Ω. 均匀磁场 **B** 垂直于线圈平面. 欲使电路中有一稳定的感应电流 $I=0.01$ A,**B** 的变化率 $\dfrac{dB}{dt} =$ ＿＿＿＿＿＿.

4. 如图 8-23 所示,直角三角形金属框架 abc 放在均匀磁场 **B** 中,**B** 平行于 ab 边,当金属框绕 ab 边以角速度 ω 转动时,$abca$ 回路中的感应电动势 $\mathscr{E} =$ ＿＿＿＿＿＿,如果 bc 边的长度为 l,则 a、c 两点间的电势差 $U_a - U_c =$ ＿＿＿＿＿＿.

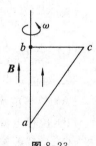

图 8-23

5. 如图 8-24 所示,在竖直向上的均匀稳恒磁场中,有两条与水平面成 θ 角的平行导轨,相距为 L,导轨下端与电阻 R 相连. 若一段质量为 m 的裸导线 ab 在导轨上保持匀速下滑,在忽略导轨与导线的电阻和其间摩擦的情况下,感应电动势 $\mathscr{E}_i =$ ＿＿＿＿＿＿;导线 ab 上＿＿＿＿端电势高;感应电流的大小 $i =$ ＿＿＿＿＿＿＿＿,方向＿＿＿＿＿＿＿＿.

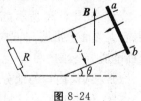

图 8-24

6. 半径为 L 的均匀导体圆盘绕通过中心 O 的垂直轴转动,角速度为 ω,盘

面与均匀磁场 B 垂直,如图 8-25 所示.

(1) 在图上标出 Oa 线段中动生电动势的方向;

(2) 填写下列电势差的值(设 ca 段长度为 d):

$V_a - V_O =$ _____;

$V_a - V_b =$ _____;

$V_a - V_c =$ _____.

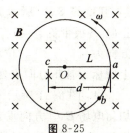

图 8-25

7. 载有恒定电流 I 的长直导线旁有一半圆环导线 cd,半圆环半径为 b,环面与直导线垂直,且半圆环两端点连线的延长线与直导线相交,如图 8-26 所示. 当半圆环以速度 v 沿平行于直导线的方向平移时,半圆环上的感应电动势的大小为 _____.

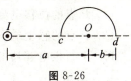

图 8-26

8. 如图 8-27 所示,两根彼此紧靠的绝缘导线绕成一个线圈,其 A 端用焊锡将两根导线焊在一起,另一端 B 处作为连接外电路的两个输入端.则整个线圈的自感系数为 _____.

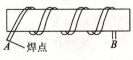

图 8-27

9. 一"无限长"密绕螺线管的半径为 R,单位长度内的匝数为 n,通以随时间变化的电流,且 $\dfrac{\mathrm{d}i}{\mathrm{d}t} = C$(常量),则管内的感生电场强度 $E_k^{(\mathrm{in})} =$ _____,管外的感生电场强度 $E_k^{(\mathrm{out})} =$ _____.

10. 如图 8-28 所示,截面积为 A、单位长度上匝数为 n 的螺绕环上套一边长为 l 的正方形线圈,今在线圈中通以交流电流 $I = I_0\sin\omega t$,螺绕环两端为开端,则其间电动势的大小 $\mathscr{E} =$ _____.

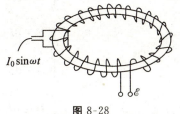

图 8-28

11. 有两个长度相同、匝数相同、截面积不同的长直螺线管,通以大小相同的电流.现在将小螺线管完全放在大螺线管内(两者轴线重合),且使两者产生的磁场方向一致,则小螺线管内的磁能密度是原来的 _____ 倍;若使两者产生的磁场方向相反,则小螺线管内的磁能密度是 _____.(忽略边缘效应)

12. 如图 8-29 所示,一半径为 r 的很小的金属圆环,在初始时刻与一半径为 $a(a \gg r)$ 的大金属圆环共面且同心,在大圆环中通以恒定的电流 I,方向如图所示,如果小圆环以均匀角速度 ω 绕其任一方向的直径转动,并设小圆环的电阻为 R,则任一时刻 t 通过小圆环的磁通量 $\Phi =$ _____,小圆环中的感应电流 $i =$ _____.

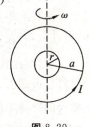

图 8-29

*13. 图 8-30 所示为一充电后的平行板电容器，A 板带正电，B 板带负电．当将开关 S 合上时，A、B 板之间的电场方向为_____，位移电流的方向为_____．（按图上所标 x 轴正方向来回答）

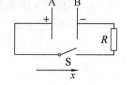

图 8-30

*14. 图 8-31 所示为一圆柱体的横截面，圆柱体内有一均匀电场 $\boldsymbol{E}$，其方向垂直纸面向里，E 的大小随时间 t 线性增加．P 为圆柱体内与轴线相距为 r 的一点，则

(1) P 点的位移电流密度的方向为_____；

(2) P 点的感生磁场方向为_____．

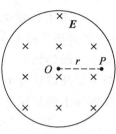

图 8-31

*15. 平行板电容器的电容 C 为 $20.0~\mu\text{F}$，两极板上的电压变化率 $\dfrac{\mathrm{d}U}{\mathrm{d}t}=1.50\times 10^{5}~\text{V}\cdot\text{s}^{-1}$，则该平行板电容器中的位移电流为_____．

16. 在没有自由电荷和传导电流的变化电磁场中：

$$\oint_{L}\boldsymbol{H}\cdot\mathrm{d}\boldsymbol{l}=\underline{\qquad},\quad \oint_{L}\boldsymbol{E}\cdot\mathrm{d}\boldsymbol{l}=\underline{\qquad}.$$

17. 反映电磁场基本性质和规律的积分形式的麦克斯韦方程组为

$$\oint_{S}\boldsymbol{D}\cdot\mathrm{d}\boldsymbol{S}=\sum_{i=1}^{n}q_{i} \tag{1}$$

$$\oint_{L}\boldsymbol{E}\cdot\mathrm{d}\boldsymbol{l}=-\dfrac{\mathrm{d}\Phi_{\mathrm{m}}}{\mathrm{d}t} \tag{2}$$

$$\oint_{S}\boldsymbol{B}\cdot\mathrm{d}\boldsymbol{S}=0 \tag{3}$$

$$\oint_{L}\boldsymbol{H}\cdot\mathrm{d}\boldsymbol{l}=\sum_{i=1}^{n}I_{i}+\dfrac{\mathrm{d}\Phi_{\mathrm{d}}}{\mathrm{d}t} \tag{4}$$

试判断下列结论是包含于或等效于哪一个麦克斯韦方程式的．将你确定的方程式用代号填在相应结论后的空白处．

(1) 变化的磁场一定伴随有电场：_____．

(2) 磁力线是无头无尾的：_____．

(3) 电荷总伴随有电场：_____．

（三）计算题

1. 长直载流导线旁放一导体、导轨，三者共面，A、B 间接一电阻 R，如图 8-32 所示．导轨上置一可在其上自由滑动的导体 CD，导轨与导体 CD 的电阻不计，CD 导体以 v 沿导轨匀速滑动．求：

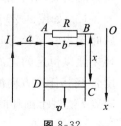

图 8-32

(1) 当 $BC=x$ 时,电流 I 的磁场穿过 $ABCDA$ 回路的磁通量 Φ_m;

(2) 此回路中的感应电流 I_i;

(3) CD 段受 I 的磁场的作用力.

2. 两互相平行的直线电流(其电流方向相反)与金属杆 CD 共面,CD 杆的长度为 b,相对位置如图 8-33 所示. CD 杆以速度 v 运动,求 CD 杆中的感生电动势,并判断 C、D 两端哪端电势较高.

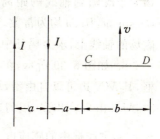

图 8-33

3. 如图 8-34 所示,一长直导线中通有电流 I,有一垂直于导线、长度为 l 的金属棒 AB 在包含导线的平面内,以恒定的速度 v 沿与棒成 θ 角的方向移动.开始时,棒的 A 端到导线的距离为 a,求任意时刻金属棒中的动生电动势,并指出棒哪端的电势高.

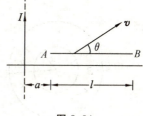

图 8-34

4. 如图 8-35 所示,一根长为 L 的金属杆 ab 绕竖直轴 O_1O_2 以角速度 ω 在水平面内旋转,O_1O_2 在离细杆 a 端 $\dfrac{L}{5}$ 处.若已知地磁场在竖直方向的分量为 B,求金属杆两端间的电势差 V_a-V_b.

5. 一等边三角形的金属框 abc,边长为 l,放在均匀磁场 B 中且 ab 边平行于 B,如图 8-36 所示.当金属框绕 ab 边以角速度 ω 转动时,分别求出 ab 边、bc 边、ca 边的动生电动势,以及整个三角形回路的总电动势.(设回路中沿 $abca$ 方向的电动势为正)

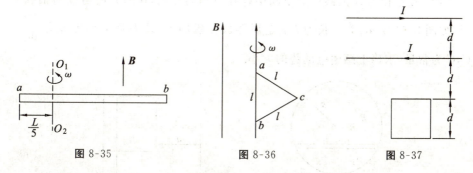

图 8-35　　　　图 8-36　　　　图 8-37

6. 两根平行"无限长"直导线相距为 d,载有大小相等、方向相反的电流 I,电流变化率 $\dfrac{dI}{dt}=a>0$.一个边长为 d 的正方形线圈位于导线平面内与一根导线相距 d,如图 8-37 所示.求线圈中的感生电动势 $\mathcal{E}$,并说明线圈中的感应电流是顺时针方向还是逆时针方向.

7. 如图 8-38 所示,一长圆柱状磁场,磁场方向沿轴线并垂直纸面向里,磁场大小既随到轴线的距离 r 成正比而变化,又随时间 t 作正弦变化,即 $B = B_0 r \sin \omega t$,B_0、ω 均为常数.若在磁场内放一半径为 a 的金属圆环,环心在圆柱状磁场的轴线上,求金属环中的感生电动势,并讨论其方向.

*8. 如图 8-39 所示,在与均匀磁场垂直的平面内有一折成 α 角的 V 形导线框,其 MN 边可以自由滑动,并保持与其他两边接触.今使 $MN \perp ON$.当 $t = 0$ 时,MN 由 O 点出发,以匀速 v 沿 ON 方向滑动,已知磁场随时间变化的规律为 $B = \dfrac{t^2}{2}$,求线框中的感应电动势随时间变化的规律.

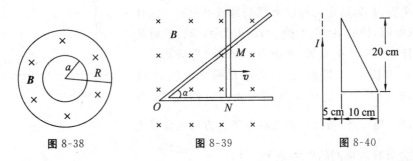

图 8-38　　　　图 8-39　　　　图 8-40

9. 如图 8-40 所示,长直导线中的电流 I 沿导线向上,并以 $\dfrac{dI}{dt} = 2 \text{ A} \cdot \text{s}^{-1}$ 的速度均匀地增加.在导线附近放一个与之共面的直角三角形线框,其一边与导线平行,求此线框中产生的感生电动势的大小和方向.

10. 在半径为 R 的圆柱形空间中存在着均匀磁场,B 的方向与柱的轴线平行,如图 8-41 所示.有一长为 l 的金属棒放在磁场中,设 B 随时间的变化 $\dfrac{dB}{dt} = C$,C 为常量,求棒上感生电动势的大小.

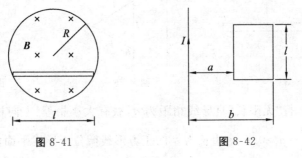

图 8-41　　　　　　图 8-42

11. 一"无限长"直导线通有电流 $I = I_0 e^{-3t}$.一矩形线圈与长直导线共面放置,其长边与导线平行,位置如图 8-42 所示.试求:

(1) 矩形线圈中感生电动势的大小及感生电流的方向；

(2) 导线与线圈的互感系数.

12. 如图 8-43 所示,一对同轴"无限长"直空心薄壁圆筒,电流 I 沿内筒流上去,沿外筒流下来.已知同轴空心圆筒单位长度的自感系数为

$$L = \frac{\mu_0}{2\pi}$$

(1) 求同轴空心圆筒内、外半径之比;

(2) 若电流 $I = I_0 \cos\omega t$,求圆筒单位长度产生的感生电动势.

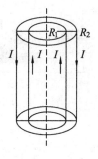

图 8-43

13. 设同轴电缆由半径分别为 r_1、r_2 的两个同轴薄壁长直圆筒组成,两长直圆筒通有等值反向电流 I.设两筒间介质的相对磁导率 $\mu_r = 1$.求：

(1) 单位长度的自感系数；

(2) 单位长度内所储存的磁能.

14. 截面积为矩形的螺绕环共 N 匝,尺寸如图 8-44 所示,图中下半部两矩形表示螺绕环的截面.在螺绕环的轴线上另有一"无限长"直导线.

(1) 求螺绕环的自感系数 L;

(2) 求长直导线与螺绕环间的互感系数；

(3) 若在螺绕环中通以电流 I,求螺绕环内储存的磁能.

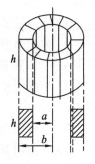

图 8-44

15. 真空中两相距为 $2a$ 的平行长直导线,通以方向相同、大小相等的电流 I,O、P 两点与两导线在同一平面上,与导线距离如图 8-45 所示,求 O、P 两点的磁场能量密度.

*16. 一平行板电容器,极板是半径为 R 的圆形金属板,两极板与一交变电源相接,极板上所带电量随时间的变化规律为 $q = q_0 \sin\omega t$,忽略边缘效应.

(1) 求两极板间位移电流密度的大小；

(2) 求在两极板间离中心轴线距离为 $r(r<R)$ 处的磁场强度 H 的大小.

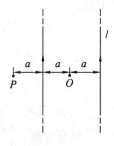

图 8-45

第9章 振动

一、基本要求

1. 掌握简谐运动的基本特征和规律.

2. 掌握简谐运动的振幅、周期、频率、圆频率、相位等物理量的物理意义及相互关系,掌握简谐运动的曲线.

3. 掌握简谐运动的旋转矢量表示法,能用该方法判断初相位并求解相位差.

4. 理解简谐运动的能量转换过程,会计算简谐运动的能量.

5. 掌握同方向、同频率简谐运动的合成规律.

6. 了解同方向、不同频率简谐运动的合成、拍的现象及相互垂直简谐运动的合成.

7. 了解阻尼振动、受迫振动及共振现象.

二、主要内容及例题

(一)简谐运动的描述

1. 动力学方程:$F=-kx$.

微分方程:$\dfrac{d^2x}{dt^2}=-\omega^2 x$.

2. 简谐运动方程.

位移:$x=A\cos(\omega t+\varphi)$.

速度:$v=-\omega A\sin(\omega t+\varphi)$.

加速度:$a=-\omega^2 A\cos(\omega t+\varphi)$.

3. 三个特征量.

振幅A:偏离平衡位置的最大距离.

频率ν:单位时间内振动的次数.

周期 T：振动一次的时间，$T=\dfrac{1}{\nu}=\dfrac{2\pi}{\omega}$.

圆频率 ω：弹簧振子 $\omega=\left(\dfrac{k}{m}\right)^{\frac{1}{2}}$，单摆 $\omega=\sqrt{\dfrac{g}{l}}$，复摆 $\omega=\sqrt{\dfrac{mgl}{J}}$.

初相位：φ.

4. 旋转矢量法.

旋转矢量法是用一个长度为 A，初始时刻与 x 轴的夹角为 φ，并以角速度 ω 逆时针旋转的矢量来表示简谐运动的.

掌握用旋转矢量法确定初相位，求解从一处运动到另一处所需的最短时间等.

（二）简谐运动的能量

动能：$E_k=\dfrac{1}{2}mv^2$.

势能：$E_p=\dfrac{1}{2}kx^2$.

机械能：$E=E_k+E_p=\dfrac{1}{2}mv^2+\dfrac{1}{2}kx^2=\dfrac{1}{2}kA^2=\dfrac{1}{2}m(\omega A)^2$，机械能守恒.

（三）同方向、同频率简谐运动的合成

1. 解析法.
$$x_1=A_1\cos(\omega t+\varphi_1),\ x_2=A_2\cos(\omega t+\varphi_2)$$

其合振动运动方程为
$$x=x_1+x_2=A\cos(\omega t+\varphi)$$

其中合振幅和初相位分别满足：
$$A=\sqrt{A_1^2+A_2^2+2A_1A_2\cos(\varphi_2-\varphi_1)}$$
$$\tan\varphi=\dfrac{A_1\sin\varphi_1+A_2\sin\varphi_2}{A_1\cos\varphi_1+A_2\cos\varphi_2}$$

当 $\varphi_2-\varphi_1=2k\pi(k=0,\pm 1,\pm 2,\cdots)$ 时，$A=A_1+A_2$，合振幅最大；

当 $\varphi_2-\varphi_1=(2k+1)\pi(k=0,\pm 1,\pm 2,\cdots)$ 时，$A=|A_1-A_2|$，合振幅最小.

2. 旋转矢量法.

首先作出两简谐运动的旋转矢量 $\boldsymbol{A}_1$、$\boldsymbol{A}_2$，然后根据平行四边形法则求出合矢量 $\boldsymbol{A}=\boldsymbol{A}_1+\boldsymbol{A}_2$，此合矢量就是合振动对应的旋转矢量.

【例 9-1】 如图 9-1 所示，一劲度系数为 k 的轻质弹簧上端固定，下端挂一质量为 m 的物体，使物体上下振动.试证明物体做简谐运动.

解：设弹簧原长为 l_0，当挂上的重物处于静止状态，弹簧伸长 Δl，由力的平衡可知

$$mg = k\Delta l$$

现取重物平衡位置为坐标原点 O,x 轴向下为正,则物体位于 x 处,它所受的合力为

$$f = mg - k(x + \Delta l) = -kx$$

这表明物体将以平衡位置为中心做简谐运动. 振动的圆频率和周期与水平放置的弹簧振子一样:

$$\omega = \sqrt{\frac{k}{m}}, T = 2\pi\sqrt{\frac{m}{k}}$$

可见恒力只影响振子的平衡位置,而不影响振子的固有频率和周期.

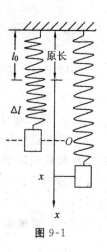

图 9-1

【例 9-2】 一质点沿 x 轴做简谐运动,振幅 $A = 0.1$ m,周期 $T = 2$ s. 当 $t = 0$ 时位移 $x = 0.05$ m,且向 x 轴正方向运动. 求:

(1) 质点的运动方程;

(2) $t = 0.5$ s 时质点的位置、速度和加速度的大小;

(3) 若质点在 $x = -0.05$ m 处且向 x 轴负方向运动,质点从这一位置第一次回到平衡位置所需的时间.

解:(1) 设质点的运动方程为

$$x = A\cos(\omega t + \varphi)$$

由题意知,$A = 0.1$ m,$T = 2$ s,所以 $\omega = \dfrac{2\pi}{T} = \pi$,运动方程为

$$x = 0.1\cos(\pi t + \varphi)$$

根据初始条件,$t = 0$,$x = 0.05$ m,得

$$0.05 = 0.1\cos\varphi, \cos\varphi = \frac{1}{2}, \varphi = \pm\frac{\pi}{3}$$

因为 $t = 0$ 时,质点沿 x 轴正向运动,即 $v > 0$,而质点速度的表达式为

$$v = -0.1\pi\sin(\pi t + \varphi)$$

当 $t = 0$ 时,$v_0 = -0.1\pi\sin\varphi$.

要使 $v_0 > 0$,φ 必须小于零,所以 $\varphi = -\dfrac{\pi}{3}$,于是质点的运动方程为

$$x = 0.1\cos\left(\pi t - \frac{\pi}{3}\right)\text{m}$$

注: 初相位 φ 也可由旋转矢量法求得(图 9-2).

根据初始条件,$t = 0$,$x = 0.05$ m,得

$$0.05 = 0.1\cos\varphi, \cos\varphi = \frac{1}{2}, \varphi = \pm\frac{\pi}{3},$$

因为 $v_0 > 0$，由旋转矢量法可知，$\varphi = -\frac{\pi}{3}$.

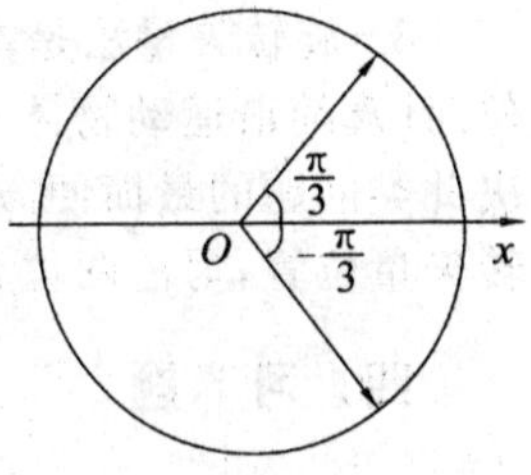

(2) $t = 0.5$ s 时：

$$x = 0.1\cos\left(\frac{\pi}{2} - \frac{\pi}{3}\right) \text{ m} = 0.1\cos\frac{\pi}{6} \text{ m} \approx 0.087 \text{ m}$$

$$v = -0.1\pi\sin\left(\frac{\pi}{2} - \frac{\pi}{3}\right) \text{ m} \cdot \text{s}^{-1}$$

$$= -0.1\pi\sin\frac{\pi}{6} \text{ m} \cdot \text{s}^{-1}$$

$$\approx -0.157 \text{ m} \cdot \text{s}^{-1}$$

$$a = -0.1\pi^2\cos\left(\frac{\pi}{2} - \frac{\pi}{3}\right) \text{ m} \cdot \text{s}^{-2} = -0.1\pi^2\cos\frac{\pi}{6} \text{ m} \cdot \text{s}^{-2}$$

$$\approx -0.855 \text{ m} \cdot \text{s}^{-2}$$

图 9-2

(3) 求解从一个运动状态到另一个运动状态的时间间隔,利用旋转矢量法比较直观方便.如图 9-3 所示,当 $x = -0.05$ m 且向 x 轴负方向运动时,旋转矢量位于图中 P 处,相位角为 $\frac{2\pi}{3}$,当第一次回到平衡位置时,旋转矢量位于图中 Q 处,相位角为 $\frac{3\pi}{2}$.两状态之间的相位角之差为

$$\Delta\varphi = \frac{3\pi}{2} - \frac{2\pi}{3} = \frac{5}{6}\pi$$

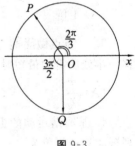

图 9-3

时间间隔

$$\Delta t = \frac{\Delta\varphi}{\omega} = \frac{\frac{5\pi}{6}}{\omega} \text{ s} = \frac{5}{6} \text{ s}$$

三、难点分析

1. 什么样的运动是简谐运动? 这是本章的难点之一,特别地,更广泛地说,只要物理量 x 满足 $\frac{d^2 x}{dt^2} + \omega^2 x = 0$,就说物理量 x 在做简谐运动,这样的定义就不仅仅在机械振动的范围了.

2. 相位是简谐运动中的一个重要概念,也是本章的一个难点.首先在于相位概念的理解及相位的判定,在简谐运动方程 $x = A\cos(\omega t + \varphi)$ 中,$(\omega t + \varphi)$ 称为相位,由它可确定振动物体任意时刻的位置、速度和加速度,即确定简谐运动物体的运动状态.

3. 旋转矢量法是本章的一个重要方法,用旋转矢量法可快速方便地判断相位. 计算简谐运动物体从一个状态到另一状态所需的时间是本章的又一难点,解决此类问题的最简便方法就是利用旋转矢量法,一般先确定两个状态对应的旋转矢量位置,写出两位置的相位差 $\Delta\varphi$,然后应用 $\Delta\varphi = \omega \cdot \Delta t$,即可求出 Δt.

四、习 题

(一) 选择题

1. 质量为 m 的小球可视为质点,与两劲度系数为 k 的轻质弹簧连接,如图 9-4 所示,当小球沿左右水平方向做微小振动时,其振动周期为 (   )

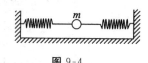

图 9-4

(A) $\pi\sqrt{\dfrac{m}{k}}$ (B) $\pi\sqrt{\dfrac{m}{2k}}$ (C) $2\pi\sqrt{\dfrac{m}{2k}}$ (D) $2\pi\sqrt{\dfrac{2m}{k}}$

2. 一弹簧振子做简谐运动,弹簧的劲度系数为 k,现将两根相同的弹簧并联,组成新的弹簧振子,则新的弹簧振子的角频率是原弹簧振子角频率的 (   )

(A) 1倍 (B) 2倍 (C) $\dfrac{1}{2}$ (D) $\sqrt{2}$ 倍

3. 一质点做周期为 T 的简谐运动,质点由平衡位置向正方向运动到最大位移一半处所需的最短时间为 (   )

(A) $\dfrac{T}{2}$ (B) $\dfrac{T}{4}$ (C) $\dfrac{T}{8}$ (D) $\dfrac{T}{12}$

4. 某简谐运动的振动曲线如图 9-5 所示,则振动的初相位为 (   )

(A) $\dfrac{2\pi}{3}$ (B) $\dfrac{\pi}{3}$

(C) $-\dfrac{2\pi}{3}$ (D) $-\dfrac{\pi}{3}$

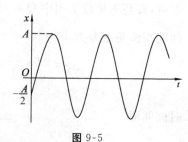

图 9-5

5. 一劲度系数为 k 的轻质弹簧上端固定,下端挂一质量为 m 的物体,现将 m 向下拉长一段距离后释放,使之做简谐运动. 下列说法正确的是 (   )

(A) 该简谐运动的频率增大了 (B) 该简谐运动的振幅减小了
(C) 该简谐运动的周期变长了 (D) 该简谐运动的角频率不变

6. 两个质点各自做简谐运动,它们的振幅相同、周期相同. 第一个质点的运动方程为 $x_1 = A\cos(\omega t + \varphi)$. 当第一个质点从相对平衡位置的正位移处回到平衡位置时,第二个质点正在最大位移处,则第二个质点的运动方程为 (   )

(A) $x_2 = A\cos\left(\omega t + \varphi + \dfrac{\pi}{2}\right)$ (B) $x_2 = A\cos\left(\omega t + \varphi - \dfrac{\pi}{2}\right)$

(C) $x_2 = A\cos\left(\omega t + \varphi - \dfrac{3\pi}{2}\right)$ (D) $x_2 = A\cos(\omega t + \varphi + \pi)$

7. 一质点做简谐运动,已知振动周期为 T,则其振动动能变化的周期是 ( )

(A) $\dfrac{T}{4}$ (B) $\dfrac{T}{2}$ (C) T (D) $2T$

8. 一弹簧振子做简谐运动,若将振幅加大一倍,发生变化的物理量有 ( )

(A) 周期   (B) 频率   (C) 总能量   (D) 角频率

9. 一弹簧振子做简谐运动,总能量为 E,若振幅增加为原来的 2 倍,振子的质量增加为原来的 4 倍,则它的总能量为 ( )

(A) $2E$ (B) $4E$ (C) E (D) $16E$

10. 一弹簧振子做简谐运动,当其偏离平衡位置的位移大小为振幅的 $\dfrac{1}{4}$ 时,其动能为振动总能量的 ( )

(A) $\dfrac{1}{4}$ (B) $\dfrac{3}{4}$ (C) $\dfrac{1}{16}$ (D) $\dfrac{15}{16}$

11. 两个同周期简谐运动曲线如图 9-6 所示,x_1 的相位比 x_2 的相位( )

(A) 落后 $\dfrac{\pi}{2}$ (B) 超前 $\dfrac{\pi}{2}$ (C) 落后 π (D) 超前 π

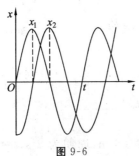

图 9-6

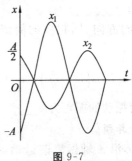

图 9-7

12. 在图 9-7 中,所画的是两个简谐运动的运动曲线.若这两个简谐运动可叠加,则合成的余弦振动的初相位为 ( )

(A) $\dfrac{\pi}{2}$ (B) π (C) $\dfrac{3\pi}{2}$ (D) 0

(二) 填空题

1. 一质量为 m 的质点在 $F = -\pi^2 x$ 作用下沿 x 轴运动,其运动周期为 _____ .

2. 一质点做简谐运动,振幅为 1×10^{-2} m,其最大加速度为 4 m·s^{-2},则振动的周期为_____.

3. 一质点做简谐运动,$\omega = 4\pi$ rad·s^{-1},振幅为 $A = 2$ cm. 当 $t=0$ 时,质点位于 $x=-1$ cm 处,且向 x 轴负方向运动,则运动方程为_____.

4. 已知物体做简谐运动的曲线如图 9-8 所示,则该简谐运动的运动方程为_____.

5. 一个半径为 R、质量为 m 的均匀圆盘,可绕通过其边缘且垂直于盘面的轴自由摆动,则其振动的周期为_____.

6. 劲度系数 $k=100$ N·m^{-1}、质量为 10 g 的弹簧振子,第一次将其拉离平衡位置 4 cm 后由静止释放;第二次将其拉离平衡位置 2 cm 并给以 2 m·s^{-1} 的初速度,这两次振动能量之比 $\dfrac{E_1}{E_2} = $_____.

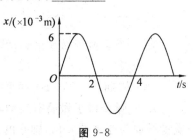

图 9-8

7. 两个质量相等的质点做如图 9-9 所示的简谐运动,则这两个简谐运动的频率之比 $\nu_1 : \nu_2 = $_____,最大加速度之比 $a_{1m} : a_{2m} = $_____,总能量之比 $E_1 : E_2 = $_____.

8. 当质点以频率 ν 做简谐运动时,它的动能的变化频率为_____.

9. 两个同方向、同频率的简谐运动,其运动方程分别为

$$x_1 = 6\times 10^{-2}\cos\left(5t+\dfrac{\pi}{2}\right),\ x_2 = 2\times 10^{-2}\cos\left(5t-\dfrac{\pi}{2}\right)\quad (\text{SI 制})$$

它们的合振动的振幅为_____,初相位为_____.

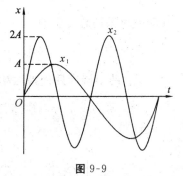

图 9-9

(三) 计算题

1. 一物体沿 x 轴做简谐运动,振幅为 0.06 m,周期为 2 s,$t=0$ 时位移为 0.03 m,且向 x 轴正方向运动,试求:

(1) 该物体的运动方程;

(2) $t=0.5$ s 时物体的位移、速度和加速度.

2. 若某简谐运动的运动方程为 $x=0.10\cos\left(2\pi t+\dfrac{\pi}{4}\right)$ m,求:

(1) 振幅、频率、角频率、周期和初相位;

(2) $t=2$ s 时的位移、速度和加速度.

3. 已知某简谐运动的运动曲线如图 9-10 所示，求简谐运动的运动方程．

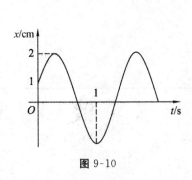

图 9-10

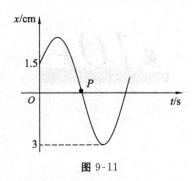

图 9-11

4. 图 9-11 所示为一做简谐运动质点的运动曲线，周期为 2 s，求：
(1) 质点的简谐运动方程；
(2) 质点到达 P 点所需的时间．

5. 为了测月球表面的重力加速度，宇航员将地球上的"秒摆"(周期为 2.00 s)拿到月球上去，如测得周期为 4.90 s，地球表面的重力加速度 $g = 9.80 \text{ m} \cdot \text{s}^{-2}$，则月球表面的重力加速度是多少？

6. 如图 9-12 所示的提升运输设备，重物的质量为 1.5×10^4 kg，当重物以速度 $v = 15 \text{ m} \cdot \text{min}^{-1}$ 匀速下降时，机器发生故障，钢丝绳突然被轧住．此时，钢丝绳相当于劲度系数 $k = 5.78 \times 10^6 \text{ N} \cdot \text{m}^{-1}$ 的弹簧．求因重物的振动而引起钢丝绳内的最大张力．

图 9-12

7. 质量为 0.1 kg 的物体，以振幅 0.01 m 做简谐运动，其最大速度为 $2 \text{ m} \cdot \text{s}^{-1}$．
(1) 求振动的周期；
(2) 求物体经过平衡位置时的动能；
(3) 物体在何处动能与势能相等？
(4) 当物体位移的大小为振幅的一半时，动能、势能各占总能量的多少？

8. 有三个同方向、同频率的简谐运动，运动方程分别为 $x_1 = 2\cos(\pi t)$，$x_2 = 2\cos\left(\pi t + \dfrac{\pi}{3}\right)$，$x_3 = 2\cos\left(\pi t + \dfrac{2}{3}\pi\right)$（SI 制）．求合振动的运动方程．

9. 一质点同时参与两个在同一直线上的简谐运动，其表达式为

$$x_1 = 4\cos\left(2t + \dfrac{\pi}{6}\right), \quad x_2 = 3\cos\left(2t - \dfrac{5\pi}{6}\right)$$

试求其合振动的振幅和初相位．

第10章 波动

一、基本要求

1. 理解机械波产生的条件、振动与波动的关系,掌握描述波动的三个物理量(波速 u、波长 λ、频率 ν)的物理意义及相互关系.

2. 掌握平面简谐波的波动方程及其物理意义,会建立平面简谐波的波动方程,掌握波形图线的特点.

3. 理解波的能量传播特征.

4. 理解惠更斯原理和波的叠加原理.

5. 理解波的干涉条件,能应用相位差或波程差的概念分析和确定相干波叠加后振幅加强和减弱的条件.

6. 理解驻波的概念及形成条件、驻波的特点和半波损失,能确定波腹、波节的位置.

7. 了解多普勒效应及其应用.

二、主要内容及例题

(一) 平面简谐波方程

设坐标原点 O 点处质点的运动方程为 $y = A\cos(\omega t + \varphi)$,则沿 x 轴正方向传播的平面简谐波的波动方程为

$$y = A\cos\left[\omega\left(t - \frac{x}{u}\right) + \varphi\right] = A\cos\left(\omega t - \frac{2\pi x}{\lambda} + \varphi\right) = A\cos\left[2\pi\left(\frac{t}{T} - \frac{x}{\lambda}\right) + \varphi\right]$$

式中,周期 $T = \dfrac{2\pi}{\omega} = 2\pi\nu$,波长 $\lambda = uT$,波速 $u = \dfrac{\lambda}{T} = \nu\lambda$.

若波沿 x 轴负方向传播,式中的 x 用 $-x$ 代替.

对波动方程的各种形式,应从物理意义上去理解和把握. 从实质上看,波动是振动的传播;从能量角度看,波动是能量的传播;从波形上看,波动是波形的传播.

第 10 章 波 动

【例 10-1】 如图 10-1 所示，一平面简谐波以速度 $u=0.08\ \mathrm{m\cdot s^{-1}}$ 向 x 轴正向传播，$t=0$ 时刻的波形如图所示，试求：

(1) 该波的波动方程；

(2) 图中 P 点的运动方程.

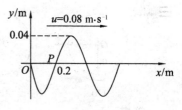

图 10-1

解：(1) 由波形图可知，$A=0.04\ \mathrm{m}$，$\lambda=0.4\ \mathrm{m}$，则

$$\omega=2\pi\nu=\frac{2\pi u}{\lambda}=\frac{2\pi}{5}\ \mathrm{rad\cdot s^{-1}}$$

波动方程为

$$y=A\cos\left(\omega t-\frac{2\pi x}{\lambda}+\varphi\right)=0.04\cos\left(\frac{2}{5}\pi t-5\pi x+\varphi\right)\ \mathrm{m}$$

φ 的大小可由 $t=0$ 时 O 点的运动状态来确定：$t=0$ 时，O 点的 $x=0$，$y=0$，所以，$\cos\varphi=0$，$\varphi=\pm\frac{\pi}{2}$. 根据波的传播方向，将波形向右移动，可知下一时刻，O 点将向 y 轴正向移动，$v>0$，由旋转矢量法得 $\varphi=-\frac{\pi}{2}$，波动方程为

$$y=0.04\cos\left(\frac{2}{5}\pi t-5\pi x-\frac{\pi}{2}\right)\ \mathrm{m}$$

(2) 将 P 点的坐标 $x=0.2\ \mathrm{m}$ 代入波动方程，得 P 点的运动方程为

$$y=0.04\cos\left(\frac{2}{5}\pi t-\pi-\frac{\pi}{2}\right)=0.04\cos\left(\frac{2}{5}\pi t-\frac{3}{2}\pi\right)=0.04\cos\left(\frac{2}{5}\pi t+\frac{\pi}{2}\right)\ \mathrm{m}$$

【例 10-2】 某波动方程的表达式为 $y=2\cos(4t+7x)\ \mathrm{m}$，求振动周期 T、波长 λ 和波速 u.

解：将波动方程改写成下列形式：

$$y=2\cos\left[4\left(t+\frac{x}{\frac{4}{7}}\right)\right]$$

可得 $\omega=4\ \mathrm{rad\cdot s^{-1}}$，$T=\frac{2\pi}{\omega}=\frac{\pi}{2}\ \mathrm{s}$，$u=\frac{4}{7}\ \mathrm{m\cdot s^{-1}}$，$\lambda=uT=\frac{2\pi}{7}\ \mathrm{m}$.

【例 10-3】 如图 10-2 所示，平面简谐波沿 x 轴正向传播，$t=0$ 时刻的波形如图 10-2 所示，则 P 处质点的振动在 $t=0$ 时刻的旋转矢量图是（　　）

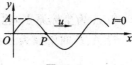

图 10-2

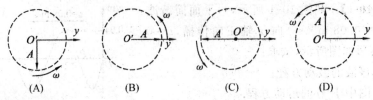

(A)　　　　(B)　　　　(C)　　　　(D)

答案：A.

注意：图给的是波形图. O 点下一时刻是往位移负方向运动,速度小于零. 要注意波形图和振动曲线图的区别.

（二）波的干涉

相干波的条件：两列波同频率、同振动方向、同相位或相位差恒定.

（1）合振幅：$A = \sqrt{A_1^2 + A_2^2 + 2A_1 A_2 \cos\Delta\varphi}$.

（2）相位差：$\Delta\varphi = \varphi_2 - \varphi_1 - 2\pi \dfrac{r_2 - r_1}{\lambda}$.

当 $\Delta\varphi = \pm 2k\pi$ 时,干涉加强, $A = A_1 + A_2$；当 $\Delta\varphi = \pm(2k+1)\pi$ 时,干涉减弱, $A = |A_1 - A_2|$,其中, $k = 0, 1, 2, 3, \cdots$.

当 $\varphi_2 = \varphi_1$ 时,相位差 $\Delta\varphi = \dfrac{2\pi\delta}{\lambda}$,其中 δ 为波程差. 当 $\delta = \pm k\lambda$ 时,干涉加强, $A = A_1 + A_2$；当 $\delta = \pm(2k+1)\dfrac{\lambda}{2}$ 时,干涉减弱, $A = |A_1 - A_2|$,其中, $k = 0, 1, 2, 3, \cdots$.

【例 10-4】 A、B 两点相距 12 m,为同一介质中的两个相干波源,如图 10-3 所示. A、B 两波源振动的振幅均为 0.1 m,频率为 100 Hz,两波源振动的初相位相同,波速为 $u = 400 \text{ m}\cdot\text{s}^{-1}$. 求 A、B 连线间因干涉而静止的点的位置.

图 10-3

解：由题意得,两相干波的振幅 $A = 0.1$ m,频率 $\nu = 100$ Hz,波速 $u = 400 \text{ m}\cdot\text{s}^{-1}$,则波长

$$\lambda = \dfrac{u}{\nu} = 4 \text{ m}$$

以 A 为坐标原点,建立 x 轴,如图 10-3 所示.

设 A、B 间坐标为 x 的 P 点因干涉而静止,则两列波在 P 点处的波程差为

$$\delta = (12 \text{ m} - x) - x = 12 \text{ m} - 2x$$

A、B 连线间因干涉而静止的点满足条件：

$$\delta = 12 - 2x = (2k+1)\dfrac{\lambda}{2} = 2(2k+1) \text{ m}$$

于是有
$$x = (5-2k) \text{ m}$$

取满足 $0 < x < 12$ m 的 $k = -3, -2, -1, 0, 1, 2$, 得 A、B 连线间因干涉而静止的点的位置为 $x = 1$ m, 3 m, 5 m, 7 m, 9 m, 11 m 共 6 个静止的点.

本题中, 若波源 B 的初相位比波源 A 超前 π, 其他条件不变, 则结果又如何? 读者可根据波干涉的相位差公式自己判断.

(三) 驻波　驻波方程

1. 设入射波和反射波的方程分别为

$$y_1 = A\cos 2\pi\left(\nu t - \frac{x}{\lambda}\right), \quad y_2 = A\cos 2\pi\left(\nu t + \frac{x}{\lambda}\right)$$

则驻波方程为

$$y = y_1 + y_2 = 2A\cos\frac{2\pi x}{\lambda}\cos 2\pi\nu t$$

2. 波腹、波节的位置分别如下:

波腹: $x = \pm k\dfrac{\lambda}{2}$, 其中 $k = 0, 1, 2, \cdots$.

波节: $x = \pm(2k+1)\dfrac{\lambda}{4}$, 其中 $k = 0, 1, 2, \cdots$.

相邻波腹 (波节) 的距离: $\dfrac{\lambda}{2}$.

3. 边界条件.

当波从波疏媒质垂直入射到波密媒质而又被反射回波疏媒质时, 在反射处形成波节, 有半波损失; 反之, 在反射处形成波腹.

波在固定端反射, 则反射处为波节; 波在自由端反射, 则反射处为波腹.

【例 10-5】 已知一沿 x 轴负方向传播的平面简谐波的波动方程为

$$y_1 = 0.02\cos\left[\pi\left(t + \frac{x}{2}\right) + \frac{\pi}{2}\right] \text{ m}$$

在 $x = 0$ 处发生反射, 反射点为一固定端, 试求:

(1) 反射波方程;

(2) 合成的驻波方程;

(3) 波腹和波节的位置.

解: (1) 设反射波方程为

$$y_2 = 0.02\cos\left[\pi\left(t - \frac{x}{2}\right) + \varphi\right] \text{ m}$$

由于在 $x = 0$ 处发生反射, 反射点为一固定端, 有半波损失, 入射波和反射波

的相位差为 $\Delta\varphi=\pi, \varphi-\dfrac{\pi}{2}=\pi$, 故 $\varphi=\dfrac{3\pi}{2}$. 则

$$y_2=0.02\cos\left[\pi\left(t-\dfrac{x}{2}\right)+\dfrac{3\pi}{2}\right]\text{m}=0.02\cos\left[\pi\left(t-\dfrac{x}{2}\right)-\dfrac{\pi}{2}\right]\text{m}$$

(2) 驻波方程为

$$y=y_1+y_2=0.04\cos\left(\dfrac{\pi x}{2}+\dfrac{\pi}{2}\right)\cos\pi t\ \text{m}$$

(3) 波腹和波节的位置如下：

波腹：$\dfrac{\pi}{2}x+\dfrac{\pi}{2}=k\pi, x=2k-1$.

波节：$\dfrac{\pi}{2}x+\dfrac{\pi}{2}=k\pi+\dfrac{\pi}{2}, x=2k$.

三、难点分析

1. 建立波动方程是本章的一个难点，同时也是重点，要正确写出各种情况下的波动方程，关键是要弄清机械波的产生和传播机理. 机械波是机械振动在介质中的传播，传播的是振动状态，介质中各点的振动状态是波源振动的重复，不同的仅仅是相位. 沿着波的传播方向，各质点振动相位逐一滞后. 建立波动方程时，要弄清波源的振动情况，以及振动物理量与波动物理量的区别和联系.

2. 惠更斯原理也是本章的一个难点，要理解子波的概念. 惠更斯原理的实质是指出了波的传播方向问题，由惠更斯原理可得到反射定律、折射定律. 物理上原理的层次通常要比定律和定理高，原理通常能解决一类问题.

3. 驻波是本章的另一个难点，要理解驻波产生的条件，特别是驻波中各点的振动振幅不等，以及驻波中各点相位的特征、驻波中能量传递和行波的不同之处，驻波不是一列波，而是两列沿相反方向传播的相干波叠加发生干涉的结果.

四、习　题

(一) 选择题

1. 一平面简谐波沿 x 轴负方向传播，图 10-4 所示为 $t=0$ 时刻的波形，则 O 点处质点振动的初相位为 (　)

(A) 0　　　　　　　　　(B) $\dfrac{\pi}{2}$

(C) $-\dfrac{\pi}{2}$　　　　　　　(D) π

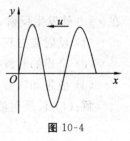

图 10-4

2. 平面简谐波在媒质中传播时，下列说法正确的是　　　　　　　　(　)

(A) 相邻波峰与波峰或波谷与波谷之间的距离为一个波长
(B) 在波动过程中,每个质元振动的能量是守恒的
(C) 当平面简谐波在不同的介质中传播时,其波长是不变的
(D) 当平面简谐波在不同的介质中传播时,其速度是不变的

3. 已知一平面简谐波的表达式为 $y=A\cos(at-bx)$,a、b 为正值,则有( )

(A) 波的频率为 a (B) 波的传播速度为 $\dfrac{b}{a}$

(C) 波长为 $\dfrac{\pi}{b}$ (D) 波的周期为 $\dfrac{2\pi}{a}$

4. 波长为 λ 的平面简谐波,波线上两点振动的相位差为 $\dfrac{\pi}{2}$,则此两点相距 ( )

(A) $\dfrac{\lambda}{2}$ (B) 2λ (C) λ (D) $\dfrac{\lambda}{4}$

5. 当一平面简谐波通过两种不同的均匀介质时,不会发生变化的物理量有 ( )

(A) 波长和频率 (B) 波速和频率
(C) 波长和波速 (D) 频率和周期

6. 在某介质中,波源做简谐运动,产生平面简谐波,则有 ( )
(A) 振动的周期与波动的周期一样
(B) 振动的速度与波动的速度一样
(C) 振动的方向与波动的方向始终一样
(D) 振动的相位与波动的相位一样

7. 如图 10-5 所示,两列波长为 λ 的相干波在 P 点相遇,波在 S_1 点的初相位为 φ_1,在 S_2 点的初相位为 φ_2,则点 P 是干涉极大的条件为 ( )

(A) $r_2-r_1=k\pi$
(B) $\varphi_2-\varphi_1=2k\pi$
(C) $\varphi_2-\varphi_1-2\pi\dfrac{r_2-r_1}{\lambda}=2k\pi$
(D) $\varphi_2-\varphi_1-2\pi\dfrac{r_2-r_1}{\lambda}=2(k+1)\pi$

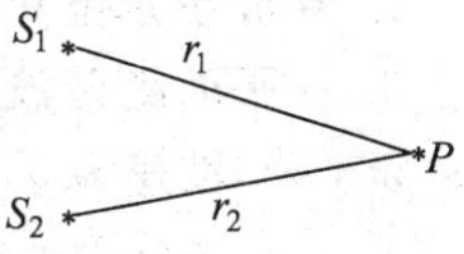

图 10-5

8. 机械波在弹性媒质中传播时,若媒质中某质元刚好经过平衡位置,则它的能量为 ( )
(A) 动能最大,势能也最大 (B) 动能最小,势能也最小
(C) 动能最大,势能最小 (D) 动能最小,势能最大

9. 一平面简谐波在弹性媒质中传播,在媒质质元从平衡位置到最大位置的过程中 ( )

(A) 动能转换成势能

(B) 势能转换成动能

(C) 它把自己的能量传递给相邻的一段媒质质元,其能量逐渐减少

(D) 它从相邻的一段媒质质元获得能量,其能量逐渐增加

10. 设入射波方程为 $y = A\cos 2\pi \left(\dfrac{t}{T} + \dfrac{x}{\lambda}\right)$,在 $x = 0$ 处发生反射,反射点为一固定端,则反射波方程为 ( )

(A) $y = A\cos 2\pi \left(\dfrac{t}{T} - \dfrac{x}{\lambda}\right)$ (B) $y = A\cos 2\pi \left(\dfrac{t}{T} + \dfrac{x}{\lambda}\right)$

(C) $y = A\cos \left[2\pi \left(\dfrac{t}{T} - \dfrac{x}{\lambda}\right) + \pi\right]$ (D) $y = A\cos \left[2\pi \left(\dfrac{t}{T} + \dfrac{x}{\lambda}\right) + \pi\right]$

11. 在驻波中,两个相邻波节间各质点的振动有 ( )

(A) 振幅相同,相位相同   (B) 振幅不同,相位相同

(C) 振幅相同,相位不同   (D) 振幅不同,相位不同

12. 下列有关驻波的说法正确的是 ( )

(A) 两个相邻波节间各质点振动的振幅相同,相位相同

(B) 相邻两波节间的距离为 $\dfrac{\lambda}{4}$

(C) 若反射端为自由端反射,则反射波与入射波反相

(D) 相邻两波节间质点的振动相位相同,波节两侧质点的振动相位相反

(二) 填空题

1. 在简谐波的一条传播路径上,两点相距 2λ,则两点的相位差 $\Delta\varphi = $ _____.

2. 在波动方程 $y = A\cos(2t - 3x)$ 中,其周期为 _____.

3. 一平面简谐波沿 x 轴正向传播,已知 $x = 0$ 处质点的运动方程为 $y = \cos(\omega t + \varphi)$,波速为 u,坐标为 x_1、x_2 两点的相位差为 _____.

4. 一平面简谐波沿 x 轴正向传播,波动方程为 $y = 0.2\cos\left(\pi t - \dfrac{\pi}{2}x\right)$ m,则 $x = -3$ m 处介质质点的振动速度表达式为 _____.

5. 如图 10-6 所示,一平面简谐波沿 Ox 轴负方向传播,波长为 2 m,图中 P 处质点的运动方程为

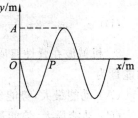

图 10-6

$y = A\cos\left(2\pi t + \dfrac{\pi}{2}\right)$ m,则 O 点处质点的运动方程为_____,该波的波动方程为_____.

6. 在驻波中,相邻两波腹间的距离为_____.

7. 如图 10-7 所示,某时刻驻波的波形曲线如图所示,则 a、b 两点处的相位差为_____,a、c 两点处的相位差为_____.

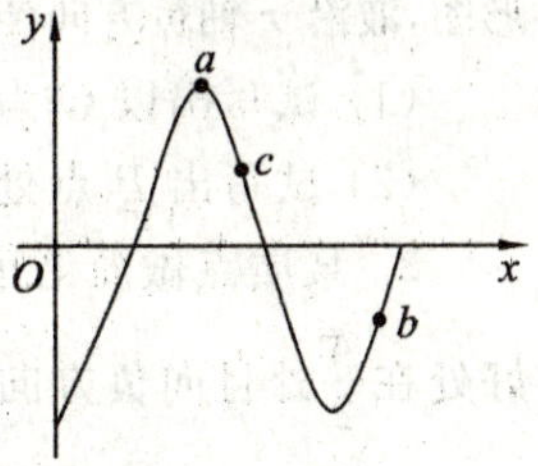

8. 如图 10-8 所示,P 点距波源 S_1 和 S_2 的距离分别为 3λ 和 $\dfrac{10\lambda}{3}$,λ 为两列波在介质中的波长.若 P 点的合振幅总是极大值,则两波源相位差应满足的条件为_____;若 P 点的合振幅总是极小值,则两波源应满足的条件为_____.

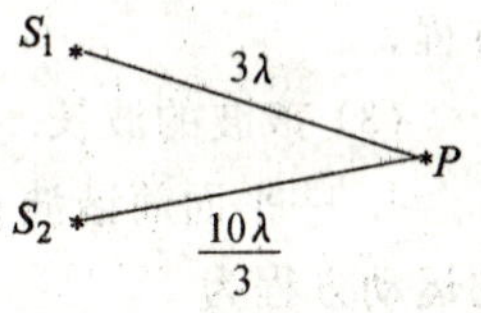

图 10-7

图 10-8

9. 在简谐波的一条传播路径上,相距 0.2 m 两点的振动相位差为 $\dfrac{\pi}{6}$,又知振动周期为 0.4 s,则波长为_____,波速为_____.

10. 两列波在一根很长的弦线上传播,其方程为
$$y_1 = A\cos\dfrac{\pi(x-4t)}{2}\ \text{m},\quad y_2 = A\cos\dfrac{\pi(x+4t)}{2}\ \text{m}$$
则合成波的方程为_____,在 $x=0$ 至 $x=10$ m 内波节的位置为_____,波腹的位置为_____.

11. 如果在固定端 $x=0$ 处反射的反射波方程为 $y_2 = A\cos 2\pi\left(\nu t - \dfrac{x}{\lambda}\right)$,设反射波无能量损失,那么入射波的方程式 $y_1 =$ _____,形成的驻波的表达式 $y =$ _____.

12. 如果入射波的方程为 $y_1 = A\cos 2\pi\left(\dfrac{t}{T} + \dfrac{x}{\lambda}\right)$,在 $x=0$ 处发生反射后形成驻波,反射点为波腹,波反射后的强度不变,则反射波的方程为 $y_2 =$ _____,在 $x = \dfrac{2\lambda}{3}$ 处质点合振动的振幅为_____.

(三) 计算题

1. 如图 10-9 所示,一平面简谐波沿 x 轴正向传播,波长为 2 m,已知 P 点处质点的运动方程为 $y = 0.10\cos\left(2\pi \cdot t + \dfrac{\pi}{2}\right)$ m.

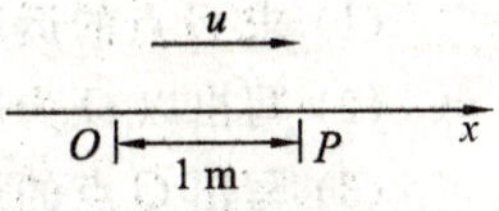

图 10-9

(1) 写出以 P 为原点的波动方程;
(2) 求 O 点的振动方程;
(3) 求以 O 为原点的波动方程.

2. 如图 10-10 所示为一平面简谐波在 $t=0$ 时的波形图,波沿 x 轴负方向传播,波速 $u=330\text{ m}\cdot\text{s}^{-1}$.

(1) 试写出以 O 为原点的波动方程;
(2) 试写出 P 点处质点的运动方程.

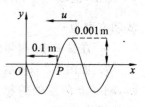

图 10-10

3. 某质点做简谐运动,周期为 2 s,振幅为 0.06 m,开始计时 ($t=0$),质点恰好处在 $\dfrac{A}{2}$ 处且向负方向运动. 求:

(1) 该质点的运动方程;
(2) 此振动以速度 $u=2\text{ m}\cdot\text{s}^{-1}$ 沿 x 轴正方向传播时,求平面简谐波的波动方程;
(3) 该波的波长.

4. 一平面简谐波在介质中以速度 $u=20\text{ m}\cdot\text{s}^{-1}$ 沿 x 轴正方向传播,原点 O 的运动方程为

$$y=0.03\cos\left(4\pi t+\frac{\pi}{4}\right)\text{ m}$$

试求:

(1) 波的周期及波长;
(2) 波动方程;
(3) $x=5\text{ m}$ 处质点的运动方程.

5. 图 10-11 所示为一平面简谐波在 $t=0$ 时刻的波形图,设此简谐波的频率为 250 Hz,且此时质点 P 的运动方向向下. 试求:

(1) 该波的波动方程;
(2) 在距原点 O 为 50 m 处质点的运动方程与速度表达式.

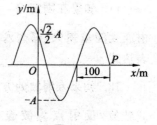

图 10-11

6. 如图 10-12 所示,一平面简谐波沿 x 轴反向传播,波长为 1 m,已知 P 点处质点的运动方程为 $y=0.20\cos\left(4\pi t+\dfrac{\pi}{2}\right)\text{ m}$.

(1) 求 O 点的运动方程;
(2) 写出以 O 为原点的波动方程;
(3) 写出 Q 点的运动方程.

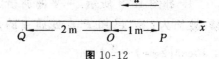

图 10-12

7. 如图 10-13 所示是干涉型消声器的结构原理图,利用这一结构可以消除噪声.当发动机排气声的声波经管道到达点 A 时,分成两路向前而在点 B 相遇,声波因干涉而相消.如果要消除频率为 250 Hz 的发动机排气噪声,求图中弯道与直道管子的长度差 $\Delta r = r_2 - r_1$ 至少应为多少?(取空气中的声速为 $v = 341 \text{ m} \cdot \text{s}^{-1}$)

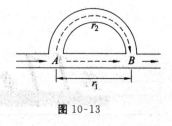

图 10-13

8. 振幅为 10 cm、波长为 200 cm 的一余弦横波,以 $100 \text{ cm} \cdot \text{s}^{-1}$ 的速率,沿一拉紧的弦从左向右传播,坐标原点取在弦的左端.$t = 0$ 时,弦的左端经平衡位置向下运动,求:

(1) 弦左端的运动方程;

(2) 波动方程;

(3) 离左端右方 150 cm 处质点的运动方程.

9. 一弦上的驻波方程式为 $y = 0.03\cos(1.6\pi x)\cos(550\pi t)$,式中 y 和 x 的单位为 m,t 的单位为 s.

(1) 若将此驻波看成是由传播方向相反、振幅及波速均相同的两列相干波叠加而成的,求它们的振幅及波速;

(2) 求相邻波节之间的距离;

(3) 求 $t = 3 \times 10^{-3}$ s 时位于 $x = 0.625$ m 处质点的振动速度.

10. 如图 10-14 所示,两振幅相同的相干波源分别在 P、Q 两点,它们发出频率为 ν、波长为 λ、初相位相同的两列相干波,设 $PQ = \dfrac{3\lambda}{2}$,R 为 PQ 连线上的一点.求:

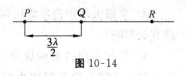

图 10-14

(1) 自 P、Q 发出的两列波在 R 处的相位差;

(2) 两列波在 R 处干涉时的合振幅.

11. 已知一沿 x 轴负方向传播的平面简谐波的波动方程为

$$y = 0.01\cos\left(2\pi t + \pi x + \dfrac{\pi}{2}\right) \text{ m}$$

在 $x = 0$ 处发生反射,反射点为一固定端,设反射时无能量损失.试求:

(1) 反射波方程;

(2) 合成的驻波方程;

(3) 波腹和波节的位置.

第 11 章

光　学

一、基本要求

1. 理解光的相干性及获得相干光的方法.
2. 掌握杨氏双缝干涉条件、条纹分布规律,理解劳埃德镜光干涉规律.
3. 掌握光程的概念及光程差与相位差的关系.
4. 掌握半波损失的概念及产生条件.
5. 理解薄膜干涉条件,掌握等厚干涉(劈尖、牛顿环)干涉条件、条纹分布规律及其应用.
6. 了解迈克耳孙干涉仪原理及其应用.
7. 了解惠更斯-菲涅耳原理.
8. 掌握夫琅和费单缝衍射的规律(明、暗条纹的形成条件,宽度及分布情况,缝宽的影响).
9. 掌握光栅衍射的规律(衍射谱线的形成、位置,光栅常数及波长的影响).
10. 了解夫琅和费圆孔衍射的结论,理解光学仪器的分辨率.
11. 了解 X 射线的衍射规律.
12. 理解自然光、偏振光、部分偏振光、起偏、检偏等概念.
13. 掌握马吕斯定律.
14. 理解反射和折射时光的偏振现象,掌握布儒斯特定律.

二、主要内容及例题

(一) 光的干涉

1. 相干光及获得相干光的方法.

满足相干条件,即频率相同、振动方向相同,在相遇点上相位差保持恒定的两束光是相干光.

获得相干光的方法有两类：一类是分波阵面法，这类干涉称为双缝干涉；另一类是分振幅法，这类干涉称为薄膜干涉．

2. 干涉明暗条件．

a. 光程、光程差、相位差、相位跃变．

介质的折射率 n 和光波经过的几何路程 L 的乘积 nL 叫作光程．两束相干光的光程之差叫作光程差．光程差 Δ 与相位差 $\Delta\varphi$ 的关系是

$$\Delta\varphi = \frac{2\pi}{\lambda}\Delta$$

相位跃变是指当光从折射率 n 较小的介质射向折射率 n 较大的介质，并在分界面上反射时，反射光波的相位跃变 π，相当于增加或减少了 $\frac{\lambda}{2}$ 的光程，又称为半波损失．

b. 干涉明暗条件的条件．

$$\Delta = \begin{cases} \pm k\lambda, & k=0,1,2,\cdots \text{明纹中心} \\ \pm(2k+1)\frac{\lambda}{2}, & k=0,1,2,\cdots \text{暗纹中心} \end{cases}$$

式中正、负号选取及 k 的取值要视具体情况而定．

3. 分波阵面法——双缝干涉．

杨氏双缝干涉原理图如图 11-1 所示，相干光源 S_1 和 S_2 所发出的光，到达点 P 的光程差为

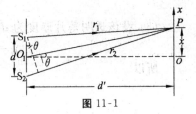

图 11-1

$$\Delta = r_2 - r_1 = d\sin\theta \approx d\frac{x}{d'}$$

明纹中心位置为

$$x = \pm k\frac{d'}{d}\lambda$$

暗纹中心位置为

$$x = \pm(2k+1)\frac{d'}{d}\frac{\lambda}{2}$$

相邻明纹（或暗纹）之间的距离为

$$\Delta x = x_{k+1} - x_k = \frac{d'}{d}\lambda$$

【例 11-1】 如图 11-2 所示，缝光源 S 发出波长为 λ 的单色光照射在对称的双缝 S_1 和 S_2 上，通过空气后在屏 H 上形成干涉条纹．

(1) 若点 P 处为第 3 级明纹，求光从 S_1 和 S_2 到点 P 的光程差；

(2) 若将整个装置放于某种透明液体中，点 P 处为第 4 级明纹，求该液体的

折射率;

(3) 装置仍在空气中,在 S_2 后面放一折射率为 1.5 的透明薄片,点 P 处为第 5 级明纹,求该透明薄片的厚度;

(4) 若将缝 S_2 盖住,在 S_1、S_2 的对称轴上放一反射镜 M(图 11-3),则点 P 处有无干涉条纹?若有,是明的还是暗的?

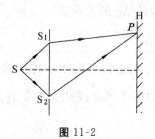

图 11-2

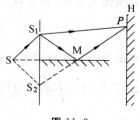

图 11-3

解:这是双光束干涉的问题.

(1) 光从 S_1 和 S_2 到点 P 的光程差为
$$\Delta_1 = 3\lambda$$

(2) 此时,光从 S_1 和 S_2 到点 P 的光程差为 $\Delta_2 = n\Delta_1 = 4\lambda$,所以
$$n = \frac{4\lambda}{\Delta_1} = \frac{4}{3} \approx 1.33$$

(3) 设该透明薄片厚度为 d,则此时光从 S_1 和 S_2 到点 P 的光程差为
$$\Delta_3 = \Delta_1 + (n'-1)d = 5\lambda$$

所以
$$d = \frac{2\lambda}{n'-1} = 4\lambda$$

(4) 如图所示,从 S_1 经 M 反射至点 P 的光线,与从 S_1 直接到达点 P 的光线相干叠加后,在点 P 处产生干涉条纹. 此时,两相干光在点 P 的相位差与(1)中相比相差 π(反射时的相位跃变),所以,此时点 P 处是暗纹.

4. 分振幅法——薄膜干涉.

a. 匀厚膜的干涉(等倾干涉).

等倾干涉原理图如图 11-4 所示,明、暗纹条件如下:

$$\Delta = 2d\sqrt{n_2^2 - n_1^2\sin^2 i} + \frac{\lambda}{2}$$

$$= \begin{cases} k\lambda, & k=1,2,\cdots \text{明纹中心} \\ (2k+1)\frac{\lambda}{2}, & k=0,1,2,\cdots \text{暗纹中心} \end{cases}$$

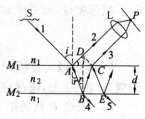

当光垂直入射时,$i=0$,则

图 11-4

$$\Delta = 2n_2 d + \frac{\lambda}{2} = \begin{cases} k\lambda, & k=1,2,\cdots \text{明纹中心} \\ (2k+1)\frac{\lambda}{2}, & k=0,1,2,\cdots \text{暗纹中心} \end{cases}$$

b. 非匀厚膜的干涉(等厚干涉).

① 劈尖.

劈尖干涉原理图如图 11-5 所示,明、暗纹条件如下:

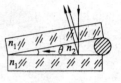

图 11-5

$$\Delta = 2n_2 d + \frac{\lambda}{2} = \begin{cases} k\lambda, & k=1,2,\cdots \text{明纹} \\ (2k+1)\frac{\lambda}{2}, & k=0,1,2,\cdots \text{暗纹} \end{cases}$$

干涉条纹为平行于棱边的等间距直条纹,如图 11-6 所示.

相邻明纹(或暗纹)处劈尖的厚度差为

$$\Delta d = \frac{\lambda}{2n_2}$$

相邻明纹(或暗纹)的距离为

$$b = \frac{\lambda}{2n_2 \sin\theta}$$

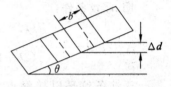

图 11-6

【例 11-2】 检验滚珠大小的干涉装置示意图如图 11-7(a)所示. S 为光源, L 为会聚透镜, M 为半透半反镜. 在平晶 T_1、T_2 之间放置 A、B、C 三个滚珠,其中 A 为标准件,直径为 d_0. 用波长为 λ 的单色光垂直照射平晶,在 M 上方观察时观察到等厚条纹,如图 11-7(b)所示,轻压 C 端,条纹间距变大.求 B 珠的直径 d_1 和 C 珠的直径 d_2.

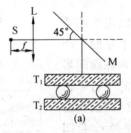 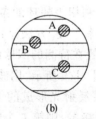

图 11-7

解:等厚干涉两相邻明纹(或暗纹)处的劈尖厚度差为

$$\Delta d = \frac{1}{2}\lambda$$

由图 11-7(b)可知,B 珠的直径与 A 珠相差 $\frac{1}{2}\lambda$,C 珠的直径与 A 珠相差 $\frac{3}{2}\lambda$.

条纹间距为 $b=\dfrac{\lambda}{2\sin\theta}$,角 θ 减小时 b 增大. 轻压 C 端,角 θ 减小,条纹间距变大. 显然,C 珠的直径最大,B 珠的直径其次,A 珠的直径最小,即

$$d_2 > d_1 > d_0$$

所以
$$d_1 = d_0 + \dfrac{1}{2}\lambda$$

$$d_2 = d_0 + \dfrac{3}{2}\lambda$$

② 牛顿环.

牛顿环装置如图 11-8 所示.

明、暗纹条件:

$$\Delta = 2n_2 d + \dfrac{\lambda}{2} = \begin{cases} k\lambda, & k=1,2,\cdots \text{明纹} \\ (2k+1)\dfrac{\lambda}{2}, & k=0,1,2,\cdots \text{暗纹} \end{cases}$$

干涉条纹是以接触点为中心的明暗相间的同心圆——牛顿环.

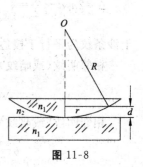

图 11-8

明环半径为

$$r = \sqrt{\left(k-\dfrac{1}{2}\right)\dfrac{R\lambda}{n_2}}, \quad k=1,2,3,\cdots$$

暗环半径为

$$r = \sqrt{\dfrac{kR\lambda}{n_2}}, \quad k=0,1,2,\cdots$$

【例 11-3】 利用牛顿环的条纹可以测定平凹透镜的凹球面的曲率半径. 方法是:将已知半径的平凸透镜的凸球面放置在待测的凹球面上,在两球面间形成空气薄层. 如图 11-9 所示,用波长为 λ 的平行单色光垂直照射,观察反射光形成的干涉条纹. 试证明若中心 O 点处刚好接触,则第 k 个暗环的半径 r_k 与凹球面半径 R_2、凸球面半径 R_1($R_1<R_2$)及入射光波长 λ 的关系为

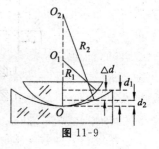

图 11-9

$$r_k^2 = \dfrac{R_1 R_2 k\lambda}{R_2 - R_1}, \quad k=0,1,2,\cdots$$

证:如图 11-9 所示,设第 k 级暗环处空气膜厚度为 Δd,有

$$\Delta d = d_1 - d_2$$

根据几何关系,有

$$d_1 = \frac{r_k^2}{2R_1}, \quad d_2 = \frac{r_k^2}{2R_2}$$

因为 $\Delta = 2\Delta d + \frac{\lambda}{2} = \frac{1}{2}(2k+1)\lambda$, $k = 0, 1, 2$, 即

$$2\Delta d = k\lambda, \quad 2\frac{r_k^2}{2}\left(\frac{1}{R_1} - \frac{1}{R_2}\right) = k\lambda$$

所以
$$r_k^2 = \frac{R_1 R_2 k\lambda}{R_2 - R_1}, \quad k = 0, 1, 2, \cdots$$

处理光的干涉问题，首先需确定发生干涉的两束相干光，分析、计算其光程差，再列出干涉明暗的具体条件，进而讨论干涉条纹及其分布规律。在此过程中，需特别注意分析有无半波损失。

（二）光的衍射

1. 惠更斯-菲涅耳原理。

从同一波阵面上各点发出的子波是相干的，经传播而在空间某点相遇时，各子波相干叠加。各子波的干涉形成衍射明暗条纹。

2. 夫琅和费单缝衍射。

夫琅和费单缝衍射装置如图 11-10 所示。

a. 菲涅耳波带法。

单缝 AB 上各点发出的子波在衍射角为 θ 方向的最大光程差 $BC = b\sin\theta$。把 BC 分成间隔为半波长 $\frac{\lambda}{2}$ 的 N 个相等部分，作 $N-1$ 个平行于 AC 的平面，这些平面将把单缝上的波阵面 AB 切割成 N 个半波带。当 N 为偶数时，所有波带将成对地相互抵消，使点 P 出现暗纹；当 N 为奇数时，成对的波带抵消后还留下一个波带，使点 P 出现明纹。若 N 不是整数，点 P 介于明、暗条纹之间。

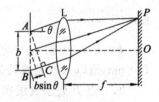

图 11-10

b. 衍射明、暗条纹。

单缝衍射条纹光强分布如图 11-11 所示。

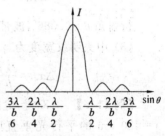

图 11-11

$$b\sin\theta = \begin{cases} \pm 2k\dfrac{\lambda}{2} = \pm k\lambda, & \text{暗纹中心} \\ \pm(2k+1)\dfrac{\lambda}{2}, & \text{明纹中心} \end{cases}$$

式中，$k = 1, 2, \cdots$。中央明纹 $-\lambda < b\sin\theta < \lambda$，其心 $\theta = 0$。

中央明纹宽度为

$$\Delta x_0 = \frac{2\lambda f}{b}$$

其他明纹宽度为

$$\Delta x = \frac{\lambda f}{b}$$

【例 11-4】 平行单色可见光垂直照射到缝宽为 0.5 mm 的单缝上,缝后有一个焦距为 100 cm 的凸透镜,在透镜焦平面上的屏上形成衍射条纹,若距离透镜焦点为 1.5 mm 的点 P 处为一明纹,试求:

(1) 入射光的波长;
(2) 点 P 处条纹的级次,该条纹对应的衍射角和狭缝可分成的波带数;
(3) 中央明纹宽度.

解:(1) 明纹条件:

$$b\sin\theta = (2k+1)\frac{\lambda}{2}$$

其位置 $\qquad x = f\tan\theta \approx f\sin\theta = (2k+1)\frac{f\lambda}{2b}$

则 $\qquad\qquad\qquad \lambda = \frac{2bx}{(2k+1)f}$

$k=1,2,\cdots$ 时,$\lambda = 500$ nm,300 nm,$\cdots$. 因为可见光波长范围为 400～760 nm,所以入射光波长为 $\lambda = 500$ nm.

(2) 点 P 处条纹级次为 $k=1$,则

$$b\sin\theta = (2k+1)\frac{\lambda}{2}, \quad \sin\theta = \frac{3\lambda}{2b} = 1.5\times 10^{-3}$$

衍射角 $\theta = 0.086°$,波带数 $N = 2k+1 = 3$.

(3) 中央明纹宽度为

$$\Delta x_0 = \frac{2\lambda f}{b} = \frac{2\times 500\times 10^{-9}\times 1}{0.5\times 10^{-3}} \text{ m} = 2.0 \text{ mm}$$

【例 11-5】 一双缝,缝距 $d = 0.4$ mm,两缝宽度都是 $b = 0.080$ mm,用波长 $\lambda = 480$ nm 的平行光垂直照射双缝,在双缝后放一焦距 $f = 2.0$ m 的透镜,试求:

(1) 在透镜焦平面处的屏上,双缝干涉条纹的间距 Δx;
(2) 在单缝衍射中央明纹范围内的双缝干涉纹数目 N 和相应的级次.

解:(1) 双缝干涉,相邻明纹(或暗纹)间距为

$$\Delta x = \frac{f}{d}\lambda = 2.4 \text{ mm}$$

(2) 单缝衍射中央明纹宽度为

$$\Delta x_0 = 2\frac{\lambda f}{b} = 24 \text{ mm}$$

故单缝衍射中央明纹范围可有 $\frac{\Delta x_0}{\Delta x}+1$ 个双缝干涉明纹,但中央明纹边缘处是两个缺级,则实际明纹数目为

$$N = \frac{\Delta x_0}{\Delta x} + 1 - 2 = 9$$

相应级次为:$0, \pm 1, \pm 2, \pm 3, \pm 4$($\pm 5$ 级为缺级).

思考:还有没有其他方法判定中央明纹内的干涉明纹数目 N?

3. 干涉与衍射的区别.

若入射的是单色光,干涉与衍射都产生明、暗相间的条纹,那么,它们的区别在哪里呢?

首先,干涉是两束光或有限束光的相干叠加,而衍射是从同一波阵面上各点发出的无数个子波(球面波)的相干叠加,从这个意义上看,衍射本质上也是干涉.

其次,在纯干涉的情况下,不同级次(k 不同)的光强是一样的;而衍射条纹不同级次的光强是不同的,级次越高(k 越大),光强越弱.

再有,若将双缝干涉条纹与单缝衍射条纹比较,双缝干涉条纹是等间距的;而单缝衍射条纹的中央明纹宽度是其他各级条纹宽度的两倍.

最后,需要特别注意的是,单缝衍射明、暗纹的条件与干涉恰好相反.

干涉: $\Delta = \pm(2k+1)\frac{\lambda}{2},$ 暗条纹

单缝衍射: $\Delta = b\sin\theta = \pm(2k+1)\frac{\lambda}{2},$ 明条纹

这是因为前者两束相干光光程差为半波长的奇数倍时,两束光波的相位相反,干涉减弱;而后者,在衍射角 θ 的方向上,无数多条衍射光线的最大光程差为半波长的奇数倍时,单缝能分成奇数个半波带,相邻两波带上对应的衍射光彼此相消,最后剩下一个波带的衍射光不能相消,故得明纹.

4. 衍射光栅.

光栅衍射装置如图 11-12 所示.

a. 光栅衍射图样.

光栅衍射图样是单缝衍射与多缝干涉的综合结果,其特点是明纹锐细、明亮,相邻明纹间有很宽的暗区.

b. 光栅方程.

P 处为明纹的条件,即光栅方程为

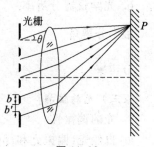

图 11-12

$$(b+b')\sin\theta = \pm k\lambda, \quad k=0,1,2,\cdots$$

c. 发生缺级的条件为

$$k = \frac{b+b'}{b}k', \quad k'=1,2,\cdots$$

【例 11-6】 波长 $\lambda=600$ nm 的单色光垂直入射到一光栅上，测得第 2 级主极大出现在衍射角 θ 满足关系式 $\sin\theta=0.2$ 处，第 4 级是缺级．试求：

(1) 光栅常数 $b+b'$；

(2) 透光缝可能的最小宽度 b；

(3) 可能观察到的全部主极大的级次．

解：(1) 由光栅方程

$$(b+b')\sin\theta = k\lambda$$

得

$$b+b' = \frac{k\lambda}{\sin\theta} = \frac{2\times 600\times 10^{-9}}{0.2}\ \text{m} = 6\times 10^{-6}\ \text{m}$$

(2) 因为 $(b+b')\sin\theta' = k\lambda$，$k=4$ 缺级，对应于最小的 b，θ' 方向应由单缝衍射第 1 级暗纹公式 $b\sin\theta' = \lambda$ 确定，所以

$$b = \frac{b+b'}{4} = 1.5\times 10^{-6}\ \text{m}$$

(3) 因为 $(b+b')\sin\theta = k\lambda$，$-\frac{\pi}{2}<\theta<\frac{\pi}{2}$，所以 $k=0,\pm 1,\pm 2,\pm 3,\pm 4,\pm 5,\pm 6,\pm 7,\pm 8,\pm 9$．又因为 $k=\pm 4,\pm 8$ 缺级，所以可观察到的全部主极大级次为：$0,\pm 1,\pm 2,\pm 3,\pm 5,\pm 6,\pm 7,\pm 9$．

5. 光学仪器的分辨率．

a. 夫琅和费圆孔衍射．

艾里斑对透镜中心张角为

$$2\theta = \frac{d}{f} = 2.44\frac{\lambda}{D}$$

b. 光学仪器分辨率．

最小分辨角 $\qquad \theta_0 = \dfrac{1.22\lambda}{D}$

分辨率 $\qquad R = \dfrac{1}{\theta_0}$

(三) 光的偏振

1. 光的偏振性．

a. 自然光：偏振光和部分偏振光．

b. 起偏(器)和检偏(器)．

c. 马吕斯定律.

如图 11-13 所示,强度为 I_0 的偏振光,其振动方向与检偏器偏振化方向的夹角为 α,则通过检偏器后的强度为

$$I = I_0 \cos^2 \alpha$$

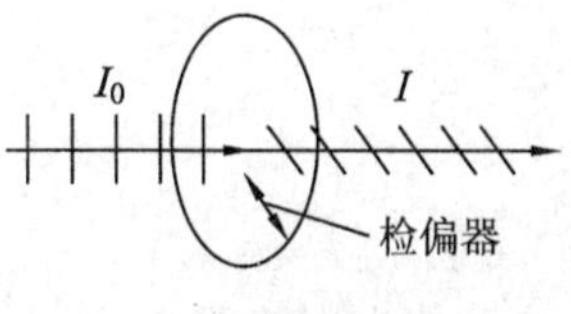

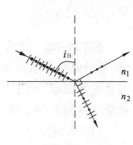

图 11-13

2. 光在反射和折射时的偏振现象.

a. 现象.

反射光是垂直入射面的振动较强的部分偏振光,折射光是平行入射面的振动较强的部分偏振光.

b. 布儒斯特定律.

如图 11-14 所示,自然光入射到折射率分别为 n_1 和 n_2 的两种介质的分界面上时,反射光为偏振光的条件是

$$\tan i_B = \frac{n_2}{n_1}$$

式中,入射角 i_B 称为起偏角或布儒斯特角.

图 11-14

【例 11-7】 一光束由强度相同的自然光和线偏振光混合而成,此光束垂直入射到几个叠在一起的偏振片上.

(1) 欲使最后出射光振动方向垂直于原来入射光中线偏振光的振动方向,并且入射光中两种成分的光的出射光强相等,至少需要几个偏振片?它们的偏振化方向如何?

(2) 在这种情况下最后出射光强与入射光强的比值是多少?

解:设入射光中两种成分的强度都是 I_0,总强度为 $I_1 = 2I_0$.

(1) 通过第一个偏振片后,原自然光变为线偏振光,强度为 $\frac{1}{2}I_0$,原线偏振光仍为线偏振光,振动方向转过 θ(θ 为入射线偏振光振动方向与偏振片偏振化方向 P_1 的夹角),强度变为 $I_0 \cos^2 \theta$,这两部分透射光的振动方向都与 P_1 一致. 如果两者强度相等,则以后不论再穿过几个偏振片,都维持强度相等(如果两者强度不等,则以后出射强度也不等),因此,必须有 $\frac{1}{2}I_0 = I_0 \cos^2 \theta$,得 $\theta = 45°$.

为满足题中要求,只要最后一个偏振片偏振化方向与开始的入射线偏振光振动方向夹角为 $90°$ 即可.

综上所述,只需要两个偏振片,按图 11-15 所示放置,E 表示入射光中线偏振光的振动方向,P_1、P_2 分别是第一、第二偏振片的偏振化方向.

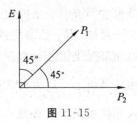

图 11-15

(2) 出射强度为

$$I_2 = \frac{1}{2}I_0\cos^2 45° + I_0\cos^2 45° \cdot \cos^2 45°$$

$$= I_0\left(\frac{1}{4} + \frac{1}{4}\right) = \frac{1}{2}I_0$$

故出射光强与入射光强的比值为

$$\frac{I_2}{I_1} = \frac{I_0/2}{2I_0} = \frac{1}{4}$$

【例 11-8】 如图 11-16 所示的三种透明介质Ⅰ、Ⅱ、Ⅲ,其折射率分别为 $n_1 = 1.00, n_2 = 1.43$ 和 n_3,Ⅰ和Ⅱ、Ⅱ和Ⅲ的界面相互平行,一束自然光由介质Ⅰ中入射.若在两个交界面上的反射光都是线偏振光,试求:

(1) 入射角 i;

(2) 折射率 n_3.

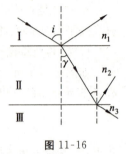

图 11-16

解:(1) 根据布儒斯特定律,有

$$\tan i = \frac{n_2}{n_1} = 1.43$$

故 $i = 55.03°$.

(2) 设在介质Ⅱ中的折射角为 γ,则 $\gamma = \frac{\pi}{2} - i$.介质Ⅱ、Ⅲ界面上的入射角等于 γ,由布儒斯特定律,有

$$\tan\gamma = \frac{n_3}{n_2}$$

得

$$n_3 = n_2\tan\gamma = n_2\cot i = n_2 \cdot \frac{n_1}{n_2} = n_1 = 1.00$$

三、难点分析

本章的难点之一是光程概念的理解和光程差的计算.这也是本章的基础.光的干涉和衍射问题的分析和讨论都涉及光程和光程差的计算.解决这一问题的关键是弄清引入光程和光程差概念的目的.光的干涉和衍射本质上都是光波的相干叠加,相干叠加的强弱取决于相位差,而光在介质中通过路程 L 时,所引起的相位变化相当于光在真空中通过路程 nL 所产生的相位变化,nL 就是光程,光程差即两束光到达相遇点的光程之差.相位差取决于光程差,$\Delta\varphi = \frac{2\pi}{\lambda}\Delta$.因此,引入光程和光程差是为了讨论相干强弱条件,进而分析干涉和衍射图样.计算光程

差要在确定参与相干叠加的光线的基础上,由几何关系计算光线通过各不同折射率区域的路径长度,乘以各对应区域的折射率,其总和即为该光线的光程,从而可写出两光线的光程差的表达式.计算光程差时特别要注意的是要分析有无相位跃变(半波损失)存在.

本章的难点之二是夫琅和费单缝衍射条纹明暗条件的得出,由于其形式上与杨氏双缝干涉条件正好相反而易于混淆.解决这一问题的关键在于正确理解菲涅耳半波带法,把握得出明暗条件的过程的三个层次,即:① 半波带的划分方法;② 半波带的特点,相邻两个半波带上对应点发出的子波在屏上相遇处相位相反,故相邻两半波带的各子波在屏上相遇处两两相消;③ 屏上对应点的明、暗取决于半波带数目的奇、偶.对于所得结论,即明暗条件,不能光看形式,而应理解它的物理实质.

四、习 题

(一) 选择题

1. 来自不同光源的两束白光,如两束手电筒光照射在同一区域内,是不能产生干涉图样的,这是由于 ( )

(A) 白光是由不同波长的光构成的

(B) 两光源发出不同强度的光

(C) 两个光源是独立的,不是相干光源

(D) 不同波长的光的光速是不同的

2. 在相同时间内,一束波长为 λ 的单色光在空气中和在玻璃中 ( )

(A) 传播的路程相等,走过的光程相等

(B) 传播的路程相等,走过的光程不相等

(C) 传播的路程不相等,走过的光程相等

(D) 传播的路程不相等,走过的光程不相等

3. 在双缝干涉实验中,入射光的波长为 λ,用玻璃纸遮住双缝中的一个缝,若玻璃纸中光程比相同厚度的空气的光程大 2.5λ,则屏上原来的明纹处 ( )

(A) 仍为明纹   (B) 变为暗纹

(C) 既非明纹也非暗纹   (D) 无法确定

4. 如图 11-17 所示,用波长 $\lambda = 600$ nm 的单色光做杨氏双缝实验,在光屏 P 处产生第 5 级明纹极大,现将折射率 $n=1.5$ 的薄透明玻璃片盖在其中一条缝上,此时 P 处变成中央明纹极大的位置,则此玻

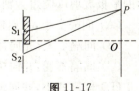

图 11-17

璃片的厚度为 ( )

(A) 5.0×10^{-4} cm (B) 6.0×10^{-4} cm

(C) 7.0×10^{-4} cm (D) 8.0×10^{-4} cm

5. 如图 11-18(a) 所示,一光学平板玻璃 A 与待测工件 B 之间形成空气劈尖,用波长 $\lambda = 500$ nm (1 nm $= 10^{-9}$ m)的单色光垂直照射,看到的反射光的干涉条纹如图 11-18(b) 所示.有些条纹弯曲部分的顶点恰好与其右边条纹的直线部分的切线相切,则工件的上表面缺陷是 ( )

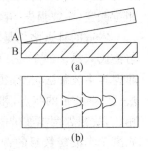

图 11-18

(A) 不平处为凸起纹,最大高度为 500 nm

(B) 不平处为凸起纹,最大高度为 250 nm

(C) 不平处为凹槽,最大深度为 500 nm

(D) 不平处为凸槽,最大深度为 250 nm

6. 在双缝干涉实验中,若单色光源 S 到两狭缝 S_1、S_2 的距离相等,则观察屏上中央明纹中心位于图 11-19 中 O 处,现将光源 S 向下移动到示意图中的 S' 位置,则 ( )

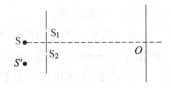

图 11-19

(A) 中央明纹向下移动,且条纹间距不变

(B) 中央明纹向上移动,且条纹间距增大

(C) 中央明纹向下移动,且条纹间距增大

(D) 中央明纹向上移动,且条纹间距不变

7. 两块平板玻璃构成空气劈尖,左边为棱边,用单色平行光垂直入射.若上面的平板玻璃慢慢地向上平移,则干涉条纹 ( )

(A) 向棱边方向平移,条纹间隔变小

(B) 向棱边方向平移,条纹间隔变大

(C) 向棱边方向平移,条纹间隔不变

(D) 向远离棱边的方向平移,条纹间隔不变

(E) 向远离棱边的方向平移,条纹间隔变小

8. 两块平板玻璃构成空气劈尖,左边为棱边,用单色平行光垂直入射.若上面的平板玻璃以棱边为轴,沿逆时针方向做微小转动,则干涉条纹的 ( )

(A) 间隔变小,并向棱边方向移动

(B) 间隔变大,并向远离棱边方向移动

(C) 间隔不变,并向棱边方向移动

(D) 间隔变小,并向远离棱边方向移动

9. 两个直径相差甚微的圆柱体夹在两块平板玻璃之间构成空气劈尖,如图 11-20 所示,单色光垂直照射,可看到等厚干涉条纹.如果将两个圆柱体之间的距离 L 拉大,则 L 范围内的干涉条纹 （　　）

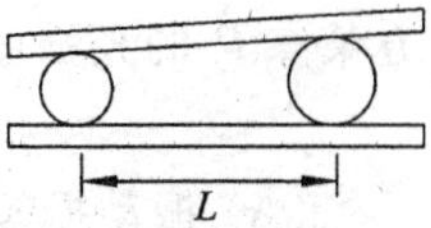

(A) 数目增加,间距不变　　(B) 数目增加,间距变小

(C) 数目不变,间距变大　　(D) 数目减小,间距变大

图 11-20

10. 如图 11-21 所示,平行单色光垂直照射到薄膜上,经上下两个表面反射的两束光发生干涉.若薄膜的厚度为 e,并且 $n_1 < n_2$,$n_2 > n_3$,λ_1 为入射光在折射率为 n_1 的媒质中的波长,则两束反射光在相遇点的相位差为 （　　）

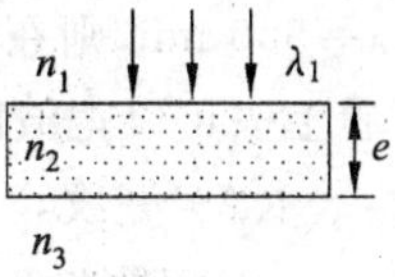

(A) $\dfrac{2\pi n_2 e}{n_1 \lambda_1}$　　　　　　(B) $\dfrac{4\pi n_1 e}{n_2 \lambda_1} + \pi$

(C) $\dfrac{4\pi n_2 e}{n_1 \lambda_1} + \pi$　　　　(D) $\dfrac{4\pi n_2 e}{n_1 \lambda_1}$

图 11-21

11. 折射率为 1.30 的油膜覆盖在折射率为 1.50 的玻璃片上.用白光垂直照射油膜,观察到透射光中绿光($\lambda = 500$ nm)加强,则油膜的最小厚度是 （　　）

(A) 83.3 nm　　　　　　　(B) 250 nm

(C) 192.3 nm　　　　　　(D) 96.2 nm

12. 在图 11-22 所示三种透明材料构成的牛顿环装置中,用单色光垂直照射,在反射光中看到干涉条纹,则在接触点 P 处形成的圆斑为 （　　）

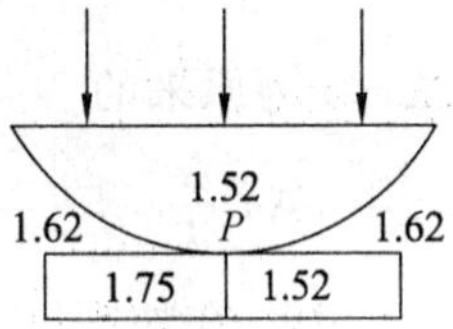

(A) 全明

(B) 全暗

(C) 右半部明,左半部暗

(D) 右半部暗,左半部明

图 11-22

13. 若把牛顿环装置(都是用折射率为 1.52 的玻璃制成的)由空气搬入折射率为 1.33 的水中,则干涉条纹 （　　）

(A) 中心暗斑变成亮斑　　　(B) 变疏

(C) 变密　　　　　　　　　(D) 间距不变

14. 在迈克耳孙干涉仪的一条光路中,放一片折射率为 n 的透明介质薄膜后,测出两束光的光程差的改变量为 λ,则薄膜厚度为 （　　）

(A) $\dfrac{\lambda}{2}$　　(B) $\dfrac{\lambda}{2n}$　　(C) $\dfrac{\lambda}{n}$　　(D) $\dfrac{\lambda}{2(n-1)}$

15. 根据惠更斯-菲涅耳原理,若已知光在某时刻的波阵面为 S,则 S 的前

方某点 P 的光强度决定于波阵面 S 上所有面积元发出的子波各自传到 P 点的 （ ）

(A) 振动振幅之和 (B) 光强之和
(C) 振动振幅之和的平方 (D) 振动的相干叠加

16. 在单缝衍射实验中，缝宽 $b=0.2$ mm，透镜焦距 $f=0.4$ m，入射光波长 $\lambda=500$ nm，则在距离中央亮纹中心位置 2 mm 处是亮纹还是暗纹？从这个位置看上去可以把波阵面分为几个半波带？ （ ）

(A) 亮纹，3 个半波带 (B) 亮纹，4 个半波带
(C) 暗纹，3 个半波带 (D) 暗纹，4 个半波带

17. 在夫琅和费单缝衍射实验中，对于给定的入射单色光，当缝宽度变小时，除中央亮纹的中心位置不变外，各级衍射条纹 （ ）

(A) 对应的衍射角变小 (B) 对应的衍射角变大
(C) 对应的衍射角也不变 (D) 光强也不变

18. 在如图 11-23 所示的单缝夫琅和费衍射装置中，设中央明纹的衍射角范围很小，若使单缝宽度 b 变为原来的 $\dfrac{3}{2}$，同时使入射的单色光的波长 λ 变为原来的 $\dfrac{3}{4}$，则屏幕上单缝衍射条纹中央明纹的宽度 Δx 变为原来的 （ ）

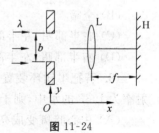

图 11-23

(A) $\dfrac{3}{4}$ (B) $\dfrac{2}{3}$ (C) $\dfrac{9}{8}$ 倍 (D) $\dfrac{1}{2}$

19. 在如图 11-24 所示的夫琅和费衍射装置中，将单缝宽度 b 稍稍变窄，同时使会聚透镜 L 沿 y 轴正方向做微小位移，则屏幕 H 上的中央衍射条纹将 （ ）

(A) 变宽，同时向上移动
(B) 变宽，同时向下移动
(C) 变宽，不移动
(D) 变窄，同时同上移动
(E) 变窄，不移动

图 11-24

20. 波长为 500 nm 的单色光垂直入射到宽为 0.25 mm 的单缝上，单缝后面放置一凸透镜，凸透镜的焦平面上放置一光屏，用以观测衍射条纹。今测得中央明纹一侧第 3 级暗纹与另一侧第 3 级暗纹之间的距离为 12 mm，则凸透镜的

焦距 f 为 ( )

    (A) 2 m   (B) 1 m   (C) 0.5 m   (D) 0.2 m

*21. 在双缝衍射实验中，若保持双缝 S_1 和 S_2 中心之间的距离 d 不变，而把两条缝的宽度 b 略微加宽，则 ( )

    (A) 单缝衍射的中央主极大变宽，其中所包含的干涉条纹数目变少

    (B) 单缝衍射的中央主极大变宽，其中所包含的干涉条纹数目变多

    (C) 单缝衍射的中央主极大变宽，其中所包含的干涉条纹数目不变

    (D) 单缝衍射的中央主极大变窄，其中所包含的干涉条纹数目变少

    (E) 单缝衍射的中央主极大变窄，其中所包含的干涉条纹数目变多

22. 波长为 600 nm 的单色光垂直入射到光栅常数为 2.5×10^{-3} mm 的光栅上，光栅的刻痕与缝宽相等，则光谱上呈现的全部级数为 ( )

    (A) 0、±1、±2、±3、±4   (B) 0、±1、±3

    (C) ±1、±3   (D) 0、±2、±4

*23. 光栅平面、透镜均与屏幕平行，则当入射的平行单色光从垂直于光栅平面变为斜入射时，能观察到的光谱线的最高级数 k ( )

    (A) 变小   (B) 变大   (C) 不变   (D) 无法确定

24. 测量单色光的波长时，下列方法最为准确的是 ( )

    (A) 双缝干涉   (B) 牛顿环   (C) 单缝衍射   (D) 光栅衍射

25. 一束光强为 I_0 的自然光垂直穿过两个偏振片，且两偏振片的偏振化方向成 45°角，若不考虑偏振片的反射和吸收，则穿过两个偏振片后的光强 I 为 ( )

    (A) $\dfrac{\sqrt{2}I_0}{4}$ (B) $\dfrac{I_0}{4}$ (C) $\dfrac{I_0}{2}$ (D) $\dfrac{\sqrt{2}I_0}{2}$

26. 一束光强为 I_0 的自然光，相继通过三个偏振片 P_1、P_2、P_3 后出射光强为 $\dfrac{I_0}{8}$. 已知 P_1 和 P_3 的偏振化方向相互垂直. 若以入射光线为轴旋转 P_2，要使出射光强为零，P_2 至少应转过的角度是 ( )

    (A) 30°   (B) 45°   (C) 60°   (D) 90°

27. 自然光从空气连续射入介质 A 和 B. 光的入射角为 60°时，得到的反射光 R_A 和 R_B 都是完全偏振光（振动方向垂直于入射面），由此可知，介质 A 和 B 的折射率之比为 ( )

    (A) $1:\sqrt{3}$ (B) $\sqrt{3}:1$ (C) $1:2$ (D) $2:1$

28. 自然光以 60°的入射角照射到某两介质交界面时，反射光为完全偏振光，则知折射光为 ( )

(A) 完全偏振光,且折射角为30°

(B) 部分偏振光,且只是在该光由真空入射到折射率为$\sqrt{3}$的介质时,折射角是30°

(C) 部分偏振光,但须知两种介质的折射率才能确定折射角

(D) 部分偏振光,且折射角是30°

29. 一束自然光自空气射向一块平板玻璃(图11-25),入射角等于布儒斯特角i_0,则在界面2的反射光 ( )

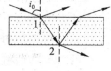

图 11-25

(A) 光强为零

(B) 是完全偏振光,且光矢量的振动方向垂直于入射面

(C) 是完全偏振光,且光矢量的振动方向平行于入射面

(D) 是部分偏振光

30. 在双缝干涉实验中,用单色自然光,在屏上形成干涉条纹,若在两缝后放一个偏振片,则 ( )

(A) 干涉条纹的间距不变,但明纹的亮度加强

(B) 干涉条纹的间距不变,但明纹的亮度减弱

(C) 干涉条纹的间距变窄,但明纹的亮度减弱

(D) 无干涉条纹

(二) 填空题

1. 在双缝干涉实验中,若使两缝之间的距离增大,则屏幕上干涉条纹间距_____;若使单色光波长减小,则干涉条纹间距_____.

2. 波长为500 nm的绿光投射在间距d为0.022 cm的双缝上,在距离180 cm处的光屏上形成干涉条纹,则相邻两个亮纹之间的距离为_____.若改用波长为700 nm的红光投射到此双缝上,相邻两个亮纹之间的距离为_____.这两种光第2级亮纹位置的距离为_____.

3. 在杨氏实验装置中,光源波长为640 nm,两狭缝间距为0.4 mm,光屏离狭缝的距离为50 cm,则光屏上第1级亮纹和中央亮纹之间的距离为_____,若光屏上P点离中央亮纹的距离为0.1 mm,则两束光在P点的相位差为_____.

4. 如图11-26所示,假设有两个同相的相干点光源S_1和S_2,发出波长为λ的光. A是它们连线的中垂线上的一点.若在S_1与A点之间插入厚度为e、折射率为n的薄玻璃片,则两光源发出的光在A点的相位差$\Delta\varphi=$_____.若已知$\lambda=500$ nm,$n=1.5$,A点恰为第4级

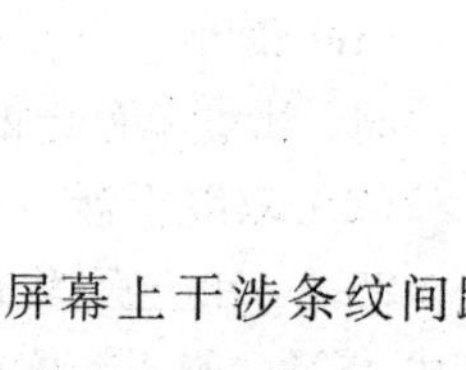

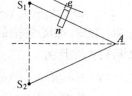

图 11-26

明纹中心,则 $e=$ _____ nm.

5. 如图 11-27 所示,在双缝干涉实验中,S 到 S_1、S_2 的距离相等,用波长为 λ 的光照射双缝 S_1 和 S_2,通过空气后在屏幕 H 上形成干涉条纹.已知 P 点处为第 3 级明纹,则 S_1 和 S_2 到 P 点的光程差为 _____. 若将整个装置放于某种透明液体中,P 点为第 4 级明纹,则该液体的折射率 $n=$ _____.

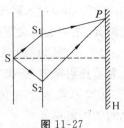

图 11-27

6. 波长为 λ 的平行单色光垂直照射到劈尖薄膜上,劈尖薄膜的折射率为 n,第 2 级明纹与第 5 级明纹所对应的薄膜厚度之差是 _____.

7. 利用劈尖的等厚干涉条纹可以测量很小的角度.今在很薄的劈尖玻璃板上,垂直射入波长为 589.3 nm 的钠光,相邻暗纹间距为 5.0 mm,玻璃的折射率为 1.52,则此劈尖的夹角为 _____.

8. 波长为 680 nm 的平行光垂直照射到 12 cm 长的两块玻璃片上,两玻璃片一边相互接触,另一边被厚为 0.048 mm 的纸片隔开,则在这 12 cm 内呈现 _____ 条明纹.

9. 透镜表面通常镀一层如 MgF_2($n=1.38$)一类的透明物质薄膜,目的是利用干涉来降低玻璃表面的反射.为了使透镜在可见光谱的中心波长(550 nm)处产生极小的反射,则镀层的厚度最少为 _____.

10. 用单色光观察牛顿环,测得某一亮环的直径为 3 mm,在它外边第 5 个亮环的直径为 4.6 mm,所用平凸透镜的凸面曲率半径为 1.03 m,则此单色光的波长为 _____.

11. 波长 $\lambda=600$ nm 的单色光垂直照射到牛顿环的装置上,第 2 级明纹与第 5 级明纹所对应的空气膜厚度之差为 _____ nm.

12. 折射率 $n_2=1.2$ 的油滴掉在 $n_3=1.50$ 的平板玻璃上,形成一上表面近似于球面的油膜,用单色光垂直照射油膜,看到油膜周边是 _____.(填"明环"或"暗环")

13. 惠更斯引入 _____ 的概念提出了惠更斯原理,菲涅耳再用 _____ 的思想补充了惠更斯原理,发展成了惠更斯-菲涅耳原理.

14. 在单缝夫琅和费衍射示意图 11-28 中,所画出的各条正入射光线间距离相等,那么光线 1 与 3 在幕上 P 点相遇时的相位差为 _____,P 点应为 _____ 点.

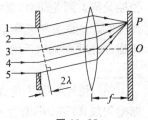

图 11-28

15. 在单缝夫琅和费衍射实验中,设第 1 级暗纹的衍射角很小. 若钠黄光 ($\lambda_1 = 589$ nm)为入射光,中央明纹宽度为 4.0 mm;若以蓝紫光($\lambda_2 = 442$ nm)为入射光,则中央明纹宽度为_____mm.

16. 如图 11-29 所示,用波长 $\lambda = 500$ nm 的单色光垂直照射单缝,透镜 L 的焦距 $f = 0.4$ m.

(1) 如果点 P 是第 1 级暗纹所在位置,那么 AB 之间的距离是_____nm;

(2) 如果点 P 是第 2 级暗纹所在位置,且 $y = 2.0 \times 10^{-3}$ m,则单缝宽 $b = $_____;

(3) 如果改变单缝的宽度,使点 P 处变为第 1 级明纹中心,此时单缝的宽度 $b' = $_____.

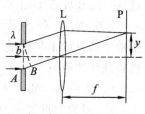

图 11-29

17. 平行单色光垂直入射在缝宽 $b = 0.15$ mm 的单缝上,缝后有焦距 $f = 400$ mm 的凸透镜,在其焦平面上放置观察屏,测得屏上中央明纹两侧的两个第 3 级暗纹之间的距离为 8 mm,则入射光的波长 $\lambda = $_____.

18. 钠光通过宽 0.2 mm 的狭缝后,投射到与缝相距 300 cm 的照相底片上. 所得的第一最小值与第二最小值间的距离为 0.885 cm,则钠光的波长为_____. 若改用 X 射线($\lambda = 0.1$ nm)做此实验,则底片上这两个最小值之间的距离是_____.

19. 为测定一个光栅的光栅常数,用波长为 632.8 nm 的光垂直照射光栅,测得第 1 级主极大的衍射角为 18°,则光栅常数 $d = $_____,第 2 级主极大的衍射角 $\theta = $_____.

20. 用单色光垂直入射在一块光栅上,其光栅常数 $d = 3$ μm,缝宽 $b = 1$ μm,则在单缝衍射的中央明纹区中共有_____条(主极大)谱线.

21. 可见光的波长范围是 400~760 nm,用平行的白光垂直入射在平面透射光栅上时,它产生的不与另一级光谱重叠的完整的可见光光谱是第_____级光谱.

22. 迎面驶来的汽车两盏前灯相距 1.2 m,则当汽车距离为_____时,人眼才能分辨这两盏前灯. 假设人的眼瞳直径为 0.5 mm,而入射光波长为 550.0 nm.

23. 一束自然光垂直穿过两个偏振片,两个偏振片偏振化方向成 45°角. 已知通过此两偏振片后的光强为 I,则入射至第二个偏振片的线偏振光强度为_____.

24. 使光强为 I_0 的自然光依次垂直通过三块偏振片 P_1、P_2 和 P_3,其偏振化方向均成 45°角. 则透过三块偏振片后的光强 I 为_____.

25. 如图 11-30 所示的杨氏双缝干涉装置,若用单色自然光照射狭缝 S,在屏幕上能看到干涉条纹.若在双缝 S_1 和 S_2 的前面分别加一同质同厚的偏振片 P_1、P_2,则当 P_1 与 P_2 的偏振化方向相互_____时,在屏幕上仍能看到很清楚的干涉条纹.

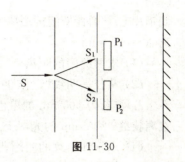

图 11-30

26. 检验自然光、线偏振光和部分偏振光时,使被检验光入射到偏振片上,然后旋转偏振片.若从偏振片射出的光线_____,则入射光为自然光;若射出的光线_____,则入射光为部分偏振光;若射出的光线_____,则入射光为完全偏振光.

27. 两个偏振片叠放在一起,强度为 I_0 的自然光垂直入射其上,若通过两个偏振片后的光强为 $\dfrac{I_0}{8}$,则此两偏振片的偏振化方向间的夹角(取锐角)为_____;若在两块偏振片之间再插入一块偏振片,其偏振化方向与前后两片的偏振化方向的夹角(取锐角)相等,则通过三个偏振片后的透射光光强为_____.

28. 如图 11-31 所示,P_1、P_2 为偏振化方向间夹角为 α 的两个偏振片,光强为 I_0 的平行自然光垂直入射到 P_1 表面上,则通过 P_2 的光强 $I=$ _____.

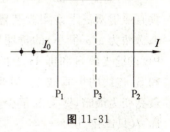

图 11-31

若在 P_1、P_2 之间插入第三块偏振片 P_3,则通过 P_2 的光强发生了变化.实验发现,以光线为轴旋转 P_2,使其偏振化方向旋转一角度 θ 后,发生消光现象,从而可以推算出 P_3 的偏振化方向与 P_1 的偏振化方向之间的夹角 $\alpha'=$ _____.(假设题中所涉及的角均为锐角,且设 $\alpha'<\alpha$)

29. 在图 11-32 所示的五个图中,前四幅图表示线偏振光入射于两种介质分界面上,最后一幅图表示入射光是自然光.n_1、n_2 为两种介质的折射率且 $n_2>n_1$,图中入射角 $i_0=\arctan\left(\dfrac{n_2}{n_1}\right)$,$i\neq i_0$.试在图上画出实际存在的折射光线和反射光线,并用点或短线把振动方向表示出来.

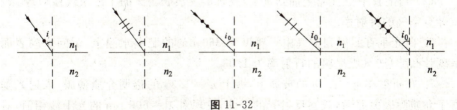

图 11-32

(三) 计算及证明题

1. 薄钢片上有两条紧靠的平行细缝,有波长 $\lambda=456.1$ nm 的平面光波正入射到钢片上.屏幕距双缝的距离 $D=2.00$ m,测得中央明纹两侧的第 5 级明纹间的距离 $\Delta x=12.0$ mm.

(1) 求两缝间的距离;

(2) 从任一明纹(记作 0)向一边数到第 20 条明纹,共经过多大距离?

2. 波长为 500 nm 的单色平行光垂直照射在间距为 0.5 mm 的双狭缝上,在离狭缝 1 200 mm 的光屏上形成干涉图样.

(1) 求干涉条纹的间距;

(2) 如果用厚度为 0.01 mm、折射率为 1.58 的透明薄膜覆盖在 S_1 缝后面,求干涉条纹移动的距离和方向.

3. 在杨氏实验装置中,光源波长为 640 nm,两狭缝间距为 0.4 mm,光屏离狭缝的距离为 50 cm.

(1) 求光屏上第 1 级亮纹和中央亮纹之间的距离;

(2) 若 P 点离中央亮纹为 0.1 mm,问两束光在 P 点的相位差是多少?

4. 如图 11-33 所示,用波长为 λ 的单色光垂直照射双缝干涉实验装置,并将一折射率为 n、劈角为 $\alpha(\alpha$ 很小)的透明劈尖 b 插入光线 2 中.设缝光源 S 和屏 H 上的 O 点都在双缝 S_1 和 S_2 连线的中垂线上.问要使 O 点的光强由最亮变为最暗,劈尖 b 至少应向上移动多大距离 d(只遮住 S_2)?

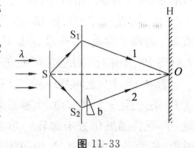

图 11-33

5. 图 11-34 所示为用双缝干涉来测定空气折射率 n 的装置.实验前,在长度为 l 的两个相同密封玻璃管内都充以一大气压的空气.现将上管中的空气逐渐抽去,则

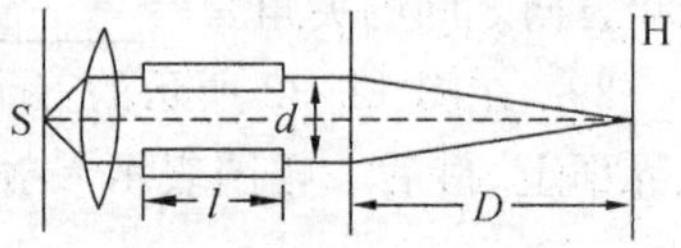

(1) 光屏上的干涉条纹将向什么方向移动?

图 11-34

(2) 当上管中空气完全抽到真空,发现屏上波长为 λ 的干涉条纹移动 N 条,试计算空气的折射率.

6. 白光垂直照射到空气中一厚度为 360 nm 的肥皂水膜上,试问水膜表面呈现什么颜色?(肥皂膜的折射率为 1.33)

7. 在折射率 $n=1.50$ 的玻璃上,镀上 $n'=1.35$ 的透明介质薄膜.入射光垂直于介质膜表面照射,观察反射光的干涉,发现对 $\lambda_1=600$ nm 的光干涉相消,对 $\lambda_2=700$ nm 的光干涉相长,且在 600~700 nm 之间没有别的波长是最大限度相消或相长的情形,求所镀介质膜的厚度.

8. 如图 11-35 所示，利用空气劈尖测细丝直径，已知 $\lambda = 589.3$ nm；$l = 2.888 \times 10^{-2}$ m，测得 30 条条纹的总宽度为 4.295×10^{-3} m，求细丝直径 d.

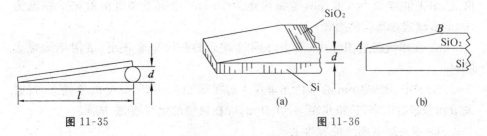

图 11-35　　　　　　　图 11-36

9. 在 Si 的表面上镀了一层厚度均匀的 SiO_2 薄膜，为了测量薄膜的厚度，将它的一部分磨成劈形(图 11-36). 现用波长为 600 nm 的平行光垂直照射，观察反射光形成的干涉条纹. 图中 AB 段共有 6 条暗纹，且 B 处恰好是一条暗纹，求薄膜的厚度. (Si 的折射率为 3.42，SiO_2 的折射率为 1.50)

10. 用波长 $\lambda = 500$ nm 的单色光垂直照射在由两块玻璃板构成的空气劈尖上(一端刚好接触成为劈棱)，劈尖角 $\theta = 2 \times 10^{-4}$ rad，如果劈尖内充满折射率 $n = 1.40$ 的液体，求从劈棱数起第 5 级明纹在充入液体前后移动的距离.

11. 用不同波长 $\lambda_1 = 600$ nm 和 $\lambda_2 = 450$ nm 的光观察牛顿环，观察到用 λ_1 时第 k 个暗环与用 λ_2 时的第 $k+1$ 个暗环重合，已知透镜的曲率半径为 190 cm，求 λ_1 时第 k 个暗环的半径.

12. 如图 11-37 所示，牛顿环装置的平凸透镜与平板玻璃间有一小缝隙 e_0. 现有波长为 λ 的单色光垂直照射，已知平凸透镜的曲率半径为 R，求反射光形成的牛顿环的各暗环半径.

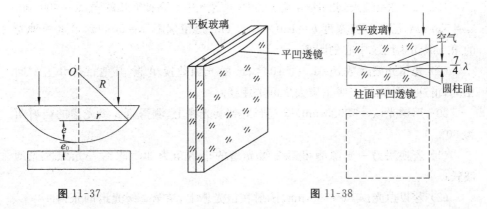

图 11-37　　　　　　　图 11-38

13. 用波长为 λ 的平行单色光垂直照射图 11-38 中所示的装置，观察空气薄膜上下表面反射光形成的等厚干涉条纹. 试在装置图下方的方框内画出相应的干涉条纹,只画暗纹,表示出它们的形状、条数和疏密.

14. 在单缝夫琅和费衍射装置中,用细丝代替单缝,就构成了衍射细丝测径仪.已知光波波长为 630 nm,透镜焦距为 50 cm,今测得零级衍射斑的宽度为 1.0 cm,试求该细丝的直径.

15. 在单缝衍射图样中,离中心明纹越远的明纹亮度越小,试用半波带法说明.

16. 波长为 600 nm 的单色光垂直入射在宽度 $b=0.10$ mm 的单缝上,观察夫琅和费衍射图样,透镜焦距 $f=1.0$ m,屏在透镜的焦平面处.试求:

(1) 中央衍射明纹的宽度 Δx_0;

(2) 第 2 级暗纹离透镜焦点的距离 x_2.

17. 波长为 480 nm 的平行单色光,垂直照射到宽度为 0.4 mm 的狭缝上,缝后放一焦距为 60 cm 的会聚透镜,在焦平面处有一接收屏,屏上有一点 P. 分别计算当缝的两边到 P 点的相位差为 $\dfrac{\pi}{2}$ 和 $\dfrac{\pi}{6}$ 时 P 点离焦点的距离.

18. 如图 11-39 所示,狭缝宽度 $b=0.60$ mm,透镜焦距 $f=0.40$ m,一与缝平行的屏 H 放在透镜焦平面处,若以单色平行光垂直照射狭缝,则在屏上离 O 点 $x=1.4$ mm 的 P 点看到衍射明纹.试求:

(1) 该入射光的波长;

(2) P 点条纹的级数;

(3) 从 P 点看,对该光波而言,狭缝处的波阵面可作半波带的数目.

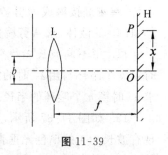

图 11-39

19. (1) 在单缝夫琅和费衍射实验中,入射光中有两种波长的光,$\lambda_1=400$ nm,$\lambda_2=760$ nm. 已知单缝宽度 $b=1.0\times 10^{-2}$ cm. 透镜焦距 $f=50$ cm. 求这两种光的第 1 级衍射明纹中心的距离.

(2) 若用光栅常数 $d=1.0\times 10^{-3}$ cm 的光栅替换单缝,其他条件和上一问相同,求这两种光第 1 级主极大之间的距离.

20. 用钠光($\lambda=589.3$ nm)垂直照射到某光栅上,测得第 3 级光谱的衍射角为 60°.

(1) 若换用另一光源测得第 2 级光谱的衍射角为 30°,求后一光源发光的波长;

(2) 若以白光(400~760 nm)照射在该光栅上,求第 2 级光谱的张角.

21. 一衍射光栅,每厘米有 200 条透光缝,每条透光缝宽 $b=2\times 10^{-3}$ cm,在光栅后放一焦距 $f=1$ m 的凸透镜,现以 $\lambda=600$ nm 的单色平行光垂直照射光

栅.试问:

(1) 透光缝 b 的单缝衍射中央明纹宽度为多少?

(2) 在该宽度内有几个光栅衍射主极大?

22. 已知天空中两颗星相对于望远镜的角距离为 4.84×10^{-6} rad,它们发出的光波波长 $\lambda=550$ nm.望远镜物镜的口径至少要多大,才能分辨出这两颗星?

23. 由强度为 I_a 的自然光和强度为 I_b 的线偏振光混合而成的一束入射光,垂直入射在一块偏振片上,当以入射光方向为转轴旋转偏振片时,出射光将出现最大值和最小值,其比值为 n. 试求出 $\dfrac{I_a}{I_b}$ 与 n 的关系.

24. 让入射的平面偏振光依次通过偏振片 P_1 和 P_2. P_1 和 P_2 的偏振化方向与原入射光光矢量振动方向的夹角分别为 α 和 β. 欲使最后透射光振动方向与原入射光振动方向互相垂直,并且透射光有最大的光强,问 α 和 β 各应满足什么条件?

25. 将三个偏振片叠放在一起,第二块和第三块偏振片的偏振化方向分别与第一块偏振片的偏振化方向成 45° 和 90° 角.

(1) 强度为 I_0 的自然光垂直入射到这一堆偏振片上,试求经每一块偏振片后的光强和偏振状态;

(2) 如果将第二块偏振片抽走,情况又如何?

26. 如图 11-40 所示的透明介质 Ⅰ、Ⅱ、Ⅲ 和 Ⅰ,三个交界面相互平行,一束自然光由 Ⅰ 中入射.试证明:若 Ⅰ 和 Ⅱ 交界面、Ⅲ 和 Ⅰ 交界面上的反射光都是线偏振光,则必有 $n_2=n_3$.

27. 一束自然光由空气入射到某种不透明介质的表面上,今测得此不透明介质的起偏角为 56°,求这种介质的折射率.若把此种介质放入水(折射率为 1.33)中,使自然光自水中入射到该介质表面上,求此时的起偏角.

图 11-40

28. 如图 11-41 所示,一块折射率 $n=1.50$ 的平面玻璃浸在水中,已知一束光入射到水面时反射光是完全偏振光.若要使玻璃表面的反射光也是完全偏振光,则玻璃表面与水平面的夹角 θ 应为多大?($n_水=1.33$)

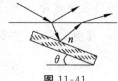

图 11-41

第12章 气体动理论

一、基本要求

1. 了解气体分子热运动的图像以及理想气体的微观模型,理解平衡态、平衡过程、理想气体等概念以及压强、温度的微观统计意义,掌握理想气体物态方程、压强公式和温度公式.

2. 理解能量按自由度均分定理,掌握理想气体内能及内能增量的公式.

3. 了解麦克斯韦速率分布定律,理解速率分布函数和速率分布曲线的物理意义,会计算三种速率.

4. 理解气体分子平均碰撞频率、平均自由程的概念和公式.

5. 了解玻耳兹曼能量分布律和输运现象.

二、主要内容及例题

1. 理想气体物态方程:

$$pV = \frac{m'}{M}RT \quad \text{或} \quad p = nkT$$

式中,m' 为气体的质量,M 为该气体的摩尔质量,R 为气体普适常数,$k = \frac{R}{N_A}$ 为玻耳兹曼常量,$n = \frac{N}{V}$ 为气体的分子数密度,N 为气体的总分子数.

【例 12-1】 在标准状态下,任何理想气体在 1 m³ 中含有的分子数为多少?

解:方法一:$n = \frac{N_A}{V_{mol}} = \frac{6.02 \times 10^{23}}{22.4 \times 10^{-3}}$ m^{-3} ≈ 2.69×10^{25} m^{-3}

方法二: $n = \frac{p}{kT} = \frac{1.013 \times 10^5}{1.38 \times 10^{-23} \times 273}$ m^{-3} ≈ 2.69×10^{25} m^{-3}

后一种方法可求出非标准状态下的分子数密度,具有普遍性.

【例 12-2】 理想气体分子间的平均距离 $\bar{l}$ 与压强 p、温度 T 的关系如何?

解：因为 n 是单位体积内的分子数，所以 $\dfrac{1}{n}$ 为一个分子平均占有的体积. 设想该体积为球体，则它的半径为 $\dfrac{\bar{l}}{2}$，体积为 $\dfrac{4}{3}\pi\left(\dfrac{\bar{l}}{2}\right)^3 = \dfrac{1}{6}\pi\bar{l}^3$.

因此，
$$\dfrac{1}{n} = \dfrac{1}{6}\pi\bar{l}^3, \quad \bar{l} = \left(\dfrac{6}{\pi n}\right)^{1/3} = \left(\dfrac{6kT}{\pi p}\right)^{1/3}$$

2．理想气体压强公式：
$$p = \dfrac{2}{3}n\bar{\varepsilon}_k$$

式中，$\bar{\varepsilon}_k = \dfrac{1}{2}m\overline{v^2}$，为分子平均平动动能，$m$ 为分子的质量.

3．理想气体温度公式：
$$\bar{\varepsilon}_k = \dfrac{3}{2}kT$$

【**例 12-3**】 一容器中储有氧气，已知 $V = 1.20 \times 10^{-2}$ m³，$p = 8.31 \times 10^5$ Pa，$T = 300$ K，试求：

(1) 单位体积中的分子数 n；

(2) 分子的平均平动动能 $\bar{\varepsilon}_k$.

解：(1) $n = \dfrac{p}{kT} = \dfrac{8.31 \times 10^5}{1.38 \times 10^{-23} \times 300}$ m⁻³ $\approx 2.01 \times 10^{26}$ m⁻³

(2) $\bar{\varepsilon}_k = \dfrac{3}{2}kT = \dfrac{3}{2} \times 1.38 \times 10^{-23} \times 300$ J $= 6.21 \times 10^{-21}$ J

4．能量均分定理：处在温度为 T 的平衡态气体，一个分子每一自由度被分配到的平均能量为 $\dfrac{1}{2}kT$，一个分子的平均能量为 $\bar{\varepsilon} = \dfrac{i}{2}kT$.

单原子分子，$\bar{\varepsilon} = \dfrac{3}{2}kT$；刚性双原子分子，$\bar{\varepsilon} = \dfrac{5}{2}kT$；刚性多原子分子，$\bar{\varepsilon} = 3kT$.

5．理想气体的内能：
$$E = \dfrac{m'}{M} \cdot \dfrac{i}{2}RT$$
$$dE = \dfrac{m'}{M} \cdot \dfrac{i}{2}R dT = \dfrac{i}{2}(p dV + V dp)$$

【**例 12-4**】 在标准状态下，体积比为 1∶2 的氧气和氦气（均视为刚性分子理想气体）相混合，混合气体中氧气和氦气的内能之比为多少？

解：由于氧气和氦气是在标准状态下混合的，温度均不变，所以混合前后的内能之比不变.

$$E = \frac{m'}{M} \cdot \frac{i}{2}RT = \frac{i}{2}pV$$

混合前两种气体的压强相同,故

$$E_{O_2} : E_{He} = i_{O_2} V_{O_2} : i_{He} V_{He} = 5 : 6$$

【例 12-5】 气体分子的平均平动动能为(m' 为气体的质量,m 为气体分子的质量,M 为该气体的摩尔质量) ( )

(A) $\frac{3}{2}\frac{m}{m'}pV$ (B) $\frac{3}{2}npV$ (C) $\frac{3}{2}\frac{m'}{M}pV$ (D) $\frac{3}{2}\frac{M}{m}N_A pV$

解:因为 $\frac{3}{2}\frac{m}{m'}pV = \frac{3}{2}\frac{m}{m'}nkTV = \frac{3}{2}\frac{m}{m'}NkT = \frac{3}{2}kT$,故应选(A).

6. 速率分布函数:

$$f(v) = \frac{dN}{N dv}$$

式中,N 为系统总分子数,dN 为速率在 $v \sim v+dv$ 区间内的分子数,$f(v)$ 表示在速率 v 附近单位速率区间内的分子数占总分子数的比率.

7. 归一化条件 $\int_0^\infty f(v)dv = 1$.

8. 某物理量 $G(v)$ 的平均值的公式:

$$\overline{G(v)} = \int_0^\infty G(v)f(v)dv$$

例如,平均速率为

$$\bar{v} = \int_0^\infty v f(v)dv$$

速率在某区间 $v_1 \sim v_2$ 内的分子的平均值公式:

$$\overline{G(v)} = \frac{\int_{v_1}^{v_2} G(v)f(v)dv}{\int_{v_1}^{v_2} f(v)dv}$$

9. 三种速率.

方均根速率 $\sqrt{\overline{v^2}} = \sqrt{\frac{3RT}{M}} = \sqrt{\frac{3kT}{m}}$.它与分子的平均平动动能有关系.

平均速率 $\bar{v} = \sqrt{\frac{8RT}{\pi M}} = \sqrt{\frac{8kT}{\pi m}}$.它与平均碰撞频率有关系.

最概然速率 $v_p = \sqrt{\frac{2RT}{M}} = \sqrt{\frac{2kT}{m}}$.它与速率分布有关系.

【例 12-6】 已知速率分布函数 $f(v)$ 和方均根速率 $\sqrt{\overline{v^2}}$,写出速率大于

$\sqrt{\overline{v^2}}$ 的分子的平均速率公式.

解：$\bar{v} = \dfrac{\int_{\sqrt{\overline{v^2}}}^{\infty} v \mathrm{d}N}{\int_{\sqrt{\overline{v^2}}}^{\infty} \mathrm{d}N} = \dfrac{\int_{\sqrt{\overline{v^2}}}^{\infty} vNf(v)\mathrm{d}v}{\int_{\sqrt{\overline{v^2}}}^{\infty} Nf(v)\mathrm{d}v} = \dfrac{\int_{\sqrt{\overline{v^2}}}^{\infty} vf(v)\mathrm{d}v}{\int_{\sqrt{\overline{v^2}}}^{\infty} f(v)\mathrm{d}v}$

【例 12-7】 已知一个由 N 个粒子组成的系统，平衡态下粒子的速率分布曲线如图 12-1 所示.试求：

（1）常量 a；

（2）粒子的平均速率.

解：（1）由图可知：

$$f(v) = \begin{cases} \dfrac{av}{v_0}, & 0 \leqslant v < v_0 \\ a, & v_0 \leqslant v \leqslant 2v_0 \\ 0, & v > 2v_0 \end{cases}$$

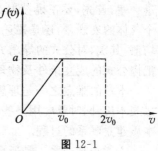

图 12-1

分布函数满足归一化条件，可得

$$\int_0^\infty f(v)\mathrm{d}v = \int_0^{v_0} \dfrac{av}{v_0}\mathrm{d}v + \int_{v_0}^{2v_0} a\mathrm{d}v = 1$$

$$a = \dfrac{2}{3v_0}$$

（2）分布函数为

$$f(v) = \begin{cases} \dfrac{2v}{3v_0^2}, & 0 \leqslant v < v_0 \\ \dfrac{2}{3v_0}, & v_0 \leqslant v \leqslant 2v_0 \\ 0, & v > 2v_0 \end{cases}$$

$$\bar{v} = \int_0^\infty vf(v) = \int_0^{v_0} v \dfrac{2v}{3v_0^2}\mathrm{d}v + \int_{v_0}^{2v_0} v \dfrac{2}{3v_0}\mathrm{d}v = \dfrac{11}{9}v_0$$

10. 平均碰撞频率 $\bar{Z} = \sqrt{2}\pi d^2 \bar{v} n$.

11. 平均自由程 $\bar{\lambda} = \dfrac{\bar{v}}{\bar{Z}} = \dfrac{1}{\sqrt{2}\pi d^2 n} = \dfrac{kT}{\sqrt{2}\pi d^2 p}$.

【例 12-8】 试求标准状态下空气分子的平均自由程 $\bar{\lambda}$、平均速率 $\bar{v}$ 和平均碰撞次数 $\bar{Z}$.已知空气的平均摩尔质量为 2.9×10^{-2} kg·mol^{-1}，空气分子的有效直径 $d = 3.5 \times 10^{-10}$ m.

解：标准状态下，$T = 273$ K，$p = 1.013 \times 10^5$ Pa.

$$\bar{\lambda} = \dfrac{kT}{\sqrt{2}\pi d^2 p} = \dfrac{1.38 \times 10^{-23} \times 273}{1.414 \times 3.14 \times (3.5 \times 10^{-10})^2 \times 1.013 \times 10^5} \text{ m} \approx 6.8 \times 10^{-8} \text{ m}$$

$$\bar{v}=\sqrt{\frac{8RT}{\pi M}}=\sqrt{\frac{8\times 8.31\times 273}{3.14\times 2.9\times 10^{-2}}}\ \text{m}\cdot\text{s}^{-1}\approx 446\ \text{m}\cdot\text{s}^{-1}$$

$$\bar{Z}=\frac{\bar{v}}{\bar{\lambda}}\approx 6.6\times 10^{9}\ \text{s}^{-1}$$

三、难点分析

在本章的学习中,初学者往往抓不住重点,理不清物理量之间的关系.学习这一章,首先,要正确把握每个物理量的物理意义,明确其描述的对象是描述整个气体的宏观量,还是描述单个气体分子的微观量,或者是对大量分子的统计平均值.其次,对公式的导出方法和过程要理解,对物理量的物理意义要清晰;从而把握公式的成立条件及物理量的物理实质.

本章的难点之一是理想气体压强公式的推导,在推导过程中要明确压强的微观本质,同时要应用一些统计的知识.压强公式的推导过程是将宏观量和微观本质建立联系的过程.

本章的难点之二是速率分布函数的意义以及由速率分布函数求物理量的平均值,关键在于要理解速率分布函数的定义式 $f(v)\text{d}v=\frac{\text{d}N}{N}$ 中每个物理量的含义,$f(v)$ 是速率分布函数,N 是气体分子总数,$\text{d}N$ 是速率在 $v\sim v+\text{d}v$ 区间内的分子数.由此定义式展开,可得到其他式子的物理意义及物理量的平均值.

四、习 题

(一) 选择题

1. 在一封闭容器内,理想气体分子的平均速率提高为原来的 2 倍,则 ( )

(A) 温度和压强都为原来的 2 倍

(B) 温度和压强分别为原来的 2 倍和 4 倍

(C) 温度和压强分别为原来的 4 倍和 2 倍

(D) 温度和压强都为原来的 4 倍

2. 三个容器 A、B、C 中装有同种理想气体,其分子数密度之比为 $n_A:n_B:n_C=4:2:1$,方均根速率之比为 $\sqrt{\overline{v_A^2}}:\sqrt{\overline{v_B^2}}:\sqrt{\overline{v_C^2}}=1:2:4$,则其压强之比 $p_A:p_B:p_C$ 为 ( )

(A) $1:2:4$ (B) $4:2:1$ (C) $1:1:1$ (D) $4:1:\frac{1}{4}$

3. 两瓶不同类的理想气体,设分子平均平动动能相等,但其分子数密度不相等,则 ( )

(A) 压强相等,温度相等 (B) 温度相等,压强不相等

(C) 压强相等,温度不相等　　　(D) 方均根速率相等

4. $\int_{v_1}^{v_2} \frac{1}{2}mv^2 Nf(v)dv$ 的物理意义是　　　　　　　　　　　　　(　　)

(A) 速率为 v_2 的各个分子的总平动动能与速率为 v_1 的各分子的总平动动能之差

(B) 速率为 v_2 的各个分子的总平动动能与速率为 v_1 的各分子的总平动动能之和

(C) 速率处在 $v_1 \sim v_2$ 速率区间内的分子的平均平动动能

(D) 速率处在 $v_1 \sim v_2$ 速率区间内的分子的平动动能之和

5. 某系统由两种理想气体 A 和 B 组成,其分子数分别为 N_A 和 N_B,若在某一温度下,A 和 B 气体各自的速率分布函数分别为 $f_A(v)$ 和 $f_B(v)$,则在同一温度下,由 A、B 气体组成的系统的速率分布函数为　　　　　　　　　(　　)

(A) $N_A f_A(v) + N_B f_B(v)$　　(B) $\frac{1}{2}[N_A f_A(v) + N_B f_B(v)]$

(C) $\frac{N_A f_A(v) + N_B f_B(v)}{N_A + N_B}$　　(D) $\frac{N_A f_A(v) + N_B f_B(v)}{2(N_A + N_B)}$

6. 一定量的理想气体,在温度不变的条件下,当压强降低时,分子的平均碰撞次数 $\bar{Z}$ 和平均自由程 $\bar{\lambda}$ 的变化情况是　　　　　　　　　　　(　　)

(A) $\bar{Z}$ 和 $\bar{\lambda}$ 都增大　　(B) $\bar{Z}$ 和 $\bar{\lambda}$ 都减小

(C) $\bar{Z}$ 增大,$\bar{\lambda}$ 减小　　(D) $\bar{Z}$ 减小,$\bar{\lambda}$ 增大

7. 在恒定压强下,气体分子的平均碰撞次数 $\bar{Z}$ 与气体温度 T 的关系为
　　　　　　　　　　　　　　　　　　　　　　　　　　(　　)

(A) 与 T 无关　　(B) 与 $\sqrt{T}$ 成正比

(C) 与 $\sqrt{T}$ 成反比　　(D) 与 T 成正比

8. 有容积不同的 A、B 两个容器,A 中装有单原子分子理想气体,B 中装有双原子分子理想气体,若两种气体的压强相同,那么这两种气体单位体积的内能 $(E/V)_A$ 和 $(E/V)_B$ 的关系为　　　　　　　　　　　(　　)

(A) $(E/V)_A < (E/V)_B$　　(B) $(E/V)_A > (E/V)_B$

(C) $(E/V)_A = (E/V)_B$　　(D) 不能确定

(二) 填空题

1. 理想气体的压强公式为_____,表明宏观量压强 p 是由两个微观量的统计平均值_____和_____决定的. 从气体动理论观点看,气体对器壁所作用的压强是_____的宏观表现.

2. 已知氧气的压强 $p = 2.026$ Pa,体积 $V = 3.0 \times 10^{-2}$ m³,则其内能 $E = $ _____.

3. 当理想气体处于平衡态时,气体分子速率分布函数为 $f(v)$,则分子速率处于最概然速率 v_p 至 ∞ 范围内的概率 $\dfrac{\Delta N}{N} = $ _____.

4. 随着温度 _____,速率分布函数曲线变得越来越平坦.

5. 一个容器内有摩尔质量分别为 M_1 和 M_2 的两种不同的理想气体 1 和 2,当此混合气体处于平衡态时,1 和 2 两种气体分子的方均根速率之比是 _____.

6. 一容器内储有某种气体,若已知气体的压强为 3×10^5 Pa,温度为 $27\ ℃$,密度为 0.24 kg·m⁻³,则可确定此种气体是 _____ 气,此气体分子热运动的最概然速率为 _____ m·s⁻¹.

7. 理想气体分子的平均平动动能 $\bar{\varepsilon}_k$ 与热力学温度 T 的关系式是 _____,此式所揭示的气体温度的统计意义是 _____.

8. 1 mol 氮气由状态 $A(p_1, V)$ 变到状态 $B(p_2, V)$,气体内能的增量为 _____.

(三) 计算题

1. 已知在标准状态下 1.0 m³ 气体中有 2.69×10^{25} 个分子,试求在此状态下分子的平均平动动能.

2. 一容积为 10 cm³ 的电子管,当温度为 300 K 时,用真空泵把管内空气抽成压强为 5×10^{-5} mmHg 的高真空,问此时管内有多少个空气分子?这些空气分子的平均平动动能的总和是多少?平均转动动能的总和是多少?平均动能的总和是多少?$(760\ \text{mmHg} = 1.013 \times 10^5\ \text{Pa},$ 空气分子可认为是刚性双原子分子)

3. 两瓶理想气体 A 和 B,A 为 1 mol 氧,B 为 1 mol 甲烷 (CH_4),如果它们的内能相同,那么它们分子的平均转动动能之比 $\bar{\varepsilon}_{krA} : \bar{\varepsilon}_{krB}$ 为多少?

4. 将 1 kg 氦气和 m kg 氢气混合,平衡后混合气体的内能是 2.45×10^6 J,氦分子平均动能是 6×10^{-21} J,求氢气的质量 m.

5. 水蒸气分解成同温度的氢气和氧气,即 $H_2O = H_2 + \dfrac{1}{2}O_2$,也就是 1 mol 的水蒸气可分解成同温度的 1 mol 氢气和 $\dfrac{1}{2}$ mol 氧气,当不计振动自由度时,求此过程中内能的增量.

6. 一容器的体积为 V_0,用绝热板将其隔离成体积相等的两部分,如图 12-2 所示.设 A 内贮有 1 mol 的单原子分子理想气体,B 内贮有 2 mol 的双

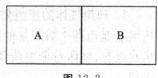

图 12-2

原子分子理想气体.A、B两部分的压强均为 p_0.抽去绝热板后,求两种气体混合后处于平衡态时的温度和压强.

7. 假定 N 个粒子的速率分布函数为

$$f(v)=\begin{cases} C, & 0<v<v_0 \\ 0, & v>v_0 \end{cases}$$

(1) 作出速率分布曲线;
(2) 由 v_0 求常数 C;
(3) 求粒子的平均速率.

8. 如图 12-3 所示,Ⅰ、Ⅱ 两条曲线分别是两种不同气体(氢气和氧气)在同一温度下的麦克斯韦分子速率分布曲线.

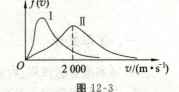

图 12-3

(1) 求氢气分子和氧气分子的最概然速率;
(2) 求两种气体所处的温度;
(3) 若图中Ⅰ、Ⅱ分别表示氢气在不同温度下的麦克斯韦分子速率分布曲线,那么哪条曲线的气体温度较高?

9. 导体中自由电子的运动类似于气体分子的运动.设导体中共有 N 个自由电子.电子气中电子的最大速率 v_F 叫作费米速率.电子的速率在 v 与 $v+dv$ 之间的概率为

$$\frac{dN}{N}=\begin{cases} \dfrac{4\pi v^2 A dv}{N}, & 0<v<v_F \\ 0, & v>v_F \end{cases}$$

式中,A 为归一化常量.

(1) 由归一化条件求 A;
(2) 证明电子气中电子的平均动能 $\bar{\varepsilon}=\dfrac{3}{5}\left(\dfrac{1}{2}mv_F^2\right)=\dfrac{3}{5}\varepsilon_F$,此处 $\varepsilon_F=\dfrac{1}{2}mv_F^2$,叫作费米能.

10. 真空管的真空度为 1.333×10^{-3} Pa,设空气分子的有效直径为 3×10^{-10} m,求在温度为 300 K 时空气的分子数密度、平均碰撞频率和平均自由程.已知空气的平均摩尔质量 $M_m=28.9\times 10^{-3}$ kg·mol^{-1}.

第 13 章

热力学基础

一、基本要求

1. 理解准静态过程、内能、功和热量等概念.
2. 掌握热力学第一定律,并能熟练地分析、计算理想气体在等容、等压、等温和绝热过程中的功、热量以及内能改变量. 会计算摩尔热容.
3. 理解循环的意义和循环过程中的能量转换,会计算卡诺循环和其他简单循环热机的效率.
4. 了解可逆过程和不可逆过程的特点,了解热力学第二定律和熵增加原理.
5. 了解热力学第二定律的统计意义和玻耳兹曼关系式.

二、主要内容及例题

1. 准静态过程.

系统状态变化的过程是无限缓慢的,以致使系统所经历的每一中间态都可近似地看成是平衡态,系统的这个状态变化的过程称为准静态过程. 准静态过程是为了研究热力学过程所遵循的宏观规律而引入的理想化模型. 准静态过程可用状态图上的过程曲线来描述.

2. 功和热量.

当热力学系统经一有限的准静态过程,体积由 V_1 变化到 V_2 时,系统对外界做功为 $W = \int_{V_1}^{V_2} p dV$. 当系统体积增大时,做功为正,表示系统对外界做功;当系统体积减小时,做功为负,表示外界对系统做功. 它在数值上等于 p-V 图上过程曲线下面的面积.

系统与外界之间由于存在温度差而传递的能量叫作热量,用符号 Q 表示. 当系统从外界吸热时,$Q>0$;当系统向外界放热时,$Q<0$.

3. 内能.

内能是系统状态的单值函数.对理想气体而言,内能仅是温度的函数.因此,内能的增量只与系统的始、末状态有关,而与系统所经历的过程无关.

4. 热力学第一定律.

其数学表达式为:$Q=W+\Delta E$.对于一无限小的过程,热力学第一定律可写成如下微分形式:

$$dQ = dW + dE$$

热力学第一定律适用于任意热力学系统的热力学过程,无论是准静态过程还是非准静态过程.

【例 13-1】 1 mol 单原子分子理想气体,经历一准静态过程 $b \to c$,如图 13-1 所示,试问:

(1) 在 $b \to c$ 过程中,温度最高状态的位置在何处?

(2) 由温度最高状态到状态 c 的过程中,气体是吸热还是放热?

(3) 在 $b \to c$ 过程中是吸热还是放热?

解:(1) 要求出 $b \to c$ 过程中温度最高的状态,必须先求出直线 bc 上任一点所对应的 T 随 V 变化的函数关系.由图可知,过程 bc 的方程为

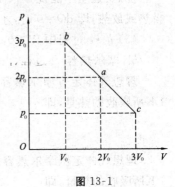

图 13-1

$$p = -\frac{p_0}{V_0}V + 4p_0 \tag{1}$$

由物态方程 $pV=RT$,得

$$T = \frac{pV}{R} \tag{2}$$

将式(1)代入式(2),得

$$T = \frac{1}{R}\left(4p_0 V - \frac{p_0 V^2}{V_0}\right) \tag{3}$$

令 $\dfrac{dT}{dV}=0$,得 $V=2V_0$ 时,T 最大.将 $V=2V_0$ 代入式(3),得

$$T_{\max} = \frac{4p_0 V_0}{R}$$

设 bc 直线上温度最高点为 a,则 a 点在 $p\text{-}V$ 图上对应的坐标为 $V=2V_0$,$p = \dfrac{RT_{\max}}{V} = 2p_0$.

(2) 要讨论 $a \to c$ 过程中是吸热还是放热,必须先计算 $a \to c$ 过程中 ΔE 和 W.

$$\Delta E = C_{V,m}\Delta T = \frac{3}{2}R(T_c - T_a)$$
$$= \frac{3}{2}R\left(\frac{3p_0V_0}{R} - \frac{4p_0V_0}{R}\right) = -\frac{3}{2}p_0V_0$$

功可以通过 p-V 图上直线 ac 下的梯形面积计算：
$$W = \frac{1}{2}(2p_0 + p_0)(3V_0 - 2V_0) = \frac{3}{2}p_0V_0$$

所以 $a \to c$ 过程中吸收的热量为 $Q = \Delta E + W = 0$，即在 $a \to c$ 过程中，系统没有吸热或放热.

注意：这里不能说 $a \to c$ 过程绝热，只有当在某个过程中，每个微小过程都不吸热或放热，即 $dQ = 0$ 时，才能说该过程绝热.

(3) $b \to c$ 过程中 $W > 0$，$\Delta E = 0$，所以该过程是吸热的.

5. 摩尔热容.

理想气体定容摩尔热容 $C_{V,m}$ 是 1 mol 的理想气体在等容过程中温度升高 1 K 所吸收的热量，即
$$C_{V,m} = \frac{dQ_V}{dT} = \frac{i}{2}R$$

理想气体定压摩尔热容 $C_{p,m}$ 是 1 mol 的理想气体在等压过程中温度升高 1 K 所吸收的热量，即
$$C_{p,m} = \frac{dQ_p}{dT} = \frac{i+2}{2}R$$

$C_{p,m}$ 与 $C_{V,m}$ 之差为
$$C_{p,m} - C_{V,m} = R$$

摩尔热容比为
$$\gamma = \frac{C_{p,m}}{C_{V,m}} = \frac{i+2}{i}$$

6. 理想气体三个等值热力学过程和绝热过程.

表 13-1 理想气体几个重要热力学过程的有关公式

过程	过程方程	内能增量	系统做功	吸收热量
等容	$\dfrac{p}{T}=$ 常量	$\nu C_{V,m}(T_2-T_1)$	0	$\nu C_{V,m}(T_2-T_1)$
等压	$\dfrac{V}{T}=$ 常量	$\nu C_{p,m}(T_2-T_1)$	$p(V_2-V_1)$ 或 $\nu R(T_2-T_1)$	$\nu C_{p,m}(T_2-T_1)$

续表

过程	过程方程	内能增量	系统做功	吸收热量
等温	$pV=$ 常量	0	$\nu RT\ln\dfrac{V_2}{V_1}$ 或 $\nu RT\ln\dfrac{p_1}{p_2}$	$\nu RT\ln\dfrac{V_2}{V_1}$ 或 $\nu RT\ln\dfrac{p_1}{p_2}$
绝热	$pV^{\gamma}=$ 常量 $V^{\gamma-1}T=$ 常量 $p^{\gamma-1}T^{-\gamma}=$ 常量	$\nu C_{V,m}(T_2-T_1)$	$-\nu C_{V,m}(T_2-T_1)$ 或 $\dfrac{p_1V_1-p_2V_2}{\gamma-1}$	0

【**例 13-2**】 一定量的某单原子分子理想气体装在封闭的汽缸里. 此汽缸有可活动的活塞(活塞与汽缸壁之间无摩擦且不漏气). 已知气体的初压强 $p_1=1$ atm,体积 $V_1=1$ L,现将该气体在等压下加热直到体积变为原来的 2 倍,然后在等体积下加热直到压强变为原来的 2 倍,最后做绝热膨胀,直到温度下降到初温为止.

(1) 在 p-V 图上将整个过程表示出来;
(2) 试求在整个过程中气体内能的改变;
(3) 试求在整个过程中气体所吸收的热量;
(1 atm$=1.013\times10^5$ Pa)
(4) 试求在整个过程中气体所做的功.

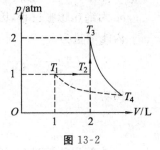

图 13-2

解: (1) p-V 图如图 13-2 所示.

(2) $T_4=T_1$, $E=0$.

(3) $Q=\dfrac{m'}{M_{mol}}C_{p,m}(T_2-T_1)+\dfrac{m'}{M_{mol}}C_{V,m}(T_3-T_2)$

$=\dfrac{5}{2}p_1(2V_1-V_1)+\dfrac{3}{2}[2V_1(2p_1-p_1)]$

$=\dfrac{11}{2}p_1V_1\approx 5.6\times 10^2$ J.

(4) $W=Q=5.6\times 10^2$ J.

7. 循环过程.

工作物质做正循环的机器叫作热机,系统从高温热源吸热,对外做功,向低温热源放热,其效率为

$$\eta=\dfrac{W}{Q_1}=\dfrac{Q_1-Q_2}{Q_1}=1-\dfrac{Q_2}{Q_1}$$

工作物质做逆循环的机器叫作制冷机,系统从低温热源吸热,外界对它做功,向高温热源放热,其制冷系数为 $e=\dfrac{Q_2}{W}=\dfrac{Q_2}{Q_1-Q_2}$.

卡诺循环由四个准静态过程组成,其中两个是等温过程,两个是绝热过程.卡诺热机的效率为 $\eta = 1 - \dfrac{T_2}{T_1}$;卡诺制冷机的制冷系数为 $e = \dfrac{T_2}{T_1 - T_2}$.

【例 13-3】 1 mol 双原子分子理想气体按图 13-3 所示循环,其中 ab 为直线,bc 为绝热线,ca 为等温线. 已知 $T_2 = 2T_1$,$V_3 = 8V_1$. 求:

(1) 各过程的功、内能增量和传递的热量(用 T_1 和已知常数表示);

(2) 此循环的效率.

解:(1) ab 为任意过程,其中内能增量、做功和吸热分别为

$$\Delta E_1 = C_{V,m}(T_2 - T_1) = C_{V,m}(2T_1 - T_1) = \frac{5}{2}RT_1$$

$$W_1 = \frac{1}{2}(p_1 + p_2)(V_2 - V_1) = \frac{1}{2}(p_2 V_2 - p_1 V_1)$$

$$= \frac{1}{2}RT_2 - \frac{1}{2}RT_1 = \frac{1}{2}RT_1$$

$$Q_1 = \Delta E_1 + W_1 = 3RT_1,\text{吸热}$$

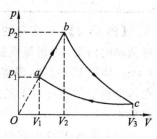

图 13-3

bc 为绝热膨胀过程,因此吸热为 $Q_2 = 0$.

内能增量为

$$\Delta E_2 = C_{V,m}(T_3 - T_2) = C_{V,m}(T_1 - T_2) = -\frac{5}{2}RT_1$$

做功

$$W_2 = -\Delta E_2 = \frac{5}{2}RT_1$$

ca 为等温压缩过程,因此内能增量为 $\Delta E_3 = 0$,此时,

$$Q_3 = W_3 = -RT_1 \ln\left(\frac{V_3}{V_1}\right) = -RT_1 \ln\left(\frac{8V_1}{V_1}\right) = -2.08 RT_1$$

式中,负号表示 ca 过程中外界对系统做功、系统放热.

(2) 此循环的效率为

$$\eta = 1 - \frac{Q_\text{放}}{Q_\text{吸}} = 1 - \frac{|Q_3|}{Q_1} = 1 - \frac{2.08 RT_1}{3RT_1} \approx 30.7\%$$

【例 13-4】 如图 13-4 所示,一定质量的单原子分子理想气体,从初始状态 a 出发经过图中的循环过程又回到状态 a. 其中过程 ab 是直线,$b \to c$ 为等容过程,$c \to a$ 为等压过程. 求此循环过程的效率.

解: 此循环过程中只有 $a \to b$ 过程吸热,循环过程净功可通过三角形的面积计算. 因此用

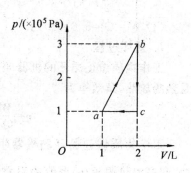

图 13-4

公式 $\eta=\dfrac{W}{Q_1}$ 计算循环效率比较方便.

由图可知,循环过程的净功为

$$W=\frac{1}{2}(p_b-p_c)(V_c-V_a)=\frac{1}{2}\times 2\times 10^5\times 10^{-3}\text{ J}=100\text{ J}$$

循环过程中总吸热为

$$\begin{aligned}Q_1&=Q_{ab}=\Delta E+W_{ab}\\&=\frac{m'}{M}C_{V,m}(T_b-T_a)+\frac{1}{2}(p_a+p_b)(V_b-V_a)\\&=\frac{3}{2}(p_bV_b-p_aV_a)+\frac{1}{2}(p_a+p_b)(V_b-V_a)\\&=950\text{ J}\end{aligned}$$

所以

$$\eta=\frac{W}{Q_1}=\frac{100}{950}\times 100\%\approx 10.5\%$$

通过上述两个循环效率的例子,可得出如下结论:

① 对包含绝热过程的循环过程,用公式 $\eta=1-\dfrac{Q_{放}}{Q_{吸}}$ 求循环效率比较方便.

② 对于 p-V 图上表示为三角形或矩形的循环过程,用公式 $\eta=\dfrac{W}{Q_{吸}}$ 比较方便.

8. 热力学第二定律的两种表述.

a. 开尔文表述:不可能制造出这样一种循环工作的热机,它只使单一热源冷却来做功,而不放出热量给其他物体,或者说不使外界发生任何变化.

b. 克劳修斯表述:不可能把热量从低温物体自动传到高温物体而不引起外界的变化.

9. 可逆过程与不可逆过程.

在系统状态变化过程中,如果逆过程能重复正过程的每一状态,而且不引起其他变化,这样的过程叫作可逆过程.准静态过程(无限缓慢的过程),且无摩擦力、黏滞力或其他耗散力做功,无能量耗散的过程为可逆过程.

在不引起其他变化的条件下,不能使逆过程重复正过程的每一状态,或者虽能重复但必然会引起其他变化,这样的过程叫作不可逆过程.非准静态过程为不可逆过程.

10. 熵增加原理.

熵是系统状态的单值函数.对于可逆过程,熵的增量为 $S_2-S_1=\int_1^2\dfrac{\mathrm{d}Q}{T}$. 熵与热力学概率满足玻耳兹曼关系式 $S=k\ln W$.

熵增加原理:孤立系统中的熵永不减少($\Delta S \geq 0$).它表明孤立系统中的可逆过程,其熵不变;孤立系统中的不可逆过程,其熵要增加.

【例 13-5】 已知冰的比热容 $c_{冰} = 2.1 \text{ J} \cdot \text{g}^{-1} \cdot \text{K}^{-1}$,水的比热容 $c_{水} = 4.2 \text{ J} \cdot \text{g}^{-1} \cdot \text{K}^{-1}$,1 标准大气压下冰的熔化热 $\lambda = 334 \text{ J} \cdot \text{g}^{-1}$,水的汽化热 $L = 2260 \text{ J} \cdot \text{g}^{-1}$.求在 1 标准大气压下 60 g、$-20 \,°\text{C}$ 的冰变为 $100 \,°\text{C}$ 的水蒸气时的熵变.

解:
$$\Delta S = \int_1^2 \frac{\mathrm{d}Q}{T} = \int_{253}^{273} \frac{mc_{冰}\mathrm{d}T}{T} + \frac{m\lambda}{T_0} + \int_{273}^{373} \frac{mc_{水}\mathrm{d}T}{T} + \frac{mL}{T_{100}}$$
$$= \left[60 \times 2.1 \times \ln\left(\frac{273}{253}\right) + \frac{60 \times 334}{273} + 60 \times 4.2 \times \ln\left(\frac{373}{273}\right) + \frac{60 \times 2260}{273} \right] \text{J} \cdot \text{K}^{-1}$$
$$= 525.2 \text{ J} \cdot \text{K}^{-1}$$

三、难点分析

热力学是宏观理论,是以观察和实验为基础,研究物质状态变化过程中关于做功、热量的交换和内能变化等有关物理量的关系及过程进行的方向等.因此,初学者往往觉得这一章公式较多,解决这一问题就必须先理清思路,公式都是围绕热力学第一定律 $Q = \Delta E + W$ 中的三个量 Q、ΔE 和 W 展开的.先要知道这三个量怎么算,然后会计算循环的效率公式 $\eta = 1 - \frac{Q_2}{Q_1} = \frac{W}{Q_1}$.

本章的难点之一是热机的效率公式 $\eta = \frac{W}{Q_1}$ 和制冷机的制冷系数 $e = \frac{Q_2}{W}$,运用公式 $\eta = \frac{W}{Q_1}$ 时,同学们往往认为 W 是系统经过一循环的净功,Q_1 也是经过一循环系统从外界净吸收的热,这样 Q_1 永远等于 W,效率为 100%,显然是错误的,说明没有理解效率的定义.

本章的难点之二是对于一些仅有关于系统变化的描述而没有指明状态参量的具体变化情况,需要判断热力学过程是什么过程时,同学们常常感到难以分析.解决这个问题的关键在于分析过程每一步的特征.根据特征确定具体是什么过程,怎么变化,然后利用热力学第一定律及理想气体几种典型过程的公式来解决问题.

四、习 题

(一) 选择题

1. 一定量的理想气体按 $pV^2=$ 恒量的规律膨胀,则膨胀后理想气体的温度 ( )

   (A) 将升高　　(B) 将降低　　(C) 不变　　(D) 不能确定

2. 一物质系统从外界吸收一定的热量,则 ( )

   (A) 系统的内能一定增加

   (B) 系统的内能一定减少

   (C) 系统的内能一定保持不变

   (D) 系统的内能可能增加,也可能减少,或保持不变

3. 一定量的理想气体,在下列过程中,哪个过程所吸收的热量、内能的增量和对外做的功均为负值 ( )

   (A) 等体降压过程

   (B) 等温膨胀过程

   (C) 等压压缩过程

   (D) 绝热膨胀过程

4. 在 p-V 图中,一定量的理想气体,由平衡态 A 变到平衡态 B ($p_A=p_B$, $V_A<V_B$),则无论经过什么过程,系统必然 ( )

   (A) 对外做功　　　　(B) 从外界吸热

   (C) 内能增加　　　　(D) 向外界放热

5. 1 mol 理想气体从 p-V 图上初态 a 分别经历如图 13-5 所示的(1)或(2)过程到达末态 b. 已知 $T_a<T_b$,则这两过程中气体吸收的热量 Q_1 和 Q_2 的关系是 ( )

   (A) $Q_1>Q_2>0$　　　　(B) $Q_2>Q_1>0$

   (C) $Q_2<Q_1<0$　　　　(D) $Q_1<Q_2<0$

图 13-5

6. 理想气体经历如图 13-6 所示的 abc 平衡过程,则该系统对外做功 W,从外界吸收的热量 Q 和内能的增量 ΔE 的正负情况为 ( )

   (A) $\Delta E>0, Q>0, W<0$

   (B) $\Delta E>0, Q>0, W>0$

   (C) $\Delta E>0, Q<0, W>0$

   (D) $\Delta E<0, Q<0, W<0$

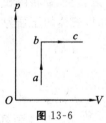

图 13-6

7. 1 mol 单原子分子理想气体从状态 A 变为状态 B，如果不知是什么气体，变化过程也不知道，但 A、B 两状态的压强、体积和温度都知道，则可求出 (　　)

(A) 气体所做的功　　　　　　(B) 气体内能的变化

(C) 气体传给外界的热量　　　(D) 气体的质量

8. 一定量的理想气体，开始时处于压强、体积、温度分别为 p_1、V_1、T_1 的平衡态，经过一过程，变为压强、体积、温度分别为 p_2、V_2、T_2 的终态．若已知 $V_2 > V_1$，且 $T_2 = T_1$，则下列各种说法正确的是 (　　)

(A) 不论经历的是什么过程，气体对外做的净功一定为正值

(B) 不论经历的是什么过程，气体从外界吸收的热量一定为正值

(C) 如果气体从初态变到终态经历的是等温过程，则气体吸收的热量最少

(D) 如果不给定气体所经历的是什么过程，则气体在过程中对外做的净功和从外界吸收热量的正负皆无法判断

9. 氦气、氮气、水蒸气（均视为刚性分子理想气体），它们的摩尔数相同，初始状态相同，若使它们在体积不变的情况下吸收相等的热量，则 (　　)

(A) 它们的温度升高相同，压强增加相同

(B) 它们的温度升高相同，压强增加不同

(C) 它们的温度升高不同，压强增加不同

(D) 它们的温度升高不同，压强增加相同

10. 双原子理想气体作等压膨胀，若膨胀过程中从热源吸收热量为 700 J，则该气体对外做功为 (　　)

(A) 350 J　　(B) 300 J　　(C) 250 J　　(D) 200 J

11. 汽缸中有一定量的氮气（视为刚性分子理想气体），经过绝热压缩，使其压强变为原来的 2 倍，则气体分子的平均速率变为原来的 (　　)

(A) $2^{\frac{2}{5}}$ 倍　(B) $2^{\frac{1}{5}}$ 倍　(C) $2^{\frac{2}{7}}$ 倍　(D) $2^{\frac{1}{7}}$ 倍

12. 如图 13-7 所示，一绝热密闭的容器，用隔板分成相等的两部分，左边有一定量的理想气体，压强为 p_0，右边为真空．今将隔板抽去，气体自由膨胀，当气体达到平衡态时，气体的压强为 (　　)

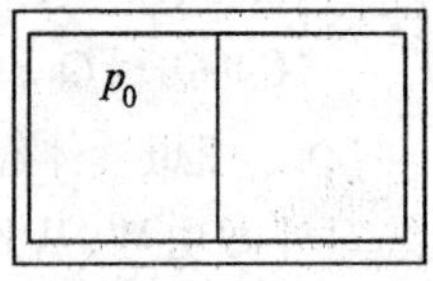

(A) p_0　　　　　　　　(B) $\frac{1}{2}p_0$

(C) $\frac{2^\gamma}{p_0}$　　　　　　(D) $\frac{p_0}{2^\gamma}$

图 13-7

13. 以下所列四图分别表示某人设想的理想气体的四个循环过程．物理上可能实现的循环过程为 (　　)

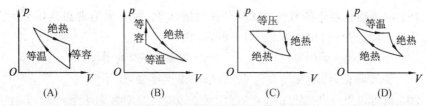

(A)　　　　　(B)　　　　　(C)　　　　　(D)

14. 一定量的某种理想气体起始温度为 T，体积为 V，该气体在下面循环过程中经过三个平衡过程：(1) 绝热膨胀到体积为 $2V$，(2) 等体变化使温度恢复为 T，(3) 等温压缩到原来体积 V．则此整个循环过程中　　　　(　　)

(A) 气体向外界放热　　　　(B) 气体对外界做正功

(C) 气体内能增加　　　　(D) 气体内能减少

15. 设高温热源的热力学温度是低温热源的热力学温度的 n 倍，则理想气体在一次卡诺循环中，传给低温热源的热量是从高温热源吸收的热量的 (　　)

(A) n 倍　　(B) $n-1$ 倍　　(C) $\dfrac{1}{n}$　　(D) $\dfrac{n+1}{n}$ 倍

16. "理想气体与单一热源接触作等温膨胀时，吸收的热量全部用来对外做功."对此说法，下列几种评论正确的是　　　　　　　　　　(　　)

(A) 不违反热力学第一定律，但违反热力学第二定律

(B) 不违反热力学第二定律，但违反热力学第一定律

(C) 不违反热力学第一定律，也不违反热力学第二定律

(D) 违反热力学第一定律，也违反热力学第二定律

17. 根据热力学第二定律可知，下列说法正确的是　　　　(　　)

(A) 功可以全部转换为热，但热不能全部转换为功

(B) 热量可以从高温物体传到低温物体，但不能从低温物体传到高温物体

(C) 不可逆过程就是不能沿相反方向进行的过程

(D) 一切自发过程都是不可逆过程

18. 如图 13-8 所示，设某热力学系统经历一个由 $d \to e \to c$ 的过程，其中 ab 是一绝热线，c、d 在该曲线上．由热力学定律可知，该系统在过程中　　　　(　　)

(A) 不断向外界放出热量

(B) 不断从外界吸收热量

(C) 有的阶段吸热，有的阶段放热，整个过程中吸收的热量等于放出的热量

(D) 有的阶段吸热，有的阶段放热，整个过程中吸收的热量大于放出的热量

(E) 有的阶段吸热，有的阶段放热，整个过程中吸收的热量小于放出的热量

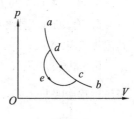

图 13-8

19. 一绝热容器被隔板分成两半,一半是真空,另一半是理想气体,若把隔板抽出,气体将进行自由膨胀,达到平衡后,则 ( )
(A) 温度不变,熵增加 (B) 温度升高,熵增加
(C) 温度降低,熵增加 (D) 温度不变,熵不变

20. 设有以下一些过程:
(1) 两种不同气体在等温下相互混合;(2) 理想气体在定容下降温;(3) 液体在等温下汽化;(4) 理想气体在等温下压缩;(5) 理想气体作绝热自由膨胀.
在这些过程中,使系统熵增加的过程是 ( )
(A) (1)、(2)、(3) (B) (2)、(3)、(4)
(C) (3)、(4)、(5) (D) (1)、(3)、(5)

(二)填空题

1. 在 p-V 图上,
(1) 系统的某一平衡状态用_____来表示;
(2) 系统的某一平衡过程用_____来表示;
(3) 系统的某一平衡循环过程用_____来表示.

2. 如图 13-9 所示,已知图中画不同斜线的两部分的面积分别为 S_1 和 S_2,那么:(1) 如果气体的膨胀过程为 $a \rightarrow 1 \rightarrow b$,则气体对外做功 $W=$_____;(2) 如果气体经历 $a \rightarrow 2 \rightarrow b \rightarrow 1 \rightarrow a$ 的循环过程,则它对外做功 $W=$_____.

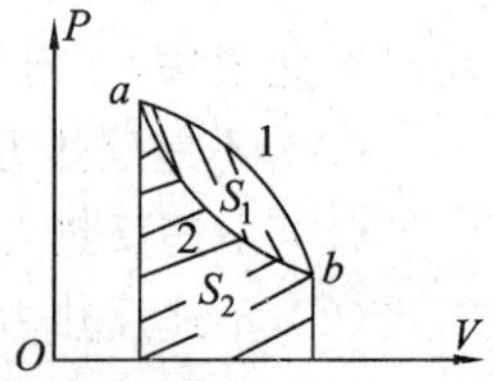

图 13-9

3. 同一种理想气体的定压摩尔热容 C_p 大于定容摩尔热容 C_V,其原因是_____
_____.

4. 在定压下加热一定量的理想气体,使其温度升高 1 K 时,它的体积增加 0.005,则气体原来的温度是_____K.

5. 有 1 mol 刚性双原子分子理想气体,在等压膨胀过程中对外做功 W,则其温度变化 $\Delta T=$_____;从外界吸取的热量 $Q=$_____.

6. 常温常压下,一定量的某种理想气体(可视为刚性分子,自由度为 i),在等压过程中吸热为 Q,对外做功为 A,内能增量为 ΔE,则 $\dfrac{A}{Q}=$_____,$\dfrac{\Delta E}{Q}=$_____.

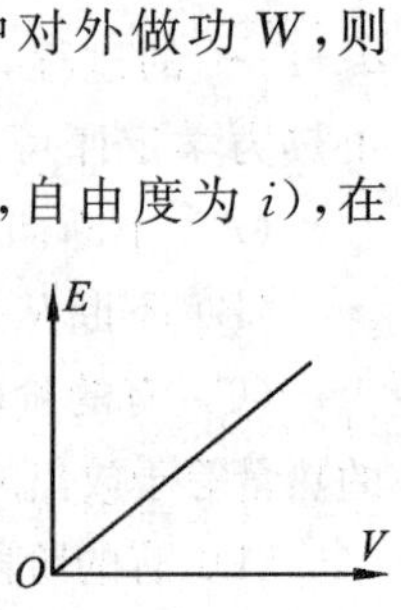

7. 如图 13-10 所示,一定量理想气体的内能 E 和体积 V 的变化关系为一直线,直线延长线经过 O 点,则该过程为

图 13-10

_____过程.(填"等容"、"等压"或"等温")

8. 一定量的某种理想气体在等压过程中对外做功为 200 J,若此种气体为单原子分子气体,则该过程需吸热_____J;若为双原子分子气体,则需吸热_____J.

9. 一定质量的理想气体的体积由 V_1 膨胀到 V_2,分别经过等压过程、等温过程和绝热过程,三个过程中吸热最多的是_____过程,内能变化最少的是_____过程,对外做功最多的是_____过程.

10. 两个相同的容器,一个盛有氢气,一个盛有氦气. 开始时它们的压强和温度都相同,现将 3 J 热量传给氦气,使之升高到一定的温度. 若使氢气也升高同样的温度,则应向氢气传递的热量为_____.

11. 如图 13-11 所示为一理想气体几种状态变化过程的 p-V 图,其中 MT 为等温线,MQ 为绝热线,在 AM、BM、CM 三种准静态过程中,温度降低的是_____过程,气体吸热的是_____过程.

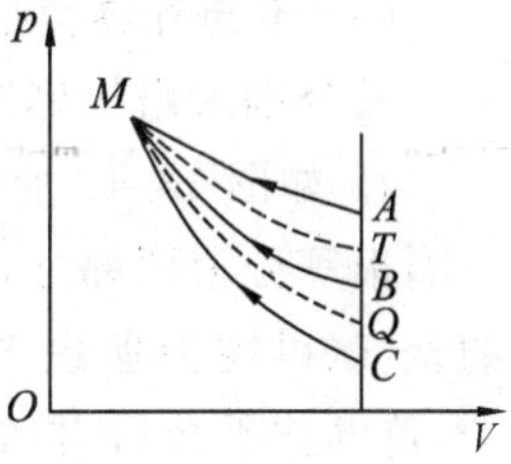

12. 一理想卡诺热机在温度 300 K 和 400 K 的两个热源之间工作.

(1) 若把高温热源温度提高 100 K,则其效率可提高为原来的_____倍;

图 13-11

(2) 若把低温热源温度降低 100 K,则其逆循环的制冷系数将降为原来的_____.

13. 卡诺制冷机,其低温热源温度 $T_2=300$ K,高温热源温度 $T_1=450$ K. 每一循环从低温热源吸热 $Q_2=400$ J,则该制冷机的制冷系数 $e=\dfrac{Q_2}{W}=\dfrac{T_2}{T_1-T_2}=$ _____(式中 W 为外界对系统做的功),每一循环中外界必须做功 $W=$ _____.

14. 热力学第二定律的开尔文表述是_____,克劳修斯表述是_____.

15. 热力学第二定律的开尔文表述和克劳修斯表述是等价的,这表明在自然界中与热现象有关的实际宏观过程都是不可逆的,开尔文表述指出了_____过程是不可逆的,而克劳修斯表述则指出了_____过程是不可逆的.

*16. 一杯热水置于空气中,它总是要冷却到与周围环境相同的温度. 在这一自然冷却过程中,水的熵_____.(填"增大"、"不变"或"减少")

(三)计算及证明题

1. 如果一定量的理想气体,其体积和压强依照 $V=a/\sqrt{p}$ 的规律变化,其中 a 为已知常量. 试求:

(1) 气体从体积 V_1 膨胀到 V_2 所做的功；

(2) 气体体积为 V_1 时的温度 T_1 与体积为 V_2 时的温度 T_2 之比.

2. 1 mol 刚性双原子分子理想气体，开始时压强为 1.0×10^5 Pa，温度为 20 ℃，体积为 V_0. 今使它经以下两种过程达到同一状态：(1) 先保持体积不变，加热使其温度升高到 80 ℃，然后经等温膨胀，体积变为原来的 2 倍；(2) 先经等温膨胀，直至体积变为原来的 2 倍，然后保持体积不变，加热使其温度升高到 80 ℃. 计算上述两过程中气体吸收的热量、内能的改变和气体对外所做的功.

3. 0.02 kg 的氮气(视为理想气体)，温度由 17 ℃升为 27 ℃. 若在升温过程中，

(1) 体积保持不变；

(2) 压强保持不变；

(3) 不与外界交换热量.

试分别求出气体内能的改变、吸收的热量、外界对气体所做的功.

4. 如图 13-12 所示，器壁与活塞均绝热的容器中间被一隔板等分为两部分，其中左边贮有 1 mol 处于标准状态的氦气(可视为理想气体)，另一边为真空. 现先把隔板拉开，待气体平衡后，再缓慢向左推动活塞，把气体压缩到原来的体积. 问氦气的温度改变多少？

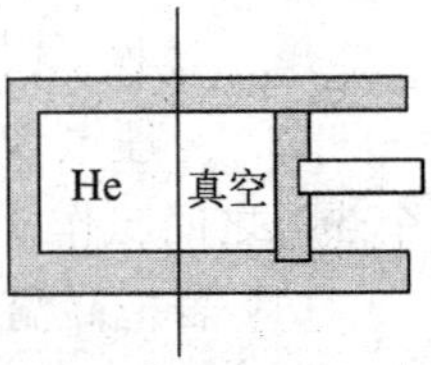

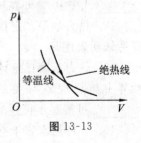

图 13-12

5. 10 mol 单原子分子理想气体，在压缩过程中外界对它做功 209 J，其温度升高 1 K. 试求气体吸收的热量与内能的增量.

6. 汽缸内有 2 mol 氦气，初始温度为 27 ℃，体积为 20 L，先将氦气等压膨胀，直至体积加倍，然后绝热膨胀，直至恢复到初温为止. 把氦气视为理想气体. 试求：

(1) 在 p-V 图上大致画出气体的状态变化过程；

(2) 在这过程中氦气吸收的热量；

(3) 氦气的内能变化；

(4) 氦气所做的总功.

7. 如图 13-13 所示，一定量的理想气体在 p-V 图中的等温线与绝热线交点处两线的斜率之比为 0.714，求其定压摩尔热容和定容摩尔热容.

图 13-13

8. 如图 13-14 所示，abca 为 1 mol 刚性双原子分子理想气体的循环过程. ab 为等温过程，ca 为绝热过程，其中 $T_a = 300$ K. 求：

(1) 各过程中系统吸收的热量、内能的改变以及所做的功；

(2) 循环的效率.

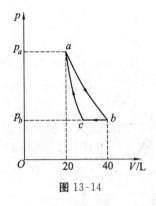
图 13-14

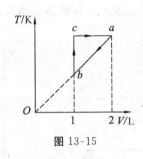
图 13-15

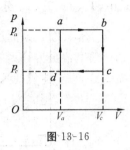
图 13-16

9. 1 mol 单原子分子理想气体的循环过程如图 13-15 中的 T-V 图所示,其中 c 点温度 $T_c=600$ K. 试求:

(1) ab、bc、ca 各个过程中系统吸收的热量;

(2) 经此循环过程系统所做的净功;

(3) 此循环的效率.

10. 如图 13-16 所示,$abcda$ 为 1 mol 单原子分子理想气体的循环过程. ab、cd 为等压过程. 已知 $p_a=2.026\times 10^5$ Pa,$V_a=1$ L,$p_c=1.013\times 10^5$ Pa,$V_c=2.0$ L. 气体循环一次时,

(1) 求气体对外所做的净功;

(2) 求气体从外界吸收的热量 Q;

(3) 求此循环的效率;

(4) 证明 $T_b T_d = T_a T_c$.

11. 一可逆卡诺热机,当高温热源温度为 400 K,低温热源温度为 300 K 时,其每次循环对外做净功 8 000 J. 现维持低温热源的温度不变,提高高温热源温度,使其每次循环对外做净功 10 000 J. 若两个卡诺循环都工作在相同的两条绝热线之间,试求:

(1) 第二个循环热机的效率;

(2) 第二个循环的高温热源温度.

12. 在夏季,假定室外温度恒定为 37.0 ℃,启动空调使室内温度始终保持在 17.0 ℃. 如果每天有 3.13×10^8 J 的热量通过热传导等方式自室外流入室内,则空调一天耗电多少?(设该空调制冷机的制冷系数为同条件下的卡诺制冷机制冷系数的 60%)

13. 如图 13-17 所示为理想气体的一个循环过程,其中 ab、cd 为绝热过程,bc、da 分别是等压过程和等容过程. 试证明此循环的效率为

$$\eta = 1 - \gamma \frac{T_b - T_c}{T_a - T_d}$$

式中，T_a、T_b、T_c、T_d 分别是 a、b、c、d 各状态的温度．

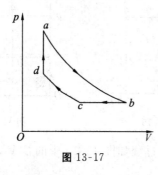

图 13-17

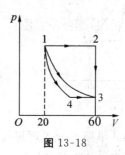

图 13-18

*14. 1 mol 理想气体（绝热指数 $\gamma = 1.4$）的状态变化如图 13-18 所示，其中 $1 \to 3$ 为 300 K 的等温线，$1 \to 4$ 为绝热线，试分别由下列三种过程计算气体的熵变 $\Delta S = S_3 - S_1$．

(1) $1 \to 2 \to 3$；

(2) $1 \to 3$；

(3) $1 \to 4 \to 3$．

第 14 章

相 对 论

一、基本要求

1. 理解伽利略变换及牛顿力学的绝对时空观.

2. 了解迈克耳孙-莫雷实验.

3. 理解狭义相对论的两条基本原理,掌握洛伦兹变换式.

4. 理解同时的相对性,以及长度收缩和时间延缓的概念,掌握狭义相对论的时空观.

5. 掌握狭义相对论中质量、动量与速度的关系以及质量与能量间的关系.

二、主要内容及例题

(一) 绝对时空观和伽利略变换

1. 绝对时空观.

绝对时空观认为:(1)绝对的时间是一维的,永远均匀地流逝,与任何外界无关.(2)绝对空间是三维立体的,与任何外界无关,从不运动并且永远不变.

结论:时间、长度和质量这三个基本物理量在经典力学中都与参照系(观察者)的运动无关.

2. 伽利略时空变换式.

$S'(x', y', z', t')$ 系相对于 $S(x, y, z, t)$ 系以匀速 v 沿 x 轴运动,在 $t = t' = 0$ 时,两坐标系的原点 O、O' 重合,观察两参照系中同一事件的时空关系,有

$$\begin{cases} x' = x - vt \\ y' = y \\ z' = z \\ t' = t \end{cases}$$

当该事件在时空中运动时,有

$$\begin{cases} \Delta x' = \Delta x - v\Delta t \\ \Delta y' = \Delta y \\ \Delta z' = \Delta z \\ \Delta t' = \Delta t \end{cases}$$

上式就是经典力学的伽利略时空变换式：空间和时间的度量都是绝对的，与参照系的选取无关.

（二）狭义相对论基本原理

爱因斯坦相对性原理：物理定律在所有的惯性系中都具有相同的表达形式，即所有惯性参照系对运动的描述都是等效的.

光速不变原理：真空中的光速是常量，与光源或观测者的运动无关.

狭义相对论的基础之一"相对性原理"实际上否定了"绝对静止坐标系"优势地位的存在. 关于"光速不变原理"的理解中，需要注意："真空中的光速，与光源的运动和观测者的运动均无关". 读者可以参考下述例题，理解这两条原理.

（三）洛伦兹坐标变换式

设 $S'(x',y',z',t')$ 系相对于 $S(x,y,z,t)$ 系以匀速 v 沿 x 轴运动，在 $t=t'=0$ 时，两坐标系的原点 O、O' 重合，观察两参照系中同一事件的时空关系，有

洛伦兹坐标变换式：

$$\begin{cases} x' = \dfrac{x-vt}{\sqrt{1-\left(\dfrac{v}{c}\right)^2}} \\ y' = y \\ z' = z \\ t' = \dfrac{t-\dfrac{vx}{c^2}}{\sqrt{1-\left(\dfrac{v}{c}\right)^2}} \end{cases}$$

逆变换为

$$\begin{cases} x = \dfrac{x'+vt'}{\sqrt{1-\left(\dfrac{v}{c}\right)^2}} \\ y = y' \\ z = z' \\ t = \dfrac{t'+\dfrac{vx'}{c^2}}{\sqrt{1-\left(\dfrac{v}{c}\right)^2}} \end{cases}$$

【例 14-1】 设 S' 系以速率 $v=0.6c$ 相对于 S 系沿 xx' 轴运动,且在 $t=t'=0$ 时,$x=x'=0$.

(1) 若有一物体,在 S 系中发生一事件于 $t=2\times 10^{-7}$ s,$x=50$ m 处,则该事件在 S' 系中发生在何处?何时?

(2) 此后,该物体发生的另一个事件在 S 系中发生在 $t=3\times 10^{-7}$ s,$x=10$ m 处,在 S' 系中测得这两个事件的时间间隔为多少?

解: (1) 由洛伦兹坐标变换式可得 S' 系观察者测得的第一事件发生的地点和时间分别为

$$x_1'=\frac{x_1-vt_1}{\sqrt{1-\left(\frac{v}{c}\right)^2}}=17.5 \text{ m}, \quad t_1'=\frac{t_1-\frac{vx_1}{c^2}}{\sqrt{1-\left(\frac{v}{c}\right)^2}}=1.25\times 10^{-7} \text{ s}$$

(2) 同理,第二个事件的发生时刻为

$$t_2'=\frac{t_2-\frac{vx_2}{c^2}}{\sqrt{1-\left(\frac{v}{c}\right)^2}}=3.5\times 10^{-7} \text{ s}$$

所以,在 S' 系中两事件的时间间隔为

$$\Delta t'=t_2'-t_1'=2.25\times 10^{-7} \text{ s}$$

分析: 从洛伦兹坐标变换式可以看出,空间与时间是紧密联系、不可分割的.离开时间的空间和离开空间的时间都是不可能的.不存在孤立的时间,也不存在孤立的空间,只存在时空的统一体.

(四) 狭义相对论时空观

当两个事件在惯性系 $S(x,y,z)$ 中发生的时空位置分别为 (x_1,y_1,z_1,t_1) 和 (x_2,y_2,z_2,t_2),则这两个事件在惯性系 $S'(x',y',z')$ 中发生的时空位置分别为 (x_1',y_1',z_1',t_1') 和 (x_2',y_2',z_2',t_2'),则在惯性系 S 中两事件的时空间隔为:$\Delta x=x_2-x_1$ 和 $\Delta t=t_2-t_1$. 根据洛伦兹坐标变换式,在惯性系 S' 中两事件的时空间隔为:$\Delta x'=\dfrac{\Delta x-v\Delta t}{\sqrt{1-\left(\dfrac{v}{c}\right)^2}}$ 和 $\Delta t'=\dfrac{\Delta t-\dfrac{v}{c^2}\Delta x}{\sqrt{1-\left(\dfrac{v}{c}\right)^2}}$.

1. 同时是相对的.

在惯性系 S 中同时发生的两个事件满足 $\Delta t=t_2-t_1=0$,在惯性系 S' 中 $\Delta t'=\dfrac{-\dfrac{v}{c^2}\Delta x}{\sqrt{1-\left(\dfrac{v}{c}\right)^2}}$ (不一定是同时发生的). 仅当这两个事件在惯性系 S 中同时且同

地发生时,在 S' 中才是同时的.同理,在考虑惯性系 S' 中同时发生的两个事件时,上述结论依然成立.

2. 长度的收缩效应指出了长度的相对性.

长度是指观测者记录下的物体两端的"同时"位置,在与物体相对静止的参照系中测量出来的长度,称为固有长度 l_0.在与物体相对运动的参照系中测出的长度会在运动方向上产生"收缩",其值为

$$l = l_0 \sqrt{1 - \left(\frac{v}{c}\right)^2}$$

【例 14-2】 一列火车长 0.30 km(火车上观察者测得),以 100 km·h^{-1} 的速度行驶,地面上观察者发现有两个闪电同时击中火车的前后两端.问火车上的观察者测得两闪电击中火车前后两端的时间间隔为多少?

分析:首先应确定参照系,如设地面为 S 系,火车为 S' 系,把两闪电击中火车前后端视为两个事件(即两组不同的时空坐标).地面观察者看到两闪电同时击中,即两闪电在 S 系中的时间间隔 $\Delta t = t_2 - t_1 = 0$.火车的长度是相对火车静止的观察者测得的长度(注:物体长度在不指明观察者的情况下,均指相对其静止参照系测得的长度),即两事件在 S' 系中的空间间隔 $\Delta x' = x_2' - x_1' = 0.30 \times 10^3$ m. S' 系相对 S 系的速度即为火车速度(对初学者来说,完成上述基本分析是十分必要的).由洛伦兹变换可得两事件时间间隔之间的关系式为

$$t_2 - t_1 = \frac{(t_2' - t_1') + \frac{v}{c^2}(x_2' - x_1')}{\sqrt{1 - v^2/c^2}} \tag{1}$$

$$t_2' - t_1' = \frac{(t_2 - t_1) - \frac{v}{c^2}(x_2 - x_1)}{\sqrt{1 - v^2/c^2}} \tag{2}$$

将已知条件代入式(1)可直接解得结果.也可利用式(2)求解,此时应注意,式中 $x_2 - x_1$ 为地面观察者测得两事件的空间间隔,即 S 系中测得的火车长度,而不是火车原长.运动物体(火车)有长度收缩效应,即 $x_2 - x_1 = (x_2' - x_1') \sqrt{1 - \left(\frac{v}{c}\right)^2}$.考虑这一关系方可利用式(2)求解.

解法一:根据分析,由式(1)可得火车(S' 系)上的观察者测得两闪电击中火车前后端的时间间隔为

$$t_2' - t_1' = -\frac{v}{c^2}(x_2' - x_1') \approx -9.26 \times^{-14} \text{ s}$$

负号说明火车上的观察者测得闪电先击中车头 x_2' 处.

解法二:根据分析,将

$$x_2 - x_1 = (x_2' - x_1')\sqrt{1-\left(\frac{v}{c}\right)^2}$$

代入式(2),也可得与解法一相同的结果.

3. 时间的延缓效应同样指出了时间的相对性.

时间测量是指观测者记录下的"同地"两事件时间差别,在与物体相对静止的参照系中测量出来的时间间隔,称为固有时间(或原时)Δt_0. 在与物体相对运动的参照系中测出的时间间隔会产生"延缓",其值为

$$\Delta t = \frac{\Delta t_0}{\sqrt{1-\left(\frac{v}{c}\right)^2}}$$

【例 14-3】 宇宙线在大气上层产生的 μ 子是一种不稳定的粒子,在静止参照系中观察,它们平均经过 2×10^{-6} s(其固有寿命)就衰变为电子和中微子,其速度可以达到 $0.998c$. 请解释:为什么实际上 μ 子可以穿透大气 9 000 多米到达地面的实验室并被实验人员探测到?

解:如果没有时间延缓效应,μ 子从产生到衰变的一段时间里平均走过的距离为

$$\Delta x = v\Delta t = 0.998c \times 2\times 10^{-6} \text{ m} \approx 600 \text{ m}$$

这样,μ 子不可能到达地面的实验室.

试用时间延缓效应来解释:以地面为参照系,μ 子的"运动寿命"为

$$\Delta t = \frac{\Delta t_0}{\sqrt{1-\left(\frac{v}{c}\right)^2}} \text{ s} = \frac{2\times 10^{-6}}{\sqrt{1-(0.998)^2}} \text{ s} \approx 3.16\times 10^{-5} \text{ s}$$

按此计算,μ 子这段时间通过的距离约为 9 500 m,基本与实验观测结果一致.

分析:"长度收缩效应"和"时间延缓效应"说明空间和时间是随物质(包括光)运动速度的变化而变化的.

(五)相对论性动量和能量

1. 相对论性动量和质量.

相对论性动量:
$$p = \frac{m_0 v}{\sqrt{1-\left(\frac{v}{c}\right)^2}}$$

其中 m_0 是质点相对某惯性系静止时的质量,称为静止质量.

在狭义相对论中,质量 m 是与速度有关的,称相对论性质量:

$$m = \frac{m_0}{\sqrt{1-\left(\frac{v}{c}\right)^2}}$$

【例 14-4】 一匀质立方体静止时,测得其长、宽、高分别为 a、b、c,质量为 m_0,若它沿着长度方向以速度 v 运动,则它的体密度为多少?

解:运动质量为

$$m = \frac{m_0}{\sqrt{1-\left(\dfrac{v}{c}\right)^2}}$$

运动方向上长度收缩为

$$l = a\sqrt{1-\left(\dfrac{v}{c}\right)^2}$$

所以,该匀质立方体的体密度为

$$\rho = \frac{m_0}{abc\left[1-\left(\dfrac{v}{c}\right)^2\right]}$$

2. 相对论质能关系.

相对论质能方程:$E=mc^2$,式中 m 为相对论性质量.该方程指出:质量是能量的蕴藏.当一个系统的质量改变 Δm 时,其蕴藏的能量将改变 ΔE,且 $\Delta E = \Delta m c^2$.

$E=mc^2$ 是物体运动时具有的总能量,$E_0 = m_0 c^2$ 是物体静止时具有的能量(静能量),$E_k = E - m_0 c^2$ 是物体的相对论性动能.需注意:经典力学中的动能表达式 $\dfrac{1}{2}mv^2$ 仅仅是相对论性动能表达式在 $v \ll c$ 情形下的近似.

【例 14-5】 某快速运动的介子总能量为 3 000 MeV,在静止时的能量为 100 MeV.若这种介子的固有寿命为 2×10^{-6} s,则它到衰变前的运动距离为多少?

解:固有寿命是介子相对观测者静止时测得的,以速度 v 运动后观测者测得的寿命为非固有寿命,即

$$\Delta t = \frac{\Delta t_0}{\sqrt{1-\left(\dfrac{v}{c}\right)^2}}$$

又

$$E_0 = m_0 c^2,\quad \frac{E_0}{E} = \frac{m_0}{m} = \sqrt{1-\left(\dfrac{v}{c}\right)^2} = \frac{1}{30}$$

解得 $v = 0.999c$.因此,观测者测得其运动距离为

$$l = v\Delta t = 599.4 \text{ m}$$

3. 动量和能量的关系:

$$E^2 = p^2 c^2 + m_0^2 c^4$$

分析：有些微观粒子，如光子、中微子是没有静质量的，因而也没有静能量，它们没有静止状态，速率总是 c，可以定义它们的动量和动质量，但此时的质量丧失了惯性方面的含义，几乎成为能量的同义词。

[例 14-6] 若一电子的总能量为 5.0 MeV，求该电子的静能量、动能、动量和速率。

解：电子的静能量为 $E_0 = m_0 c^2 = 0.512$ MeV，电子的动能为 $E_k = E - E_0 = 4.488$ MeV。由 $E^2 = p^2 c^2 + E_0^2$，得电子的动量为

$$p = \frac{1}{c}(E^2 - E_0^2)^{1/2} = 2.66 \times 10^{-21} \text{ kg·m·s}^{-1}$$

由 $E = E_0 \left(1 - \dfrac{v^2}{c^2}\right)^{-1/2}$ 可得电子的速率为

$$v = c \left(\frac{E^2 - E_0^2}{E^2}\right)^{1/2} = 0.995 c$$

三、难点分析

狭义相对论这部分内容学习的难点就在于要彻底摆脱经典力学绝对时空观的束缚，在思想方法上建立全新的狭义相对论时空观，即时空是与物质运动有密切联系且不可分割的。要学会运用狭义相对论的新观点去思考问题。本章的难点之一是对同时的相对性、时空量度的相对性的理解和运用。分析或计算问题时，要分析清楚时空坐标的对应关系和变换关系，是在哪个坐标系中测量，是否属于"同一事件"，对长度收缩 $l = l_0 \sqrt{1 - \dfrac{v^2}{c^2}}$ 和时间延缓 $\Delta t = \dfrac{\Delta t_0}{\sqrt{1 - v^2/c^2}}$ 两个公式的理解和使用，要想清楚是在哪个参考系中进行测量的，什么情况下测出来的是固有长度 l_0 和固有时间 Δt_0。本章的难点之二是相对论动力学，要注意物体质量与速度有关，物体静止时具有静能量 E_0。特别值得注意的是，相对论中物体的动能 $E_k = E - E_0 = mc^2 - m_0 c^2 \neq \dfrac{1}{2} mv^2$。当 $v \ll c$ 时，狭义相对论的时空观、运动学和动力学所给出的规律都会过渡到经典物理规律。

四、习 题

（一）选择题

1. 下列说法正确的是 （   ）

(1) 两个相互作用的粒子系统对某一惯性系满足动量守恒，对另一个惯性系来说，其动量不一定守恒；

(2) 在真空中，光的速度与光的频率、光源的运动状态无关；

(3) 在任何惯性系中,光在真空中沿任何方向的传播速率都相同.
(A) 只有(1)、(2)是正确的　　(B) 只有(1)、(3)是正确的
(C) 只有(2)、(3)是正确的　　(D) 三种说法都是正确的

2. 宇宙飞船相对于地面以速度 v 做匀速直线飞行,某时刻飞船头部的宇航员向尾部发出一个光讯号,经过 Δt(飞船上的钟)后,被尾部的接收器收到,则由此可知飞船的固有长度为　　　　　　　　　　　　　　　　　　　　(　　)

(A) $c\Delta t$　　　　　　　　(B) $v\Delta t$

(C) $c\Delta t\sqrt{1-\left(\dfrac{v}{c}\right)^2}$　　　(D) $\dfrac{c\Delta t}{\sqrt{1-\left(\dfrac{v}{c}\right)^2}}$

3. 按照相对论时空观,下列叙述正确的是　　　　　　　　　　　(　　)
(A) 在一个惯性系中,两个同时的事件在另一惯性系中一定也是同时事件
(B) 在一个惯性系中,两个同时的事件在另一惯性系中一定不是同时事件
(C) 在一个惯性系中,两个同时又同地的事件在另一惯性系中一定也是同时同地事件
(D) 在一个惯性系中,两个同时不同地的事件在另一惯性系中只可能是同时不同地事件
(E) 在一个惯性系中,两个同时不同地的事件在另一惯性系中只可能是同地不同时事件

4. 坐在做匀速直线运动的飞船上的旅客,观察到船的前、后门是同时关上的.地面上的观察者看到　　　　　　　　　　　　　　　　　　　(　　)
(A) 门同时关上　　　　　　(B) 前门先于后门关上
(C) 后门先于前门关上　　　(D) 不能确定

5. 观察者甲以 $\dfrac{4}{5}c$ 的速度相对静止的观察者乙运动.若甲携带一长度为 l、横截面积为 S、质量为 m 的棒,此棒放在运动方向上,则甲、乙各自测得其密度为
(　　)
(A) $\dfrac{m}{Sl}$、$\dfrac{5}{4}\dfrac{m}{Sl}$　(B) $\dfrac{m}{Sl}$、$\dfrac{5}{3}\dfrac{m}{Sl}$　(C) $\dfrac{5}{3}\dfrac{m}{Sl}$、$\dfrac{25}{9}\dfrac{m}{Sl}$　(D) $\dfrac{m}{Sl}$、$\dfrac{25}{9}\dfrac{m}{Sl}$

6. 有一直尺固定在 S' 系中,它与 Ox' 轴的夹角 $\theta'=45°$.如果 S' 系以速度 v 沿 Ox 轴方向相对于 S 系运动,则 S 系中观察者测得该尺与 Ox 轴的夹角为　(　　)
(A) 大于 $45°$
(B) 小于 $45°$
(C) 等于 $45°$

(D) 当 S' 系沿 Ox 轴正向运动时,其夹角大于 $45°$;当 S' 系沿 Ox 轴负向运动时,其夹角小于 $45°$

7. 把一个静止质量为 m_0 的粒子,由静止加速到 $0.6c$(c 为真空中的光速),需做的功等于 (　　)

(A) $0.18m_0c^2$ (B) $0.25m_0c^2$

(C) $0.36m_0c^2$ (D) $1.25m_0c^2$

8. 根据相对论力学,动能为 $\dfrac{1}{4}$ MeV 的电子,其运动速度为(设电子的静能量为 0.5 MeV) (　　)

(A) $0.1c$ (B) $0.5c$ (C) $0.75c$ (D) $0.85c$

(二) 填空题

1. 惯性系 S' 相对于惯性系 S 的速率为 $0.6c$,在 S 系中观测,一事件发生在 $t=2\times10^{-4}$ s,$x=5\times10^3$ m 处,则在 S' 系中观测,该事件发生在 $t'=$ _____ s,$x'=$ _____ m 处.

2. 在惯性系 S 中观察到两个事件同时发生在 x 轴上,其间距为 1 m,在惯性系 S' 中观察到这两个事件之间的空间间隔为 2 m,则在 S' 系中这两个事件的时间间隔为 _____.

3. 在宇宙飞船起飞前,将两根长度均为 l、质量均为 m 的金属棒中的一根沿飞行方向置于船舱内,把两只经过校准且同步的钟的一只放入舱中,另一根金属棒和另一只钟留在地面上,且使两棒平行.当宇宙飞船以速度 v 相对于地球飞行时,地面上的观察者测得飞船中的金属棒的棒长为 _____,质量为 _____,飞船中的钟比地面的钟 _____(填"快了"或"慢了") _____ 倍.飞船上的观察者测得地面上的金属棒的棒长为 _____,质量为 _____;地面的钟比飞船上的钟 _____(填"快了"或"慢了") _____ 倍.

4. 教授给了学生 80 min 的考试时间,学生要求延长为 100 min.教授说:"可以,不过由你们自己选择考场:在宇宙飞船上或在地面教室中.我掌握时间留在地面上."你参加的考场是 _____,并要求飞船以 _____ c 的速率相对于地球飞行才能实现 100 min 的考试.

5. 牛郎星与地球间距 16 光年,宇宙飞船若以 _____ 的速度飞行,将用 4 年的时间(宇宙飞船上的钟指示的时间)抵达牛郎星.

6. 设电子的静止质量为 m_0,将此电子从静止开始加速到 $0.1c$ 的速度,需做功 _____,将此电子的速度从 $0.9c$ 加速到 $0.99c$,又需做功 _____.

7. E_k 是粒子的动能,p 表示它的动量,则粒子的静能量为 _____.

8. 在 $v=$ _____ 情况下,粒子的动量等于非相对论性动量的两倍;$v=$

_____时粒子的动能等于其静能量.

(三) 计算题

1. S 系中记录到两事件空间间隔 $\Delta x = 600$ m,时间间隔 $\Delta t = 8 \times 10^{-7}$ s,而 S' 系中记录 $\Delta t' = 0$,求 S' 系相对 S 系的速度.

2. 作为静止的自由粒子时的中子平均寿命为 930 s,它能自发地转变为一个电子、一个质子和一个中微子. 试问:一个中子必须以多大的平均最小速率离开太阳,才能在转变之前到达地球? 已知地球到太阳的平均距离为 1.496×10^{11} m.

3. 火箭相对于地面以 $u = 0.6c$ 的匀速度向上飞离地球. 在火箭发射 10 s 后(火箭上的钟),该火箭向地面发射一导弹,其速度相对于地面为 $v = 0.3c$. 问:火箭发射后多长时间导弹到达地球(地球上的钟)? 计算中假设地面不动.

4. 一艘宇宙飞船船身固有长度 $l_0 = 90$ m,相对于地面以 $u = 0.8c$ 的匀速度从一观测站的上空飞过.

(1) 观测站测得飞船的船身通过观察站的时间间隔是多少?

(2) 宇航员测得船身通过观察站的时间间隔是多少?

5. 设有宇宙飞船 A 和 B,固有长度均为 $l_0 = 100$ m,沿同一方向匀速飞行,在飞船 B 上观测飞船 A 的船头、船尾经过飞船 B 船头的时间间隔为 $\frac{5}{3} \times 10^{-7}$ s,求飞船 B 相对于飞船 A 的速度大小.

6. 一物体的速度使其质量增加了 10%,试问此物体在运动方向上缩短了百分之几?

7. 一静止电子(静能量为 0.51 MeV)被 1.3 MV 的电势差加速,然后以恒定速度运动. 问:

(1) 电子在达到最终速度后飞越 8.4 m 的距离需要多长时间?

(2) 在与电子的运动相对静止的观察系中测量,电子飞越了多少距离?

8. 已知一粒子的动能等于其静能量的 n 倍,求:

(1) 粒子的速率;

(2) 粒子的动量.

第15章

量子物理

一、基本要求

1. 了解经典物理在说明黑体辐射时所遇到的困难,了解普朗克量子假说的内容和意义.

2. 了解经典理论在解释光电效应时所遇到的困难,掌握爱因斯坦的光子假说、爱因斯坦方程和康普顿效应的实验规律及理论解释.

3. 理解微观粒子的波粒二象性,掌握德布罗意假设及不确定关系.

4. 了解经典物理在应用原子核模型解释氢光谱时所遇到的困难,掌握玻尔氢原子理论.

5. 掌握微观粒子波函数的统计解释及波函数的性质,了解如何应用薛定谔方程处理一维势阱等问题.

6. 理解原子的壳层结构以及原子中电子状态按四个量子数分布的规律.

二、主要内容及例题

(一) 光的量子性

1. 黑体.

黑体是一种能全部吸收照射到它上面的各种波长辐射的物体.黑体也是一个理想的发射体.

黑体辐射的结论:黑体辐射频率为 ν 的能量,其值是不连续的,只能为 $h\nu$ 的整数倍,称为能量量子化.这个假设的提出标志着量子理论的诞生.

2. 光电效应.

a. 概念:当光照射到金属或金属氧化物等固体表面时,会有电子从表面逸出,这种现象称为光电效应.

1905 年爱因斯坦提出了光子学说:光是一束粒子流,光子的能量与光子的频率成正比,即 $\varepsilon = h\nu$. 光子的动量 $p = mv = \dfrac{h\nu}{c} = \dfrac{h}{\lambda}$. 质量 $m = \dfrac{h\nu}{c^2}$,但光子的静止质量为 0. 光的强度取决于单位体积内光子的数目,即光子密度,光强 $I = Nh\nu$.

b. 爱因斯坦的光电效应方程为

$$h\nu = W + \frac{1}{2}mv^2$$

式中, $\dfrac{1}{2}mv^2$ 为光电子的最大动能,W 为金属的逸出功. 若以 ν_0 表示红限频率,则 $W = h\nu_0$;若以 U_0 表示反向遏止电压,则 $eU_0 = \dfrac{1}{2}mv^2$. 因此光电效应方程可变为

$$eU_0 = h\nu - h\nu_0$$

【例 15-1】 用 Na 作为阴极做光电效应实验,用波长 $\lambda_1 = 300$ nm 的光入射时,测出遏止电势差 $U_{01} = 1.85$ V,改用 $\lambda_2 = 400$ nm 的光入射时,测出 $U_{02} = 0.82$ V. 求:

(1) 普朗克常量 h;
(2) 逸出功 W;
(3) 红限波长 λ_0.

解:(1) 由

$$\begin{cases} h\nu_1 = eU_{01} + W \\ h\nu_2 = eU_{02} + W \end{cases}$$

故

$$h = \frac{e(U_{01} - U_{02})}{c\left(\dfrac{1}{\lambda_1} - \dfrac{1}{\lambda_2}\right)} \approx 6.6 \times 10^{-34} \text{ J} \cdot \text{s}$$

(2)
$$W = h\dfrac{c}{\lambda_1} - eU_{01}$$

因 $\lambda_1 = 300$ nm,$U_{01} = 1.85$ V,代入上式,得 $W = 3.64 \times 10^{-19}$ J $= 2.27$ eV.

(3)
$$\lambda_0 = \frac{c}{\nu_0} = \frac{hc}{W} \approx 5.44 \times 10^{-7} \text{ m} = 544 \text{ nm}$$

3. 康普顿效应.

a. 概念:当波长为 λ_0 的射线(如 X 射线)投射到石墨等物质上,将发生向各个方向的散射,散射光中除波长不变(λ_0)的射线外,还有波长变长($\lambda > \lambda_0$)的射线,这种现象称为康普顿效应.

b. 实验规律:波长的改变量 $\Delta\lambda = \lambda - \lambda_0$ 与散射角 φ 的关系为

$$\Delta\lambda = 2\lambda_c \sin^2 \frac{\varphi}{2}$$

式中，$\lambda_c = \dfrac{h}{mc} = 0.002\ 4\ \text{nm}$，称为康普顿波长．

c. 解释康普顿效应：用经典的波动理论解释康普顿效应遇到了困难．

用光子理论解释：入射的光子与石墨中的自由电子发生完全弹性碰撞．当一个光子与散射物质中束缚很紧的电子发生碰撞时，光子与整个原子交换能量，因原子质量比光子质量大得多，根据碰撞理论，这时光子不会显著失去能量，而主要是改变方向，这就是波长几乎不变的散射；当一个光子与一个自由电子或束缚很弱的电子发生碰撞时，光子不仅改变方向，而且还把一部分能量传给电子，因此，碰撞后光子能量变小，波长变长．

碰撞时遵守能量守恒定律和动量守恒定律．

康普顿效应在理论上和实验上的符合，直接证实了光子具有一定的质量、能量和动量，这进一步证实了爱因斯坦的理论．

【例 15-2】 波长 $\lambda = 1.00 \times 10^{-10}$ m 的 X 射线与静止的自由电子发生弹性碰撞，在与入射角成 90°角的方向上观察，问：

(1) 散射波长的改变量 $\Delta\lambda$ 为多少？

(2) 反冲电子得到多少动能？

(3) 在碰撞中，光子的能量损失了多少？

解：(1) $\Delta\lambda = \lambda_c(1-\cos\theta) = \lambda_c(1-\cos 90°) = \lambda_c = 2.43 \times 10^{-12}$ m

(2) 反冲电子的动能为

$$E_k = mc^2 - m_0 c^2 = \dfrac{hc}{\lambda} - \dfrac{hc}{\lambda'} = \dfrac{hc}{\lambda}\left(1 - \dfrac{\lambda}{\lambda'}\right) = 295\ \text{eV}$$

(3) 光子损失的能量等于反冲电子的动能，为 295 eV．

（二）玻尔氢原子理论

1. 氢原子光谱．

莱曼系($m=1$)：$\sigma = R\left(\dfrac{1}{1^2} - \dfrac{1}{n^2}\right)$ ($n=2,3,4,\cdots$)   紫外区

巴尔末系($m=2$)：$\sigma = R\left(\dfrac{1}{2^2} - \dfrac{1}{n^2}\right)$ ($n=3,4,5,\cdots$)   可见光区

帕邢系($m=3$)：$\sigma = R\left(\dfrac{1}{3^2} - \dfrac{1}{n^2}\right)$ ($n=4,5,6,\cdots$)   近红外区

布拉开系($m=4$)：$\sigma = R\left(\dfrac{1}{4^2} - \dfrac{1}{n^2}\right)$ ($n=5,6,7,\cdots$)   红外区

普丰德系($m=5$)：$\sigma = R\left(\dfrac{1}{5^2} - \dfrac{1}{n^2}\right)$ ($n=6,7,8,\cdots$)   红外区

2. 玻尔的氢原子理论.

a. 定态假设：原子能够而且只能够稳定地存在于离散能量相对应的一系列状态——定态，提出($E_1, E_2, \cdots$)定态能级概念.

b. 跃迁条件：
$$h\nu = E_n - E_m \quad (E_n > E_m)$$

c. 轨道角动量量子化假设：
$$L = \frac{nh}{2\pi} = n\hbar$$

3. 氢原子的定态能量及轨道半径：
$$r_n = \frac{\varepsilon_0 n^2 h^2}{\pi m e^2}, \quad E_n = -\frac{me^4}{8\varepsilon_0^2 h^2 n^2}, \quad n = 1, 2, 3, \cdots$$

当 $n=1$（基态）时，$r_1 = \frac{\varepsilon_0 h^2}{\pi m e^2} = 0.053$ nm，称为玻尔半径；$E_1 = -\frac{me^4}{8\varepsilon_0^2 h^2} = -13.6$ eV，称为基态能量.

当 $n = 2, 3, \cdots$ 时（激发态），$r_n = n^2 r_1$，$E_n = \frac{E_1}{n^2}$.

因为 $E_n = -\frac{me^4}{8\varepsilon_0^2 h^2 n^2} (n = 1, 2, 3, \cdots)$，所以从 $E_n \to E_m (E_n > E_m)$ 跃迁辐射出光子的频率为
$$\nu = \frac{E_n - E_m}{h} = \frac{me^4}{8\varepsilon_0^2 h^3}\left(\frac{1}{m^2} - \frac{1}{n^2}\right)$$

则波数为
$$\sigma = \frac{1}{\lambda} = \frac{\nu}{c} = \frac{me^4}{8\varepsilon_0^2 h^3 c}\left(\frac{1}{m^2} - \frac{1}{n^2}\right)$$

令 $R = \frac{me^4}{8\varepsilon_0^2 h^3 c} = 1.097\,373 \times 10^7$ m^{-1}，称为里德伯常量理论值. 故
$$\sigma = \frac{1}{\lambda} = R\left(\frac{1}{m^2} - \frac{1}{n^2}\right)$$

此式与氢原子光谱公式相符.

【例 15-3】 (1) 将一个氢原子从基态激发到 $n = 4$ 的激发态需要多少能量？

(2) 处于 $n = 4$ 的激发态的氢原子可发出多少条谱线？其中有多少条可见光谱线，其光波波长各为多少？

解：(1) $\Delta E = E_4 - E_1 = \frac{E_1}{4^2} - E_1 = \left[\frac{-13.6}{4^2} - (-13.6)\right]$ eV
$= 12.75$ eV $\approx 2 \times 10^{-18}$ J

(2) 在某一瞬时，一个氢原子只能发射与某一谱线相应的一定频率的一个

光子,在一段时间内可以发出的谱线跃迁如图 15-1 所示,共有 6 条谱线.

由图可知,可见光的谱线属于巴尔末系,为 $n=4$ 和 $n=3$ 跃迁到 $n=2$ 的两条：

$$\sigma_{42}=R_H\left(\frac{1}{2^2}-\frac{1}{4^2}\right)=1.097\times 10^7 \times \left(\frac{1}{4}-\frac{1}{16}\right) \text{ m}^{-1}$$
$$\approx 0.206\times 10^7 \text{ m}^{-1}$$

$$\lambda_{42}=\frac{1}{\sigma_{42}}=485.4 \text{ nm}$$

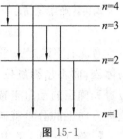

图 15-1

$$\sigma_{32}=R\left(\frac{1}{2^2}-\frac{1}{3^2}\right)\approx 0.152\times 10^7 \text{ m}^{-1}$$

$$\lambda_{32}=\frac{1}{\sigma_{32}}=657.9 \text{ nm}$$

(三) 量子力学基础

1. 德布罗意波(物质波).

德布罗意提出：实物粒子也具有波粒二象性,与实物粒子相伴随的波称为德布罗意波.

德布罗意波长：

$$\lambda=\frac{h}{p}=\frac{h}{mv}$$

德布罗意波与经典意义的波不同,如机械波是机械振动在介质中的传播,而德布罗意波则是对微观粒子运动的统计描述.

德布罗意波是物质波,是概率波,波加强的地方,是粒子出现概率大的地方.

【**例 15-4**】 电子静止质量 $m_e=9.1\times 10^{-31}$ kg,以 $v=6.0\times 10^6$ m·s^{-1} 速度运动.质量 $m=50$ kg 的人,以 $v=15$ m·s^{-1} 的速度运动,试比较电子与人的德布罗意波长.

解：电子的德布罗意波长为

$$\lambda=\frac{h}{m_e v}=\frac{6.63\times 10^{-34}}{9.1\times 10^{-31}\times 6\times 10^6} \text{ m}\approx 1.2\times 10^{-10} \text{ m}$$

人的德布罗意波长为

$$\lambda=\frac{6.63\times 10^{-34}}{50\times 15} \text{ m}\approx 8.8\times 10^{-37} \text{ m}$$

电子的德布罗意波长与 X 射线接近,而人的德布罗意波长仪器观测不到,所以宏观物体的波动性不必考虑,只需考虑其粒子性.

*2. 不确定关系.

$$\Delta x \cdot \Delta p_x \geqslant h, \quad \Delta y \cdot \Delta p_y \geqslant h, \quad \Delta z \cdot \Delta p_z \geqslant h$$

意义：不确定关系是海森堡在 1927 年首先提出来的. 它是粒子波粒二象性的体现，而不是测量技术问题，也不是误差. 即对于微观粒子，不能同时用确定的位置和确定的动量来描述. 如果粒子的坐标确定得越准确，那么粒子的动量在该坐标方向上的分量就确定得越不准确；反之亦然.

【*例 15-5】 若电子与质量 $m=0.01$ kg 的子弹都以 200 m·s^{-1} 的速度沿 x 方向运动，速率测量相对误差在 0.01% 内. 求在测量二者速率的同时测量位置所能达到的最小不确定度 Δx.

解：(1) 电子动量不确定度为

$$\Delta p_x = p \times 0.01\% = m_e v \times 0.01\%$$
$$= 9.11 \times 10^{-31} \times 200 \times 0.01\% \text{ kg·m·s}^{-1}$$
$$\approx 1.8 \times 10^{-32} \text{ kg·m·s}^{-1}$$

因 $\Delta x \Delta p_x \geqslant h$，得 $\Delta x \geqslant \dfrac{h}{\Delta p_x} \approx 3.7 \times 10^{-2}$ m.

(2) 子弹动量不确定度为

$$\Delta p_x = p \times 0.01\% = mv \times 0.01\%$$
$$= 0.01 \times 200 \times 0.01\% \text{ kg·m·s}^{-1} = 2.0 \times 10^{-4} \text{ kg·m·s}^{-1}$$

因 $\Delta x \Delta p_x \geqslant h$，得 $\Delta x \geqslant \dfrac{h}{\Delta p_x} = 3.3 \times 10^{-30}$ m.

原子的直径约为 10^{-10} m，电子位置不确定度 $\Delta x = 3.7 \times 10^{-2}$ m，是原子大小的几亿倍. 电子用轨道描写毫无道理.

子弹位置不确定度 $\Delta x = 3.3 \times 10^{-30}$ m 很小，仪器测不出，用经典坐标、动量完全能精确描写.

3. 波函数.

a. 波函数的概念：电子、质子等微观粒子具有波动性，因此可用波函数描述它的运动状态. 对沿任意方向运动的自由粒子，其相应的波函数为

$$\Psi(r,t) = \Psi_0 e^{-i(Et - \boldsymbol{p} \cdot \boldsymbol{r})/\hbar}$$

波函数振幅的平方为

$$|\Psi_0|^2 = \Psi \Psi^* = |\Psi|^2$$

式中，Ψ^* 为波函数 Ψ 的共轭复数，$|\Psi|^2$ 称为概率密度.

b. 波函数的统计意义.

对应于自由粒子在空间的一个状态，就有一由伴随该状态的德布罗意波确定的概率，所以该波又叫作概率波.

c. 波函数的归一化条件.

粒子在整个空间出现的概率为

$$\iiint_{-\infty}^{+\infty} |\Psi|^2 dxdydz = 1$$

上式称为波函数的归一化条件.

d. 波函数的标准化条件：波函数是单值、有限、连续函数.

【例 15-6】 一维无限深势阱中粒子的定态波函数为

$$\Psi_n = \sqrt{\frac{2}{a}} \sin \frac{n\pi x}{a}$$

求：(1) 粒子处于基态时的概率密度；

(2) 粒子处于 $n=1$ 的状态时，在 $x=0$ 到 $x=\frac{a}{3}$ 之间找到粒子的概率.

解：(1) 概率密度为

$$|\Psi_n|^2 = \frac{2}{a} \sin^2\left(\frac{n\pi x}{a}\right), \quad n=1,2,3,\cdots$$

当 $n=1$ 时，
$$|\Psi_n|^2 = \frac{2}{a} \sin^2\left(\frac{\pi x}{a}\right)$$

(2) 在 $x=0$ 到 $x=\frac{a}{3}$ 之间找到粒子的概率为

$$\int_0^{\frac{a}{3}} \frac{2}{a} \sin^2\left(\frac{\pi x}{a}\right) dx = \frac{2}{a} \int_0^{\frac{a}{3}} \sin^2 \frac{\pi x}{a} \cdot \frac{a}{\pi} d\left(\frac{\pi}{a} x\right)$$

$$= \frac{2}{\pi} \left[\frac{1}{2} \frac{\pi}{a} x - \frac{1}{4} \sin \frac{2\pi x}{a}\right]\Big|_0^{\frac{a}{3}} = 0.195$$

【例 15-7】 求波函数归一化常数和概率密度.

$$\Psi(x) = \begin{cases} 0, & x \leqslant 0, x \geqslant a \\ A e^{-\frac{i}{\hbar} Et} \sin \frac{\pi}{a} x, & 0 < x < a \end{cases}$$

解：利用归一化条件：

$$\int_{-\infty}^{+\infty} |\Psi(x)|^2 dx = \int_0^a A^2 \sin^2 \frac{\pi x}{a} dx = \frac{A^2 a}{2} = 1$$

求得 $A = \sqrt{\frac{2}{a}}$，则概率密度为

$$p = |\Psi|^2 = \begin{cases} 0, & x \leqslant 0, x \geqslant a \\ \frac{2}{a} \sin^2 \frac{\pi x}{a}, & 0 < x < a \end{cases}$$

4. 原子中电子的壳层结构.

a. 四个量子数.

原子中电子的状态可由四个量子数来决定：

① 主量子数 $n=1,2,3,\cdots$，可决定电子中主要能量.

② 副量子数 $l=0,1,2,\cdots,n-1$，可决定电子绕核运动的动量矩.

③ 磁量子数 $m_l=0,\pm 1,\pm 2,\cdots,\pm l$，可决定电子绕核运动轨道动量矩空间取向.

④ 自旋量子数 $m_s=\pm\dfrac{1}{2}$，决定电子自旋动量矩空间取向. 最早证实电子自旋的实验是斯特恩-盖拉赫实验.

b. 电子的排列遵循泡利不相容原理和能量最小原理，它是按照壳层和分壳层分布的.

当 n 一定时,不同量子态的数目为 $2n^2$;当 n、l 一定时,不同量子态的数目为 $2(2l+1)$;当 n、l、m_l 一定时,不同量子态的数目为 2.

【例 15-8】 在主量子数 $n=2$ 的电子壳层上最多可能有多少个电子？写出每个电子所具有的四个量子数.

解：最多可能的电子数等于量子态数 $2n^2=8$ 个，四个量子数的取值范围为

$$n=2,\quad l=\begin{cases}0 & m_l=0 & m_s=\pm 1/2 \\ 1 & m_l=\begin{cases}0 & m_s=\pm 1/2 \\ 1 & m_s=\pm 1/2 \\ -1 & m_s=\pm 1/2\end{cases}\end{cases}$$

每个电子所具有的四个量子数为 $(2,0,0,1/2)$、$(2,0,0,-1/2)$、$(2,1,0,1/2)$、$(2,1,0,-1/2)$、$(2,1,1,1/2)$、$(2,1,1,-1/2)$、$(2,1,-1,1/2)$、$(2,1,-1,-1/2)$.

三、难点分析

量子物理的学习难点在于如何正确理解微观领域中经典物理不再适用,要理解量子理论建立的过程. 本章的难点之一是对黑体辐射实验、光电效应、康普顿效应、玻尔氢原子理论等的理解. 首先从一些实验现象的描述,试图用经典理论加以解释,出现矛盾,解释失败,从而不得不突破旧理论,以假设的形式提出新观点,在新观点的基础上能对实验结果作出完满的解释,然后提出的假设就成了新的理论. 在此基础上再去理解新理论的含义,掌握新理论的一些基本概念和结论.

本章的难点之二是量子物理中的概念和原理抽象,需突破经典物理形成的思维定式,要理解德布罗意波、实物粒子的波粒二象性、不确定关系、波函数等概

念和物理意义,构建微观领域中实物粒子运动的图像.

本章的难点之三是能否基于薛定谔方程理解氢原子核外电子运动的数学图像是"电子云"图,要与经典的电子运动轨道划清界限,要弄清楚 n、l、m_l 量子数在量子力学中不是人为设立的,而是在求解薛定谔方程过程中自然出现的,说明只有量子力学才能解释粒子运动状态的量子化和量子化条件.

本章的难点之四是如何理解电子自旋以及用来描述核外电子状态的物理量是四个量子数,并基于泡利不相容原理和能量最小原理掌握多电子原子体系中电子的分布规律和相应的电子组态.

四、习 题

(一)选择题

1. 黑体辐射、光电效应及康普顿效应皆突出表明了光的 ( )
   (A) 波动性　　(B) 粒子性　　(C) 单色性　　(D) 偏振性

2. 对于同一种金属,频率为 ν_1 和 ν_2 的两种单色光均能产生光电效应.已知此金属的红限频率为 ν_0,测得两种单色光的截止电压分别为 U_{a1} 和 U_{a2}($2U_{a1}=U_{a2}$),则 ( )
   (A) $\nu_2 = \nu_1 - \nu_0$ 　　　　(B) $\nu_2 = \nu_1 + \nu_0$
   (C) $\nu_2 = 2\nu_1 - \nu_0$ 　　　(D) $\nu_2 = \nu_1 - 2\nu_0$

3. 已知某单色光照射到一金属表面产生了光电效应,若此金属的逸出电势是 U_0(使电子从金属逸出需做功 eU_0),则此单色光的波长 λ 必须满足 ( )
   (A) $\lambda \leqslant \dfrac{hc}{eU_0}$ 　(B) $\lambda \geqslant \dfrac{hc}{eU_0}$ 　(C) $\lambda \leqslant \dfrac{eU_0}{hc}$ 　(D) $\lambda \geqslant \dfrac{eU_0}{hc}$

4. 用频率为 ν_1 的单色光照射某种金属时,逸出光电子的最大动能为 E_k;若改用频率为 $2\nu_1$ 的单色光照射此种金属时,则逸出光电子的最大动能为 ( )
   (A) $2E_k$ 　　　　　　　(B) $2h\nu_1 - E_k$
   (C) $h\nu_1 - E_k$ 　　　　(D) $h\nu_1 + E_k$

5. 关于光电效应和康普顿效应中电子与光子的相互作用过程,下列说法正确的是 ( )
   (A) 两种效应中电子和光子的相互作用都服从动量守恒定律和能量守恒定律
   (B) 前一效应中电子吸收光子能量,后一效应中电子与光子的相互作用是弹性碰撞过程
   (C) 两种效应中电子和光子的相互作用都是弹性碰撞过程
   (D) 以上说法都不正确

6. 光子能量为 0.5 MeV 的 X 射线,入射到某种物质上而发生康普顿散射. 若反冲电子的动能为 0.1 MeV,则散射光波长的改变量 $\Delta\lambda$ 与入射光波长 λ_0 之比为 （　　）

(A) 0.20　　(B) 0.25　　(C) 0.30　　(D) 0.35

7. 在康普顿效应实验中,若散射光波长是入射光波长的 1.2 倍,则散射光光子能量与反冲电子动能之比为 （　　）

(A) 2　　(B) 3　　(C) 4　　(D) 5

8. 康普顿效应的主要特点是 （　　）

(A) 散射光的波长均比入射光的波长短,且随散射角增大而减小,但与散射体的性质无关

(B) 散射光的波长均与入射光的波长相同,与散射角、散射体性质无关

(C) 散射光中既有与入射光波长相同的,也有比入射光波长长的和比入射光波长短的,这与散射体性质有关

(D) 散射光中有些波长比入射光的波长长,且随散射角的增大而增大,有些散射光的波长与入射光的波长相同,这都与散射体的性质无关

9. 已知氢原子从基态激发到某一定态所需能量为 10.19 eV,若氢原子从能量为 -0.85 eV 的状态跃迁到上述定态时,所发射光子的能量为 （　　）

(A) 2.56 eV　　(B) 3.14 eV　　(C) 4.25 eV　　(D) 9.95 eV

10. 氢原子光谱的巴尔末线系中波长最大的谱线用 λ_1 表示,其次波长用 λ_2 表示,则它们的比值 $\lambda_1:\lambda_2$ 为 （　　）

(A) 9 : 8　　(B) 16 : 9　　(C) 27 : 20　　(D) 20 : 27

11. 氢原子的莱曼系是原子由激发态跃迁至基态而发射的谱线系,为使处于基态的氢原子发射此线系中最大波长的谱线,则向该原子提供的能量至少应是 （　　）

(A) 1.5 eV　　(B) 3.4 eV　　(C) 10.2 eV　　(D) 13.6 eV

12. 有两种粒子,其质量 $m_1=2m_2$,动能 $E_{k1}=2E_{k2}$,则它们的德布罗意波长之比 λ_1/λ_2 为 （　　）

(A) $\dfrac{1}{4}$　　(B) $\dfrac{1}{2}$　　(C) $\dfrac{1}{\sqrt{2}}$　　(D) $\dfrac{1}{8}$

13. 如果两种不同质量的粒子,其德布罗意波长相同,则这两种粒子的（　　）

(A) 动量相同　　(B) 能量相同　　(C) 速度相同　　(D) 动能相同

*14. 已知光子的波长 $\lambda=300$ nm,测量此波长的不确定量 $\Delta\lambda=3.0\times10^{-4}$ nm,则该光子的位置不确定量为 （　　）

(A) 300 nm　　(B) 30 nm　　(C) 0.3 m　　(D) 0.38 m

*15. 关于不确定关系 $\Delta x \Delta p_x \geq h$，有以下几种理解：

(1) 粒子的动量不可能确定；

(2) 粒子的坐标不可能确定；

(3) 粒子的动量和坐标不可能同时确定；

(4) 不确定关系不仅适用于电子和光子，也适用于其他粒子．

其中正确的是 ( )

(A) (1)、(2) (B) (3)、(4) (C) (2)、(4) (D) (1)、(4)

16. 已知在一维无限深矩形势阱中，粒子的波函数为 $\Psi(x) = \dfrac{1}{\sqrt{a}} \cos \dfrac{3\pi x}{2a}(-a \leq x \leq a)$，则粒子在 $x = \dfrac{5a}{6}$ 处出现的概率密度为 ( )

(A) $\dfrac{1}{2a}$ (B) $\dfrac{1}{a}$ (C) $\dfrac{1}{\sqrt{a}}$ (D) $\dfrac{1}{\sqrt{2a}}$

17. 有下列四组量子数：

(1) $n=3, l=2, m_l=0, m_s=\dfrac{1}{2}$；

(2) $n=3, l=3, m_l=1, m_s=\dfrac{1}{2}$；

(3) $n=3, l=1, m_l=-1, m_s=-\dfrac{1}{2}$；

(4) $n=3, l=0, m_l=0, m_s=-\dfrac{1}{2}$．

其中可以描述原子中电子状态的 ( )

(A) 只有(1)、(3) (B) 只有(2)、(4)

(C) 只有(1)、(3)、(4) (D) 只有(2)、(3)、(4)

18. 对于氢原子中处于 $2p$ 状态的电子，描述其量子态的四个量子数 (n, l, m_l, m_s) 可能的取值是 ( )

(A) $\left(3, 2, 1, -\dfrac{1}{2}\right)$ (B) $\left(2, 0, 0, \dfrac{1}{2}\right)$

(C) $\left(2, 1, -1, -\dfrac{1}{2}\right)$ (D) $\left(1, 0, 0, \dfrac{1}{2}\right)$

(二) 填空题

1. 已知某金属的逸出功为 W，用频率为 ν_1 的光照射使金属产生光电效应，则：(1) 该金属的红限频率 $\nu_0 = $ _____ ；(2) 光电子的最大速度 $v_m = $ _____．

2. 当波长为 300 nm 的光照射在某金属表面时，光电子的能量为 0～4.0×

10^{-19} J. 在做上述光电效应实验时遏止电压为 $|U_0|=$ _____ V, 此金属的红限频率 $\nu_0=$ _____ Hz.

3. 分别以频率 ν_1、ν_2 的单色光照射某一光电管,若 $\nu_1>\nu_2$(ν_1、ν_2 均大于红限频率 ν_0),则当两种频率的入射光的光强相同时,所产生的光电子的最大初动能 E_1 _____ E_2(填"<"、"="或">"),为阻止光电子到达阳极,所加的遏止电压 $|U_{01}|$ _____ $|U_{02}|$(填"<"、"="或">"),所产生的饱和光电流 I_{01} _____ I_{02}.(填"<"、"="或">")

4. 在康普顿散射中,当散射光子与入射光子方向所成夹角 $\varphi=$ _____ 时,散射光子的频率小得最多;当 $\varphi=$ _____ 时,散射光子的频率与入射光子的频率相同.

5. 在康普顿效应中,波长为 λ_0 的入射光子与静止的自由电子碰撞后又反向弹回,则反冲电子获得的动能为 _____ (已知康普顿波长为 λ_c).

6. 使氢原子中电子从 $n=3$ 的状态电离,至少需要供给的能量为 _____ eV(已知基态氢原子的电离能为 13.6 eV).

7. 在氢原子发射光谱的巴尔末线系中有一频率为 6.15×10^{14} Hz 的谱线,它是氢原子从能级 $E_n=$ _____ eV 跃迁到能级 $E_k=$ _____ eV 而发出的.

8. 能量为 15 eV 的光子,被处于基态的氢原子吸收,使氢原子电离发射一个光电子,则此光电子的德布罗意波长为 _____.

9. 具有相同德布罗意波长的低速运动的质子和 α 粒子的动量之比 $p_p:p_\alpha=$ _____,动能之比 $E_p:E_\alpha=$ _____.

*10. 如果电子被限制在边界 x 与 $x+\Delta x$ 之间,$\Delta x=0.05$ nm,则电子动量 x 分量的不确定量近似为 _____ kg·m·s^{-1}.(不确定关系式 $\Delta x\cdot\Delta p_x\geqslant h$)

*11. 一个光子的波长为 3.0×10^{-7} m. 如果测定此波长的精确度为 $\frac{\Delta\lambda}{\lambda}=10^{-6}$,试求同时测定此光子位置的不确定度 $\Delta x=$ _____.

12. 1921 年,施特恩和盖拉赫在实验中发现:一束处于 s 态的原子射线在非均匀磁场中分裂为两束.对于这种分裂用电子轨道运动的角动量空间取向量子化难以解释,只能用 _____ 来解释.

13. 宽度为 0.1 nm 的无限深势阱中,$n=1$ 时,电子的能量为 _____ eV;宽度为 1 cm 的无限深势阱中,$n=1$ 时,电子的能量为 _____ eV.($E_n=\frac{h^2n^2}{8ma^2}$,$n=1,2,3,\cdots$)

14. 粒子在一维无限深势阱中运动(势阱宽度为 a),其波函数为 $\Psi(x)=\sqrt{\frac{2}{a}}\sin\frac{3\pi x}{a}$($0<x<a$),则粒子出现的概率最大的各个位置是 $x=$ _____.

15. 根据量子力学理论,氢原子中电子的角动量 $L=\sqrt{l(l+1)}\hbar$,当主量子数 $n=3$ 时,电子的角动量的可能取值为____.

16. 钴($Z=27$)有两个电子在 $4s$ 态,没有 $n\geqslant 4$ 的其他电子,则在 $3d$ 态的电子可有____个.

17. 微观粒子具有波粒二象性,量子力学中用波函数 Ψ 来表示粒子的状态,波函数 Ψ 应满足的条件是____.

(三)计算及证明题

1. 波长为 λ 的单色光照射某金属 M 表面产生光电效应,发射的光电子(电量绝对值为 e,质量为 m)经狭缝 S 后垂直进入磁感应强度为 B 的均匀磁场,如图 15-2 所示.今已测出电子在该磁场中做圆周运动的最大半径为 R,求:

(1) 金属材料的逸出功;

(2) 遏止电势差.

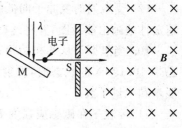

图 15-2

2. 铝的逸出功为 4.2 eV,今用波长为 200 nm 的紫外光照射到铝表面上,发射的光电子的最大初动能为多少?遏止电势差为多少?铝的红限波长是多少?

3. 图 15-3 所示为在一次光电效应实验中得出的曲线.

(1) 求证:对不同材料的金属,AB 线的斜率相同;

(2) 由图上数据求出普朗克常量 h.
(基本电荷 $e=1.60\times 10^{-19}$ C)

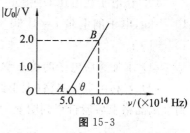

图 15-3

4. 已知 X 射线光子的能量为 0.60 MeV,在康普顿散射之后波长变化了 20%,求反冲电子获得的动能.

5. 波长 $\lambda=0.070\,8$ nm 的 X 射线在石墨上受到康普顿散射,求在 $\frac{\pi}{2}$ 和 π 方向上散射 X 射线的波长.

6. 用波长 $\lambda_0=0.1$ nm 的光子做康普顿实验.

(1) 散射角 $\varphi=90°$ 的康普顿散射波长是多少?

(2) 分配给反冲电子的动能有多大?

7. 氢原子光谱的巴尔末线系中,有一光谱线的波长为 434 nm.试问:

(1) 与这一谱线相应的光子能量为多少电子伏特?

(2) 该谱线是氢原子由能级 E_n 跃迁到能级 E_k 产生的,n 和 k 各为多少?

(3) 最高能级为 E_5 的大量氢原子,最多可以发射几个线系?共几条谱线? 其中属于巴尔末线系的有几条?请在氢原子能级图中表示出来,并说明波长最短的是哪一条谱线.

8. 已知氢光谱的某一线系的极限波长为 364.7 nm,其中有一谱线波长为 656.5 nm.试由玻尔氢原子理论,求与该波长相应的初态与终态能级的能量.

9. 实验发现基态氢原子可吸收能量为 12.75 eV 的光子.
(1) 试问氢原子吸收该光子后将被激发到哪个能级?
(2) 受激发的氢原子向低能级跃迁时,可能发出哪几条谱线?计算其波长.请定性地画出能级图,并将这些跃迁画在能级图上.

10. 当氢原子从某初始状态跃迁到激发能(从基态到激发态所需的能量)为 $\Delta E = 10.19$ eV 的状态时,发射出光子的波长是 $\lambda = 486$ nm,试求该初始状态的能量和主量子数.

11. α 粒子在磁感应强度 $B = 0.025$ T 的均匀磁场中沿半径 $R = 0.83$ cm 的圆形轨道运动.
(1) 试计算其德布罗意波长(α 粒子的质量 $m_\alpha = 6.64 \times 10^{-27}$ kg);
(2) 若使质量 $m = 0.1$ g 的小球以与 α 粒子相同的速率运动,则其波长为多少?

12. 让电子在电压 $U = 300$ V 的电场中加速,已知电子的质量 $m = 9.11 \times 10^{-31}$ kg,电子的电量 $e = 1.60 \times 10^{-19}$ C,初速度为 0,普朗克常量 $h = 6.63 \times 10^{-34}$ J·s.
(1) 求加速后电子的德布罗意波长;
(2) 若利用金属晶格(大小约 10^{-10} m)作为障碍物,把上述加速过的电子射到金属晶格上后能否得到明显的电子衍射图样,请给出理由.

*13. 波长 $\lambda = 500$ nm 的光波沿 x 轴正向传播,如果测定波长的精确度 $\frac{\Delta \lambda}{\lambda}$ 为 10^{-7},试求同时测定光子位置坐标的不确定度.

*14. 电子位置的不确定量为 5.0×10^{-2} nm 时,其速率的不确定量为多少?

15. 已知粒子在一维无限深势阱中运动,其波函数 $\Psi(x) = \sqrt{\frac{2}{a}} \sin\left(\frac{\pi x}{a}\right)$ $(0 \leqslant x \leqslant a)$,求:
(1) 发现粒子概率最大的位置;
(2) 在 $x = 0$ 到 $x = \frac{a}{4}$ 区间内发现该粒子的概率.

16. 一粒子被限制在相距为 l 的两个不可穿透的壁之间,如图 15-4 所示.

描写粒子状态的波函数 $\Psi = cx(l-x)$，其中 c 为待定常量，求在 $0 \sim \dfrac{l}{4}$ 区间发现粒子的概率.

17. 一个粒子沿 x 方向运动，可以用下列波函数描述：
$$\Psi(x) = \dfrac{A}{1+ix}$$

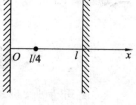

图 15-4

（1）由归一化条件定出常数 A；
（2）求概率密度；
（3）什么地方出现粒子的概率最大？其最大值为多少？

18. 在描述原子内电子状态的量子数 n、l、m_l 中，
（1）当 $n=5$ 时，l 的可能值是多少？
（2）当 $l=5$ 时，m_l 的可能值为多少？
（3）当 $l=4$ 时，n 的最小可能值是多少？
（4）当 $n=3$ 时，电子可能的状态数为多少？

《大学物理》(1)模拟卷 A

使用专业、班级_____ 学号_____ 姓名_____

题 数	一	二	三				总 分
			1	2	3	4	
得 分							

本题得分

一、选择题(每小题 2 分,共计 30 分)

题号	1	2	3	4	5	6	7	8	9	10	11	12	13	14	15
选择															

1. 一质点在平面上运动,已知质点位置矢量的表示式为 $r = at^2 i + bt^2 j$(其中 a、b 为常量),则该质点做 ( )

(A) 匀速直线运动　　　　　(B) 抛物线运动

(C) 变速直线运动　　　　　(D) 一般曲线运动

2. 一力学系统由两个质点组成,它们之间只有引力作用.若两质点所受外力的矢量和为零,则此系统 ( )

(A) 动量、机械能以及对一轴的角动量都守恒

(B) 动量、机械能守恒,但角动量是否守恒还不能断定

(C) 动量守恒,但机械能和角动量是否守恒还不能断定

(D) 动量和角动量守恒,但机械能是否守恒还不能断定

3. 力 $F = (3i + 5j)$ kN,其作用点的矢径为 $r = (4i - 3j)$ m,则该力对坐标原点的力矩大小为 ( )

(A) -3 kN·m　　　　　　(B) 29 kN·m

(C) 19 kN·m　　　　　　 (D) 3 kN·m

4. 关于刚体对轴的转动惯量,下列说法正确的是 ( )

(A) 只取决于刚体的质量,与质量的空间分布和轴的位置无关

(B) 取决于刚体的质量和质量的空间分布,与轴的位置无关

(C) 取决于刚体的质量、质量的空间分布和轴的位置

(D) 只取决于轴的位置,与刚体的质量和质量的空间分布无关

5. 如图所示,一轻绳跨过两个质量均为 m、半径均为 R 的匀质圆盘状定滑轮. 绳的两端分别系着质量分别为 m 和 $2m$ 的重物,不计滑轮转轴的摩擦. 将系统由静止释放,且绳与两滑轮间均无相对滑动,则两滑轮之间绳的张力为 ( )

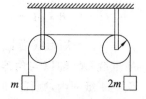

选择题第 5 题图

(A) mg (B) $\dfrac{3mg}{2}$

(C) $2mg$ (D) $\dfrac{11mg}{8}$

6. 在一点电荷 q 产生的静电场中,一块电介质按图所示放置,以点电荷所在处为球心,作一球形闭合面 S,则对此球形闭合面,有 ( )

(A) 高斯定理成立,且可用它求出闭合面上各点的场强

(B) 高斯定理成立,但不能用它求出闭合面上各点的场强

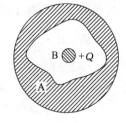

选择题第 6 题图

(C) 由于电介质不对称分布,高斯定理不成立

(D) 即使电介质对称分布,高斯定理也不成立

7. 在一个原来不带电的外表面为球形的空腔导体 A 内,放有一带电量为 $+Q$ 的带电导体 B,如图所示. 比较空腔导体 A 的电势 U_A 和导体 B 的电势 U_B,有 ( )

(A) $U_A = U_B$

(B) $U_A > U_B$

(C) $U_A < U_B$

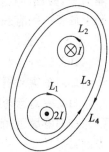

选择题第 7 题图

(D) 因空腔形状不是球形,两者无法比较

8. 平行板电容器充电后与电源断开,然后在两极板间插入一导体平板,则电容 C、极板间电压 U、极板空间(不含插入的导体板)的电场强度 E 以及电场的能量 W 将($\uparrow$ 表示增大,$\downarrow$ 表示减小) ( )

(A) $C\downarrow, U\uparrow, W\uparrow, E\uparrow$

(B) $C\uparrow, U\downarrow, W\downarrow, E$ 不变

(C) $C\uparrow, U\uparrow, W\uparrow, E\uparrow$

(D) $C\downarrow, U\downarrow, W\downarrow, E\downarrow$

9. 如图所示,流出纸面的电流为 $2I$,流进纸面的电流为 I,则下列各式正确的是 ( )

(A) $\oint_{L_1} \boldsymbol{B} \cdot d\boldsymbol{l} = 2\mu_0 I$ (B) $\oint_{L_2} \boldsymbol{B} \cdot d\boldsymbol{l} = \mu_0 I$

选择题第 9 题图

201

(C) $\oint_{L_3} \boldsymbol{B} \cdot \mathrm{d}\boldsymbol{l} = -\mu_0 I$ (D) $\oint_{L_4} \boldsymbol{B} \cdot \mathrm{d}\boldsymbol{l} = -\mu_0 I$

10. 一矩形线框长为 a、宽为 b，置于均匀磁场中，线框绕 OO' 轴以匀角速度 ω 旋转。设 $t=0$ 时，线框平面处于纸面内，则任一时刻感应电动势的大小为 ( )

(A) $2abB|\cos \omega t|$ (B) $abB\omega$

(C) $\frac{1}{2}\omega abB|\cos \omega t|$ (D) $\omega abB|\cos \omega t|$

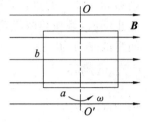

选择题第 10 题图

11. 在有磁场变化着的空间内，如果没有导体存在，则该空间 ( )

(A) 既无感应电场，又无感应电流

(B) 既无感应电场，又无感应电动势

(C) 有感应电场和感应电动势

(D) 有感应电场，无感应电动势

12. 在某空间设置有两个线圈 1 和 2，线圈 1 对线圈 2 的互感系数为 M_{21}，而线圈 2 对线圈 1 的互感系数为 M_{12}。若它们分别流过电流强度为 i_1 和 i_2 的变化电流，且 $\left|\frac{\mathrm{d}i_1}{\mathrm{d}t}\right| = \left|\frac{\mathrm{d}i_2}{\mathrm{d}t}\right|$。下列判断正确的是 ( )

(A) $M_{12}=M_{21}, \varepsilon_{12}=\varepsilon_{21}$ (B) $M_{12}\neq M_{21}, \varepsilon_{12}\neq \varepsilon_{21}$
(C) $M_{12}=M_{21}, \varepsilon_{12}>\varepsilon_{21}$ (D) $M_{12}=M_{21}, \varepsilon_{12}<\varepsilon_{21}$

13. 一宇航员要到离地球 5 光年的星球去旅行，现宇航员希望将这路程缩短为 3 光年，则他所乘火箭相对于地球的速度是 ( )

(A) $0.5c$ (B) $0.6c$ (C) $0.8c$ (D) $0.9c$

14. 两个惯性系 S 和 S'，沿 $X(X')$ 轴方向做相对运动，相对运动速度为 u。设在 S' 系中某点先后发生了两个事件，用固定于该系的钟测出两事件的时间间隔为 τ_0，而用固定在 S 系中的钟测出这两个事件的时间间隔为 τ；又在 S' 系 X' 轴上放置一固有长度为 l_0 的细杆，从 S 系测得此杆的长度为 l，则 ( )

(A) $\tau<\tau_0, l<l_0$ (B) $\tau<\tau_0, l>l_0$
(C) $\tau>\tau_0, l>l_0$ (D) $\tau>\tau_0, l<l_0$

15. 在狭义相对论中，下列说法正确的有 ( )

(1) 一切运动物体相对于观察者的速度都不能大于真空中的光速；

(2) 质量、长度、时间的测量结果都是随物体与观察者的相对运动状态而改变的；

(3) 在一惯性系中发生于同一时刻、不同地点的两个事件在其他一切惯性系中也是同时发生的；

(4) 惯性系中的观察者观察一个与他做匀速相对运动的时钟时,会看到该时钟比与他相对静止的相同的时钟走得慢些.

(A) (1)、(3)、(4)   (B) (1)、(2)、(4)

(C) (1)、(2)、(3)   (D) (2)、(3)、(4)

二、填空题（每小题 3 分,共计 30 分）

1. 用动量 p 表示出牛顿第二定律的矢量形式：_____．

2. 一质点在平面上做曲线运动,其速率 v 与路程 s 的关系为 $v=1+s^2$ (SI),则其切向加速度以路程 s 来表示的表达式为 $a_t=$_____(SI).

3. 质量为 m 的小球自高为 y_0 处沿水平方向以速率 v_0 抛出,与地面碰撞后跳起的最大高度为 $0.5y_0$,水平速率为 $0.5v_0$,则碰撞过程中地面对小球的水平冲量的大小为_____．

4. 长为 l 的木杆,质量为 M,可绕通过其中点并与之垂直的轴转动．今有一子弹质量为 m,以水平速度 v 射入杆的一端,并留在其中,木杆获得的角速度为_____．

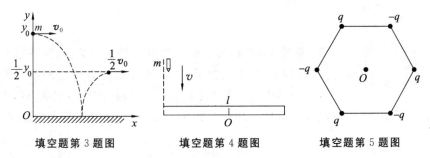

填空题第 3 题图   填空题第 4 题图   填空题第 5 题图

5. 边长为 a 的正六边形每个顶点处有一个点电荷,取无限远处作为参考点,则 O 点的电势为_____,O 点的场强大小为_____．

6. 内、外半径分别为 R_1 和 R_2,面电荷密度为 σ 的均匀带电非导体圆环,绕轴线以匀角速度 ω 旋转,圆环中心的磁感应强度的大小为_____．

7. 在磁场中某点放一很小的试验线圈．若线圈的面积增大一倍,且其中电流也增大一倍,则该线圈所受的最大磁力矩将是原来的_____倍．

8. 如图所示,平行放置在同一平面内的三条载流长直导线,要使导线 AB 所受的安培力等于零,则 $x=$_____．

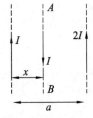

填空题第 8 题图

9. 如图所示,两个线圈 P 和 Q 并联地接到一电动势恒定的电源上.线圈 P 的自感和电阻分别是线圈 Q 的两倍,线圈 P 和 Q 之间的互感可忽略不计.当达到稳定状态后,线圈 P 的磁场能量与线圈 Q 的磁场能量的比值是_____.

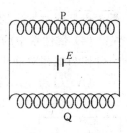

填空题第 9 题图

10. 质子在加速器中被加速,当其动能为静能的 3 倍时,其质量为静止质量的_____倍.

三、计算题(每小题 10 分,共计 40 分)

1. 一物体在介质中按规律 $x = ct^3$ 做直线运动,c 为一常量.设介质对物体的阻力正比于速度的平方.试求物体由 $x_0 = 0$ 运动到 $x = l$ 时阻力所做的功.(已知阻力系数为 k)

2. 质量为 M、长为 L 的均匀的细杆竖直放置,其下端与一固定铰链 O 相接,并可绕其转动.由于此竖直放置的细杆处于非稳定的平衡状态,当其受到微小扰动时,细杆将在重力作用下由静止开始绕铰链 O 转动.试计算细杆与竖直线成 θ 角时的角速度和角加速度.

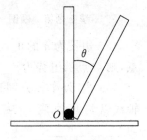

计算题第 2 题图

3. 若把电子想象为一个相对介电常数≈ 1的球体,它的电荷$-e$在球体内均匀分布. 假设电子的静电能量等于它的静能$m_0 c^2$(m_0为电子的静止质量,c为真空中的光速),求电子的半径R.

4. 一半径为R的长直螺线管,$\dfrac{dB}{dt}>0$,且为常数. 在其内放一导线ab,长为l. 求:

(1) ab上的感应电动势;

(2) 当$ab=bc=R$时ac上的感应电动势.

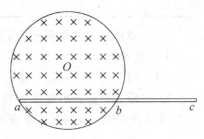

计算题第 4 题图

《大学物理》(1) 模拟卷 B

使用专业、班级_____ 学号_____ 姓名_____

题数	一	二	三	四				总分
				1	2	3	4	
得分								

本题得分

一、选择题(每小题 2 分,共计 20 分)

题号	1	2	3	4	5	6	7	8	9	10
选择										

1. 一质点在力的作用下沿光滑水平面做直线运动,力 $F=6x^2$ (SI). 质点从 $x_1=1$ m 运动到 $x_2=2$ m 的过程中,该力所做的功为　　　　　(　)

   (A) 6 J　　　(B) 14 J　　　(C) 42 J　　　(D) 84 J

2. 一质点从静止出发绕半径为 R 的圆周做匀变速圆周运动,角加速度为 α,当该质点走完一圈回到出发点时,所经历的时间为　　　(　)

   (A) $\dfrac{1}{2}\alpha^2 R$　　　　　　(B) $\sqrt{\dfrac{4\pi}{\alpha}}$

   (C) $\dfrac{2\pi}{\alpha}$　　　　　　(D) 条件不够,不能确定

3. 一人站在旋转平台的中央,两臂侧平举,整个系统以 2π rad·s^{-1} 的角速度旋转,转动惯量为 6.0 kg·m^2. 如果将双臂收回,则系统的转动惯量变为 2.0 kg·m^2. 此时系统的转动动能与原来的转动动能之比 $\dfrac{E_k}{E_{k0}}$ 为　　　(　)

   (A) $\sqrt{2}$　　　　　　(B) $\sqrt{3}$

   (C) 2　　　　　　(D) 3

4. 有一外表形状不规则的带电的空腔导体,比较 A、B 两点的电场强度 E 和电势 V,应该有　　　(　)

   (A) $E_A=E_B$,$U_A=U_B$

选择题第 4 题图

(B) $E_A=E_B$, $U_A<U_B$
(C) $E_A=E_B$, $U_A>U_B$
(D) $E_A\neq E_B$, $U_A=U_B$

5. 载流导线形状如图所示,通有相同电流 I,图中直线部分导线延伸到无穷远,在圆心 O 处的磁感应强度大小为 ( )

(A) $\dfrac{\mu_0 I}{2R}\sqrt{\dfrac{1}{4}+\dfrac{1}{\pi^2}}$ (B) $\dfrac{\mu_0 I}{2R}\left(\dfrac{1}{2}+\dfrac{1}{\pi}\right)$

(C) $\dfrac{\mu_0 I}{2\pi R}\sqrt{\dfrac{1}{4}+\dfrac{1}{\pi^2}}$ (D) $\dfrac{\mu_0 I}{2R}\left(\dfrac{1}{2}-\dfrac{1}{\pi}\right)$

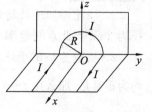

选择题第 5 题图

6. 一空气平行板电容器充电后与电源断开,然后在两极板间充满各向同性的均匀电介质,则场强的大小 E、电容 C、电压 U、电场能量 W_e 四个量各自与充入介质前相比较,增(用符号↑表示)、减(用符号↓表示)情况为 ( )

(A) $E\downarrow$, $C\uparrow$, $U\uparrow$, $W_e\downarrow$ (B) $E\downarrow$, $C\uparrow$, $U\downarrow$, $W_e\downarrow$
(C) $E\uparrow$, $C\uparrow$, $U\uparrow$, $W_e\uparrow$ (D) $E\uparrow$, $C\downarrow$, $U\downarrow$, $W_e\uparrow$

7. 如图所示,一载流螺线管的旁边有一圆形线圈,欲使线圈产生图示方向的感应电流 i,下列可以做到的是 ( )

(A) 载流螺线管向线圈靠近
(B) 载流螺线管离开线圈
(C) 载流螺线管中电流增大
(D) 在载流螺线管中插入铁芯

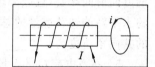

选择题第 7 题图

8. 在某地发生两件事,静止位于该地的甲测得时间间隔为 4 s,若相对于甲做匀速直线运动的乙测得时间间隔为 5 s,则乙相对于甲的运动速度是(c 表示真空中的光速) ( )

(A) $\dfrac{4}{5}c$ (B) $\dfrac{3}{5}c$ (C) $\dfrac{2}{5}c$ (D) $\dfrac{1}{5}c$

9. K 系与 K' 系是坐标轴相互平行的两个惯性系,K' 系相对于 K 系沿 Ox 轴正方向匀速运动.一根刚性尺静止在 K' 系中,与 $O'x'$ 轴成 $30°$ 角.今在 K 系中观测到该尺与 Ox 轴成 $45°$ 角,则 K' 系相对于 K 系的速度为 ( )

(A) $\dfrac{2}{3}c$ (B) $\dfrac{1}{3}c$ (C) $\sqrt{\dfrac{2}{3}}c$ (D) $\sqrt{\dfrac{1}{3}}c$

10. 根据相对论力学,动能为 0.25 MeV 的电子,其运动速度约等于 ( )
(A) $0.1c$ (B) $0.5c$ (C) $0.75c$ (D) $0.85c$

(c 表示真空中的光速,电子的静能 $m_0c^2 = 0.51$ MeV)

二、填空题(每小题 3 分,共计 30 分)

1. 飞轮做加速转动时,轮边缘上一点的运动学方程为 $s=0.1t^3$(SI). 飞轮半径为 2 m. 当此点的速率 $v=30$ m/s 时,其加速度大小为_____ m/s².

2. 质量为 m 的小球,在力 $F=-kx$ 作用下运动,已知 $x=A\cos\omega t$,式中 k、ω、A 均为正常量. 那么在 $t=0$ 到 $t=\dfrac{\pi}{2\omega}$ 时间内小球的动量增量为_____.

3. 灯距地面高度为 h_1,一个人身高为 h_2,在灯下以匀速率 v 沿水平直线行走,如图所示. 他的头顶在地上的影子 M 点沿地面移动的速率为 $v_M=$_____.

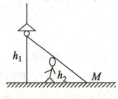

填空题第 3 题图

4. 如图所示,一半径为 R 的匀质小木球固定在一长为 l 的匀质细棒的下端,且可绕水平光滑固定轴 O 转动. 今有一质量为 m、速度为 v_0 的子弹,沿着与水平面成 α 角的方向射向球心,且嵌于球心. 已知小木球、细棒对通过 O 的水平轴的转动惯量的总和为 J,则子弹嵌入球心后系统的共同角速度为_____.

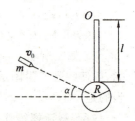

填空题第 4 题图

5. 在点电荷 Q 的电场中,把一个电量为 1×10^{-9} C 的电荷从无限远处移到离该点电荷距离为 0.1 m 处,电场力做功 1.8×10^{-5} J,则该点电荷的电量 Q 为_____. (设无限远处电势为零,真空中的介电常数为 ε_0)

6. 在载有电流 I 的长直导线附近,放一导体半圆环 MeN,使之与长直导线共面,且端点 MN 的连线与长直导线垂直. 半圆环的半径为 b,环心 O 与导线相距 a. 设半圆环以速度 v 平行导线平移,半圆环内感应电动势的大小 $U_{MN} = V_M - V_N =$_____.

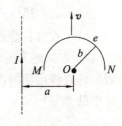

填空题第 6 题图

7. 两电容器电容之比 $C_1 : C_2 = 1 : 2$,将它们串联后接到电压一定的电源上充电,它们的电能之比是_____.

8. A、B 两个导体球,半径之比为 2 : 1,A 球带正电,且电量为 Q,B 球不带电. 若使两球接触后再分离,当两球相距为 R 时,求两球间的静电力_____. (R 远大于两球的半径)

9. 如图所示,在 xOy 面上倒扣着半径为 R 的半球面,半球面上电荷均匀分布,电荷面密度为 σ,A 点的坐标为 $\left(0,\dfrac{R}{2}\right)$,$B$ 点的坐标为 $\left(\dfrac{3R}{2},0\right)$. A、B 两点的电势差 U_{AB} 为 _____.

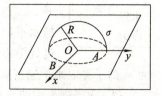

填空题第 9 题图

10. 一个粒子的动能等于其静能的 3 倍时,该粒子的速率为 _____.(已知光速的大小为 c)

三、判断题(每小题 2 分,共计 10 分.请在题后括号中,正确的填写"T",错误的填写"F")

1. 在质点系中,当系统所受合外力为零时,质点系的机械能守恒. (　　)

2. 一点电荷放在球形高斯面的中心处,现将高斯面半径缩小,通过高斯面的电场强度通量将发生变化. (　　)

3. 面积为 S 和 $2S$ 的两圆线圈 1、2,按图所示平行放置,通有相同的电流 I. 线圈 1 的电流所产生的磁场通过线圈 2 的磁通量用 Φ_{21} 表示,线圈 2 的电流所产生的磁场通过线圈 1 的磁通量用 Φ_{12} 表示,则 $\Phi_{21}=\Phi_{12}$. (　　)

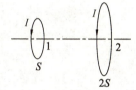

判断题第 3 题图

4. 磁场强度 H 仅与传导电流有关. (　　)

5. 在某惯性系中,发生于同一时刻、不同地点的两个事件,它们在其他惯性系中是不同时发生的. (　　)

四、计算题(每小题 10 分,共计 40 分)

1. 一质量为 m 的小球以初速度 v_0 竖直上抛,小球受到的空气阻力 $f=-kv$,负号表示阻力方向与运动方向相反,k 为常数. 求:

(1) 小球上升时速度 v 与时间 t 的函数关系;

(2) 小球升到最高点时所用的时间.

2. 一质量均匀分布的圆盘,质量为 M,半径为 R,放在一粗糙水平面上(圆盘与水平面之间的摩擦因数为 μ),圆盘可绕通过其中心 O 的竖直固定光滑轴转动. 开始时,圆盘静止,一质量为 m 的子弹以水平速度 v_0 垂直于圆盘半径打入圆盘边缘并嵌在盘边上.

(1) 求子弹击中圆盘后盘所获得的角速度;

(2) 经过多长时间后圆盘停止转动?

(圆盘绕通过 O 的竖直轴的转动惯量为 $\frac{1}{2}MR^2$,忽略子弹重力造成的摩擦阻力矩)

3. 一半径为 a 的导体球,被围在内半径为 b、外半径为 c、相对介电系数为 ε_r 的介质同心球壳内,若导体球所带电量为 Q. 求:

(1) 电场强度的空间分布情况;

(2) 导体球表面的电势;

(3) 电介质中的电场能量.

4. 现有一"无限长"半径为 R 的圆柱体铜导线(铜的相对磁导率为 μ_r,且 $\mu_r<1$),通有均匀分布且向上的电流 I.

(1) 求空间中的磁感应强度的大小分布,并在图中作出 B-r 曲线图;

(2) 若电流 $I=I_0 e^{-3t}$,按图所示放置一边长为 R 的正方形线圈,线圈平面与圆柱体轴线共面,其左边与轴线平行,求线圈中的感应电动势.

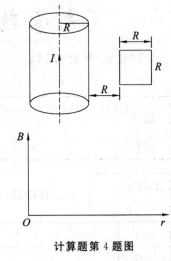

计算题第 4 题图

《大学物理》(2)模拟卷 A

使用专业、班级＿＿＿＿ 学号＿＿＿＿ 姓名＿＿＿＿

题数	一	二	三	四		五		总分
				1	2	1	2	
得分								

本题得分

一、选择题（每小题 2 分，共计 20 分）

题号	1	2	3	4	5	6	7	8	9	10
选择										

1. 某质点做周期为 T 的简谐运动，则其振动动能变化的周期为　　（　　）

(A) $2T$　　　　　　　　　　(B) T

(C) $\dfrac{T}{2}$　　　　　　　　　(D) $\dfrac{T}{4}$

2. 某弹簧振子做圆频率为 ω 的简谐运动，它由正的最大位移一半处沿负方向运动至位移为零处，所需的最短时间为　　（　　）

(A) $\dfrac{2\pi}{3\omega}$　　　　　　　　(B) $\dfrac{\pi}{3\omega}$

(C) $\dfrac{2\pi}{9\omega}$　　　　　　　　(D) $\dfrac{\pi}{6\omega}$

3. 如图所示，两列具有相同频率、相同振动方向、波长为 λ 的平面简谐波在 P 点相遇，波在 S_1 点的初相位为 $\dfrac{2\pi}{3}$，在 S_2 点的初相位为 $\dfrac{\pi}{3}$，S_1、S_2 点到 P 点的距离分别为 3λ 和 $\dfrac{16\lambda}{3}$，则 P 点的干涉情况是　　（　　）

(A) 干涉极大

(B) 干涉极小

(C) 介于极大和极小之间

(D) 不发生干涉

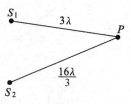

选择题第 3 题图

4. 在双缝实验中,单色光源 S 应处于两狭缝 S_1、S_2 的中垂线上,如图所示. 现将 S 下移,则( )

(A) 中央明纹向上移动,条纹间距增大

(B) 中央明纹向下移动,条纹间距增大

(C) 中央明纹向上移动,条纹间距不变

(D) 中央明纹向下移动,条纹间距不变

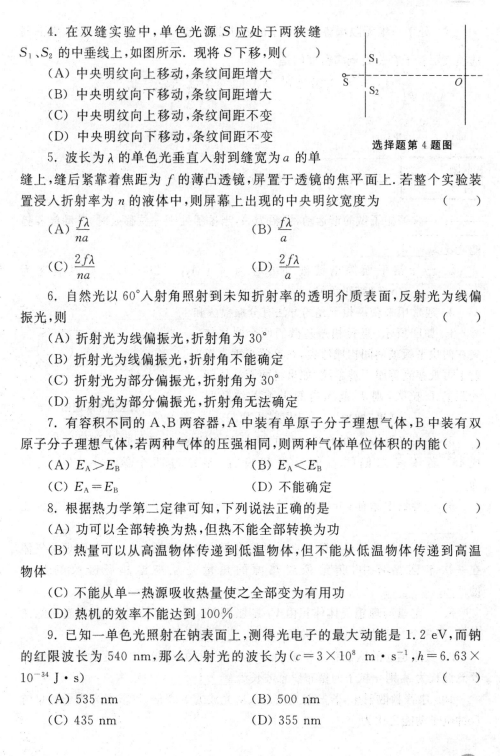

选择题第 4 题图

5. 波长为 λ 的单色光垂直入射到缝宽为 a 的单缝上,缝后紧靠着焦距为 f 的薄凸透镜,屏置于透镜的焦平面上. 若整个实验装置浸入折射率为 n 的液体中,则屏幕上出现的中央明纹宽度为 ( )

(A) $\dfrac{f\lambda}{na}$ 　　　　　　(B) $\dfrac{f\lambda}{a}$

(C) $\dfrac{2f\lambda}{na}$ 　　　　　(D) $\dfrac{2f\lambda}{a}$

6. 自然光以 60°入射角照射到未知折射率的透明介质表面,反射光为线偏振光,则 ( )

(A) 折射光为线偏振光,折射角为 30°

(B) 折射光为线偏振光,折射角不能确定

(C) 折射光为部分偏振光,折射角为 30°

(D) 折射光为部分偏振光,折射角无法确定

7. 有容积不同的 A、B 两容器,A 中装有单原子分子理想气体,B 中装有双原子分子理想气体,若两种气体的压强相同,则两种气体单位体积的内能( )

(A) $E_A > E_B$ 　　　　　　(B) $E_A < E_B$

(C) $E_A = E_B$ 　　　　　　(D) 不能确定

8. 根据热力学第二定律可知,下列说法正确的是 ( )

(A) 功可以全部转换为热,但热不能全部转换为功

(B) 热量可以从高温物体传递到低温物体,但不能从低温物体传递到高温物体

(C) 不能从单一热源吸收热量使之全部变为有用功

(D) 热机的效率不能达到 100%

9. 已知一单色光照射在钠表面上,测得光电子的最大动能是 1.2 eV,而钠的红限波长为 540 nm,那么入射光的波长为($c = 3 \times 10^8$ m·s^{-1}, $h = 6.63 \times 10^{-34}$ J·s) ( )

(A) 535 nm 　　　　　　(B) 500 nm

(C) 435 nm 　　　　　　(D) 355 nm

10. 处于一维无限深势阱中粒子的波函数为 $\Psi(x)$,其中 $0 \leqslant x \leqslant a$,则下列选项表示粒子在 $\dfrac{a}{2}$ 处概率密度的是 ( )

(A) $\left|\Psi\left(\dfrac{a}{2}\right)\right|$ 　　　　　　　　(B) $\left|\Psi\left(\dfrac{a}{2}\right)\right|^2$

(C) $\int_0^{\frac{a}{2}} |\Psi(x)|^2 \mathrm{d}x$ 　　　　　　(D) $\int_0^{\frac{a}{2}} |\Psi(x)| \mathrm{d}x$

二、填空题(每小题 3 分,共计 30 分)

1. 一弹簧振子做简谐运动,振幅为 A,当振子处于 $\dfrac{A}{2}$ 位移处时,其动能和势能之比为_____.

2. 已知某平面简谐波波动方程为 $y = A\cos(2t + 4x)$,则其波速为_____ m/s(带正负号).

3. 通常用来获得相干光的方法有分振幅法和_____.

4. 如图所示,直径相差甚微的两个圆柱体夹在两块平板玻璃间构成劈尖,在单色光垂直照射下可观察到等厚干涉条纹. 如果将两圆柱体间的距离 L 拉大,则 L 范围内的干涉条纹数目_____.(填"增加"、"减少"或"不变")

填空题第 4 题图

5. 一束光强为 I_0 的自然光垂直穿过两个偏振片,且偏振片的偏振化方向成 45°. 若不考虑偏振片的反射和吸收,则穿过两个偏振片后的光强为_____.

6. 一容器中储有 ν mol 的氧气,容器的体积为 V,压强为 p,则气体的内能为_____.

7. 设高温热源的热力学温度是低温热源的热力学温度的 n 倍,则理想气体在一次卡诺循环中,传给低温热源的热量是从高温热源吸收的热量的_____.

8. 一定量的理想气体体积由 V_1 膨胀到 V_2,分别经历了等压、等温和绝热过程,则三个过程中吸热最多的是_____.

9. 低速运动的质子和 α 粒子(氦核)具有相同的动能,其中质子对应的德布罗意波长为 λ,则 α 粒子的德布罗意波长为_____.

10. 康普顿散射中,若散射光波是入射光波的 1.2 倍,则散射光光子能量与反冲电子动能之比为_____.

三、判断题（每小题2分，共计10分.请在题后括号中，正确的填写"T"，错误的填写"F"）

1. 同一平面简谐波通过两个不同的均匀介质时，波长和频率不会发生变化. （　　）

2. 牛顿环形成的干涉条纹是内密外疏的同心圆环. （　　）

3. 一束自然光以布儒斯特角入射到两介质分界面上时，折射光与反射光相互垂直. （　　）

4. 所有理想气体分子的平均平动动能均为 $\frac{3}{2}kT$. （　　）

5. 康普顿效应实验中，散射光中有些波长比入射光的波长长，有些波长比入射光的波长短，有些则与入射光的波长相同，这都与散射体的性质无关. （　　）

四、作图题（每小题10分，共计20分）

1. 一列波长为 λ、振幅为 A、以波速 u 沿 x 轴正方向传播的平面简谐波在 $t=0$ 时刻的波形图如图(a)所示，点 p 为波传播路径上的某一质点：

(1) 在图(b)中画出点 p 在 $t=0$ 时刻振动对应的旋转矢量，并标出其初相位数值；

(2) 在图(c)中作出 p 点的振动曲线（不少于一个周期），并标出该曲线与坐标轴必要交点的坐标值.（用含有 λ、A、u 的表达式表示）

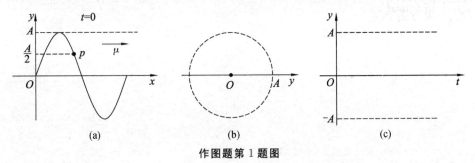

作图题第1题图

2. 一定量的单原子分子理想气体初始压强为 p_0，温度为 T_0，体积为 V_0，先经历等容升压过程使压强变为 $2p_0$（状态 I），再经历等温膨胀过程使得压强又恢复成 p_0（状态 II），最后通过等压收缩过程回到初始状态，构成一个循环.

(1) 在 p-V 图上将整个准静态过程表示出来；

(2) 在图中标注出 Ⅰ、Ⅱ 状态对应的温度；(用已知条件表示)

(3) 在图中相应位置标出各准静态过程中吸收的热量.(用已知条件表示)

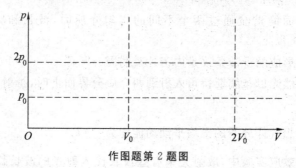

作图题第 2 题图

五、计算题(每小题 10 分,共计 20 分)

1. 如图所示,两块折射率 $n=1.60$ 的标准平面玻璃板间形成一个劈尖,用波长 $\lambda=600$ nm 的单色光垂直入射,产生等厚干涉条纹.

(1) 劈尖棱边是明纹还是暗纹？请给出判断依据.

(2) 第 4 级明纹位置对应的劈尖厚度是多少？

计算题第 1 题图

(3) 若劈尖内充以折射率 $n=1.40$ 的透明液体,充液前后第 4 级明纹移动了 $\Delta l=2.0$ mm 的距离,劈尖角 θ 应为多少？(用弧度表示)

2. 已知某金属的逸出功 $W=1.9$ eV,将一束能量 $\varepsilon=14.65$ eV 的光子流照射到该金属表面,会释放光电子.某光子与该光电子具有相同的能量,若该光子被处于基态的氢原子吸收,试问:

(1) 氢原子吸收光子后将被激发到哪个能级?

(2) 将可能观察到几条氢光谱线?对应的波长是多少?这些波长中属于巴尔末系的有哪些?($R=1.097\times 10^7$ m^{-1},$h=6.63\times 10^{-34}$ J·s,$c=3\times 10^8$ m·s^{-1})

《大学物理》(2)模拟卷 B

使用专业、班级_____ 学号_____ 姓名_____

题数	一	二	三	四		五		总分
				1	2	1	2	
得分								

一、选择题(每小题 2 分,共计 20 分)

题号	1	2	3	4	5	6	7	8	9	10
选择										

1. 某简谐运动的振动曲线如图所示,则该振动的初相位为 ( )

(A) $\dfrac{2\pi}{3}$

(B) $-\dfrac{2\pi}{3}$

(C) $\dfrac{\pi}{3}$

(D) $-\dfrac{\pi}{3}$

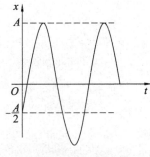

选择题第 1 题图

2. 某平面简谐波方程为 $y = 0.05\cos(6\pi t + 0.06\pi x)$ m,则 ( )

(A) 波沿 x 轴正方向传播　　(B) 波速为 10 m·s^{-1}

(C) 波长为 100 m　　(D) 周期为 $\dfrac{1}{3}$ s

3. 相干光的条件是两束光振动频率相同、相位相同或相位差恒定以及 ( )

(A) 传播方向相同　　(B) 振幅相同

(C) 振动方向相同　　(D) 位置相同

4. 如图所示,一单色平面光垂直入射到覆盖油滴的平板玻璃上,已知油滴和玻璃的折射率分别为 n_1、n_2，且满足 $1<n_1<n_2$，则在油滴最厚处（厚度为 d）上表面和下表面反射光的光程差为 （   ）

(A) $2n_1 d$

(B) $2n_1 d + \dfrac{\lambda}{2}$

(C) $2n_2 d$

(D) $2n_2 d + \dfrac{\lambda}{2}$

选择题第 4 题图

5. 要使一束线偏振光的偏振化方向旋转 $90°$，则需要让其通过的偏振片个数至少为 （   ）

(A) 1　　　　(B) 2　　　　(C) 3　　　　(D) 4

6. 一小瓶氮气和一大瓶氢气，它们的压强、温度相同，则下列说法正确的是
（   ）

(A) 单位体积内的原子数相同

(B) 单位体积内的气体质量相同

(C) 单位体积内的分子数相同

(D) 气体的内能相同

7. 一定量的理想气体，经历了某过程后，温度升高了，则可以断定 （   ）

(A) 该理想气体系统在此过程中吸收了热量

(B) 在此过程中外界对理想气体系统做了正功

(C) 该理想气体系统的内能增加了

(D) 在此过程中理想气体系统既从外界吸了热，又对外做了功

8. 在如图所示的 V-T 图中，一定质量的理想气体按 $1\rightarrow 2\rightarrow 3\rightarrow 1$ 顺序完成一次循环。在该循环过程中，气体的吸热、放热情况为 （   ）

(A) $1\rightarrow 2$、$3\rightarrow 1$ 吸热，$2\rightarrow 3$ 放热

(B) $2\rightarrow 3$ 吸热，$1\rightarrow 2$、$3\rightarrow 1$ 放热

(C) $1\rightarrow 2$ 吸热，$2\rightarrow 3$、$3\rightarrow 1$ 放热

(D) $2\rightarrow 3$、$3\rightarrow 1$ 吸热，$1\rightarrow 2$ 放热

选择题第 8 题图

9. 根据玻尔氢原子理论，大量氢原子处于第三能级，则可能观察到的光谱有 （   ）

(A) 1 条　　　　　　　　(B) 2 条

(C) 3 条　　　　　　　　(D) 4 条

10. 在康普顿效应中,已知入射光的波长为 λ_0,康普顿波长为 λ_c,则在 $\theta = 60°$ 方向上,散射光的波长为 ( )

(A) $\lambda_0 + \frac{\sqrt{3}}{2}\lambda_c$ (B) $\lambda_0 + \frac{1}{2}\lambda_c$

(C) $\lambda_0 + \left(\frac{\sqrt{3}}{2} - 1\right)\lambda_c$ (D) $\lambda_0 - \frac{1}{2}\lambda_c$

二、填空题(每小题 3 分,共计 30 分)

1. 一弹簧振子做简谐运动,总能量为 E,若振幅增加为原来的 3 倍,振子质量减少为原来的 $\frac{1}{3}$,则该振子在平衡位置时的动能为_____.

2. 同一质点同时参与两个在同一直线上的简谐运动,运动方程分别为: $x_1 = 4\cos\left(2t + \frac{\pi}{3}\right)$,$x_2 = 2\cos\left(2t - \frac{2\pi}{3}\right)$,则其合振动的振幅为_____.

3. 波长为 λ 的平面简谐波,在波线上两点振动的相位差为 $\frac{\pi}{3}$,则两点间的距离为_____.

4. 波长为 500 nm 的单色平行光垂直照射到间距为 0.5 mm 的双缝上,在离狭缝 1 200 mm 的光屏上形成干涉图样. 现用厚度为 0.01 mm、折射率为 1.58 的透明薄膜覆盖在其中一个缝后面,则中央明纹移动的距离为_____.

5. 夫琅和费单缝衍射中,若屏上某点处为第 3 级暗纹,则单缝处波面相应地可划分为_____个半波带.

6. 用平行的白光垂直入射到平面透射光栅上时,波长 $\lambda_1 = 440$ nm 的第 3 级光谱线将与波长 $\lambda_2 = $_____nm 的第 2 级光谱重叠.

7. 一束光强为 I_0 的自然光依次经过两个偏振化方向相互垂直的偏振片,则最终得到的线偏振光的光强为_____.

8. 刚性双原子理想气体做等压膨胀,若膨胀过程中从热源吸收热量为 700 J,则该气体对外所做的功为_____.

9. 用频率为 ν_1 的单色光照射某金属时,逸出电子的最大动能为 E_k;若改用频率为 $4\nu_1$ 的单色光照射此金属,则逸出电子的最大动能为_____.

10. 黑体辐射、光电效应及康普顿效应皆突出表明了光的_____性.

三、判断题(每小题 2 分,共计 10 分. 请在题后括号中,正确的填写"T",错误的填写"F".)

1. 机械波在弹性媒质中传播时,当媒质中某质元达到偏离平衡位置最大位

置处时,其势能最大,动能最小. （　）

2. 根据惠更斯-菲涅耳原理,空间中某点的光强取决于其前波阵面上各子波源发出的子波在该点振动振幅平方的叠加. （　）

3. 测量单色光的波长时,利用光栅衍射要比利用牛顿环得到的结果更为准确. （　）

4. 热力学第一定律表明热机的效率不可能达到100%. （　）

5. 光电效应和康普顿效应中电子和光子的相互作用都服从动量守恒和能量守恒定律. （　）

四、作图题(每小题10分,共计20分)

1. 如图所示,一束自然光经过一偏振片后,以布儒斯特角入射到折射率 $n=1$ 和 $n=1.5$ 介质的分界面上. 偏振片的偏振化方向分别为：Ⅰ 垂直于入射面(即垂直于纸面)；Ⅱ 平行于入射面(即平行于纸面). 请在下图中：

(1) 画出入射光经过偏振片后的偏振情况；(用"·"或"-"的图示表示)

(2) 画出反射光、折射光及其偏振情况；

(3) 标出入射角、反射角、折射角的大小.

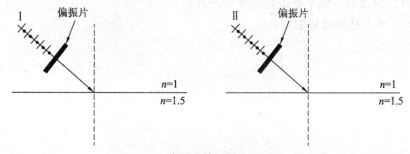

作图题第1题图

2. 一定量的单原子理想气体初始压强为 p_0,温度为 T_0,体积为 V_0,经历了如下一系列准静态过程：在等压下加热直至体积变为原来的2倍,达到平衡态Ⅰ；然后在等容下加热直到压强变为原来的3倍,达到平衡态Ⅱ；随后做绝热膨胀,温度降为 T_0,达到平衡态Ⅲ；最后,经历等温收缩回到初始状态.

(1) 在 p-V 图上将整个准静态过程表示出来；

(2) 在图中标注出平衡态Ⅰ、Ⅱ对应的温度；(用已知条件表示)

(3) 标出哪些是吸热过程,并在对应曲线附近标注吸收的热量值.(用已知条件表示)

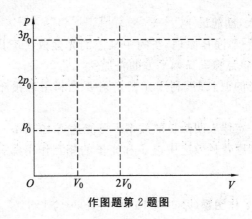

作图题第 2 题图

五、计算题（每小题 10 分，共计 20 分）

1. 某质点做简谐运动，周期为 2 s，振幅为 0.06 m，$t=0$ 时刻，质点恰好处于负向最大位移处．

(1) 求该质点的振动方程；

(2) 若该振动以波速 $u=2$ m/s 沿 x 轴正方向传播，求所形成的简谐波的波动方程；（以该质点的平衡位置为坐标原点）

(3) 求上述简谐波的波长．

2. 在一维"无限深"势阱中运动粒子的定态波函数为
$$\Psi_n(x)=\sqrt{\frac{2}{a}}\sin\frac{n\pi x}{a}\ (0\leqslant x\leqslant a)$$

(1) 若粒子处于基态,则发现粒子概率最大的位置在哪儿?该位置最大概率密度是多少?

(2) 若粒子处于基态,在区间 $\frac{a}{6}\sim\frac{a}{3}$ 出现的概率是多少? $\left(\int(\sin x)^2\mathrm{d}x=\frac{x}{2}-\frac{1}{4}\sin 2x+C\right)$

参考答案

第1章 质点运动学

(一) 选择题

1. D 2. D 3. B 4. D 5. D 6. D 7. C 8. C 9. B 10. D
11. B 12. C

(二) 填空题

1. r, Δr　　　　2. $6.32\ \text{m}\cdot\text{s}^{-1}$, $8.25\ \text{m}\cdot\text{s}^{-1}$, $y=19-\dfrac{x^2}{2}$

3. $8\ \text{m}, 10\ \text{m}$　　　　4. $23i\ \text{m}\cdot\text{s}^{-1}$

5. $4.19\ \text{m}$, $4.13\times 10^{-3}\ \text{m}\cdot\text{s}^{-1}$, 与 x 轴正方向夹角为 $60°$

6. $g\sin\alpha$, $g\cos\alpha$, $\dfrac{v_0^2}{g\cos\alpha}$　　　　7. $\dfrac{h_1 v}{h_1-h_2}$

8. $0.1\ \text{m}\cdot\text{s}^{-2}$　　　　9. $6\ \text{m}\cdot\text{s}^{-2}$, $450\ \text{m}\cdot\text{s}^{-2}$

(三) 计算及证明题

1. (1) $-0.5\ \text{m}\cdot\text{s}^{-1}$; (2) $-6\ \text{m}\cdot\text{s}^{-1}$; (3) $2.25\ \text{m}$

2. $2\sqrt{x+x^3}$

3. $\dfrac{a_0 n^2}{2}\tau + a_0 n\tau$, $\dfrac{3+n}{6}a_0 n^2 \tau^2$

4. 证明略

5. $\dfrac{b-\sqrt{Rc}}{c}$

6. $10\ \text{m}\cdot\text{s}^{-2}$, $83.3\ \text{m}\cdot\text{s}^{-2}$

7. $8\ \text{m}\cdot\text{s}^{-1}$, $16\sqrt{5}\ \text{m}\cdot\text{s}^{-2}$

8. (1) $69.4\ \text{min}$; (2) $50\ \text{rad}\cdot\text{s}^{-1}$, $-2.36\times 10^{-2}\ \text{rad}\cdot\text{s}^{-2}$

第2章 牛顿运动定律

(一) 选择题

1. B 2. D *3. B 4. E 5. A 6. B

(二) 填空题

1. $\sqrt{\dfrac{mg}{k}}$　　　　2. $6\ \text{m}\cdot\text{s}^{-1}$

3. $1:\cos^2\theta$

4. $13\text{ rad}\cdot\text{s}^{-1}$

5. $\dfrac{mg}{\cos\theta}$, $\sqrt{gl\sin\theta\tan\theta}$, $2\pi\sqrt{\dfrac{l\cos\theta}{g}}$

6. $\dfrac{F}{M+m}$, $\dfrac{M}{M+m}F$

(三) 计算题

1. $3\text{ m}\cdot\text{s}^{-1}$

2. (1) $v=v_0\text{e}^{-\frac{k}{m}t}$; (2) $x_{\max}=\dfrac{mv_0}{k}$

3. (1) $f=-\mu m\dfrac{v^2}{R}$, $a_t=-\dfrac{\mu v^2}{R}$; (2) $t=\dfrac{2R}{\mu v}$

4. $a_1=\dfrac{m_2(L_1+L_2)}{m_1}\omega^2$, $a_2=(L_1+L_2)\omega^2$

5. $k=1.96$, $\mu=0.125$

第3章 动量守恒定律和能量守恒定律

(一) 选择题

1. A 2. C 3. A 4. C 5. D 6. A 7. C 8. C 9. C 10. C
11. D 12. C

(二) 填空题

1. 0

2. $v_A=\dfrac{F\Delta t_1}{m_A+m_B}$, $v_B=\dfrac{F\Delta t_1}{m_A+m_B}+\dfrac{F\Delta t_2}{m_B}$

3. $-F_0R$

4. $\dfrac{m^2g^2}{2k}$

5. $36\text{ N}\cdot\text{s}$

6. 12 J

7. $\dfrac{mgl}{50}$

8. -42.4 J

9. $\dfrac{Gm_Em}{6R}$, $-\dfrac{Gm_Em}{3R}$

10. $\dfrac{2E_k}{3}$

11. 67 J

12. -0.020 7 J

(三) 计算及证明题

1. $16\text{ N}\cdot\text{s}$

2. (1) $\boldsymbol{I}=(7.33\times 10^{-3}\boldsymbol{i}+6.1\times 10^{-2}\boldsymbol{j})\text{ N}\cdot\text{s}$; (2) $\boldsymbol{F}=(0.733\boldsymbol{i}+6.10\boldsymbol{j})\text{ N}$

3. (1) 26.5 N; (2) $-4.7\text{ N}\cdot\text{s}$, 负号表示冲量方向与 $\boldsymbol{v}_0$ 方向相反

4. $4.24\times 10^4\text{ N}$, 沿 $90°$ 角平分线向外

5. (1) 质点在 $A(5,0)$ 点的动能为 $16\pi^2\text{J}$, 在 $B(0,4)$ 点的动能为 $25\pi^2\text{J}$;
   (2) x 分量做功 $25\pi^2\text{J}$, y 分量做功 $-16\pi^2\text{J}$

6. 证明略

7. 980 J

8. 3 J

9. 0.414 cm

10. $kl^2(\sqrt{2}-1)$

11. 2.45×10^3 J

12. 推导略

第4章 刚体的定轴转动

(一) 选择题

1. C 2. C 3. B 4. C 5. D 6. B 7. A 8. A 9. B 10. D
11. B 12. C 13. B 14. D 15. C

(二) 填空题

1. 4 s, 15 m·s^{-1}

2. 2.5 rad·s^{-2}

3. 0.15 m·s^{-2}, 0.4π m·s^{-2}

4. 2.1π rad·s^{-2}, 4.8 s

5. $\frac{1}{2}Ma$

6. 变大

7. $\frac{3}{4}mL^2$, $\frac{1}{2}mgL$, $\frac{2g}{3L}$

8. $\frac{m(g-a)R^2}{a}$

9. $\frac{1}{2}\mu MgL$

10. 50π N·m

11. 12k kg·m^2·s^{-1}, 3k N·m

12. $12i - 2j + 20k$

13. $4\sqrt{\frac{3g}{7L}}$

14. 变小

15. $\frac{\omega_0}{3}$

16. $\frac{J\omega - mvR}{J + mR^2}$

(三) 计算及证明题

1. $\omega = a + 3bt^2 - 4ct^3$, $\alpha = 6bt - 12ct^2$

2. (1) 8.6 rad·s^{-1}; (2) $\alpha = 4.5e^{-\frac{t}{2}}$; (3) $\Delta\theta = 36.9$ rad, 转过的圈数 $N = 5.87$

3. 证明略

4. $T_1 = 156$ N, $T_2 = 118$ N

5. (1) $a = \frac{2}{9}g$; (2) $T = \frac{4}{3}mg$

6. (1) $\alpha = 6.13$ rad·s^{-2}; (2) $T_1 = 20.8$ N, $T_2 = 17.1$ N

7. (1) $\frac{3g}{4l}$; (2) $\frac{3g}{2l}$

8. (1) $\frac{J}{k}\ln 2$; (2) $-\frac{3J\omega_0^2}{8}$

9. (1) $M_f = -\frac{2}{3}\mu mgR$; (2) $N = \frac{3R\omega_0^2}{16\pi\mu g}$

10. $M = J\omega_0\left(\frac{1}{t_1} + \frac{1}{t_2}\right)$

11. (1) 15.4 rad·s^{-1}; (2) 15.4 rad

12. (1) $M = 3m$; (2) 证明略

13. (1) $\omega = \dfrac{6v}{7L}$; (2) $\theta = \arccos\left(1 - \dfrac{\omega^2 L}{3g}\right) = \arccos\left(1 - \dfrac{12v^2}{49gL}\right)$

14. (1) $\omega = \dfrac{2mv_0}{(M+2m)R}$; (2) $t = \dfrac{3mv_0}{2\mu Mg}$

15. $\Delta\omega = \dfrac{mR^2}{J}\omega$, $\Delta E_k = \dfrac{mR^2 + J}{2J}m\omega^2 R^2$

16. n^2

*17. 证明略

18. (1) 不守恒. 因为两臂对哑铃的作用力是非保守内力, 此处非保守内力做了功.
    (2) 守恒. 因为系统所受合外力矩为零.
    (3) 不守恒. 因为受到两臂对它的作用力, 并且这个力做了功.

第5章 静电场

(一) 选择题

1. B 2. C 3. C 4. B 5. C 6. B 7. B 8. D 9. D 10. C
11. B 12. D 13. B 14. B 15. B 16. C 17. B 18. B 19. B 20. C
21. C

(二) 填空题

1. $\dfrac{q}{24\varepsilon_0}$

2. $\dfrac{\sigma_0}{\varepsilon_0}$, 左, 0, 无, $\dfrac{\sigma_0}{\varepsilon_0}$, 右

3. $-\Delta\Phi_e$

4. $\pi(r^2 - a^2)L\rho$

5. $\dfrac{\lambda r}{2\pi\varepsilon_0 R^2}$, $\dfrac{\lambda}{2\pi\varepsilon_0 r}$, $\dfrac{\lambda L}{4\pi\varepsilon_0 r^2}$

6. 负功, 减少

7. 电场强度方向略, >

8. $-\dfrac{q}{8\pi\varepsilon_0 a}$

9. -2×10^3 V

10. $\dfrac{\varepsilon_0}{a+b}U$

11. $\dfrac{Q}{4\pi\varepsilon_0 R}$, $-\dfrac{qQ}{4\pi\varepsilon_0 R}$

12. $\dfrac{Q_1}{4\pi\varepsilon_0 r^2}$, $\dfrac{Q_2}{4\pi\varepsilon_0 R_2} + \dfrac{Q_1}{4\pi\varepsilon_0 r}$

13. $\sqrt{\dfrac{q\lambda}{2\pi\varepsilon_0 m}}$

14. $\dfrac{\sqrt{2}}{2}Ed$

15. $\dfrac{q}{6\pi\varepsilon_0 R}$

16. 0, 均匀电场

(三) 计算及证明题

1. $\dfrac{\sigma}{2\varepsilon_0}\dfrac{r}{\sqrt{R^2 + r^2}}$

2. $\dfrac{q}{4\pi\varepsilon_0 L}\left(\dfrac{1}{d} - \dfrac{1}{d+L}\right)$

3. $\dfrac{Q}{\pi^2 \varepsilon_0 R^2}$

*4. $-\dfrac{\sigma_0}{2\varepsilon_0}$

5. $\dfrac{Q}{16\pi\varepsilon_0 R^2}$

6. 8.85×10^{-12} C

*7. (1) $E=\dfrac{kd^3}{6\varepsilon_0}\,(x<0)$, $E=\dfrac{kd^3}{6\varepsilon_0}\,(x>d)$, $E=\dfrac{k}{6\varepsilon_0}(2x^3-d^3)\,(0<x<d)$; (2) $x=\dfrac{d}{\sqrt[3]{2}}$, $E=0$

8. 证明略

9. (1) q; (2) $E=\dfrac{qr^2}{4\pi\varepsilon_0 R^4}\,(r<R)$, $E=\dfrac{q}{4\pi\varepsilon_0 r^2}\,(r>R)$

10. $r<R_1$, $E=\dfrac{\lambda r}{2\pi\varepsilon_0 R_1^2}$; $R_1<r<R_2$, $E=\dfrac{\lambda}{2\pi\varepsilon_0 r}$; $r>R_2$, $E=0$

11. $\dfrac{\sigma R}{2\varepsilon_0}$

12. $\dfrac{eU_0}{R_0\ln 2}$

13. (1) $V_1=180$ V, $V_2=-90$ V; (2) $r_0=0.1$ m

14. $\dfrac{\sigma}{4\varepsilon_0}(R_2-R_1)$

15. $\dfrac{Q}{2\pi\varepsilon_0}\left(\dfrac{1}{R}-\dfrac{1}{d}\right)$

16. (1) $\dfrac{k}{4\pi\varepsilon_0}(\sqrt{l^2+y^2}-y)$; (2) $\dfrac{k}{4\pi\varepsilon_0}\left(1-\dfrac{y}{\sqrt{y^2+l^2}}\right)$

17. $\dfrac{\lambda q}{12\varepsilon_0}$

第6章 静电场中的导体与电介质

(一) 选择题

1. C   2. A   3. C   4. C   5. A   6. A   7. A   8. E   9. D   10. A
11. B

(二) 填空题

1. $-q,\,-q$

2. $\dfrac{Q_1+Q_2}{2S},\,\dfrac{Q_1-Q_2}{2S},\,-\dfrac{Q_1-Q_2}{2S},\,\dfrac{Q_1+Q_2}{2S}$

3. $\dfrac{Qd}{2\varepsilon_0 S},\,\dfrac{Qd}{\varepsilon_0 S}$

4. $\dfrac{\sigma}{\varepsilon_0}$,垂直于表面

5. U_0

6. 4.5×10^4 V

7. $\sqrt{\dfrac{2Fd}{C}},\,\sqrt{2Fdc}$

8. $\dfrac{U}{d},\,\dfrac{d-t}{d}U,\,\dfrac{qd}{U(d-t)}$

9. $\dfrac{Q^2}{4C}$

10. $\dfrac{1}{\varepsilon_r},\,\varepsilon_r$

(三) 计算题

1. $-\dfrac{R}{r}q$

2. $\dfrac{\sigma}{2\varepsilon_0}(b-a)$

3. $E=\dfrac{q}{4\pi\varepsilon_0 r^2}\ (r\leqslant R_1)$, $E=0\ (R_1<r\leqslant R_2)$, $E=\dfrac{q}{4\pi\varepsilon_0 r^2}\ (r>R_2)$, $V=\dfrac{q}{4\pi\varepsilon_0}\cdot\left(\dfrac{1}{r}-\dfrac{1}{R_1}+\dfrac{1}{R_2}\right)(r\leqslant R_1)$, $V=\dfrac{q}{4\pi\varepsilon_0 R_2}(R_1<r\leqslant R_2)$, $V=\dfrac{q}{4\pi\varepsilon_0 r}(r>R_2)$. E-r 和 V-r 曲线略

4. (1) $E=0(r\leqslant R)$, $E=\dfrac{Q}{4\pi\varepsilon_0\varepsilon_r r^2}(R<r\leqslant R')$, $E=\dfrac{Q}{4\pi\varepsilon_0 r^2}(r>R')$;

   (2) $V=\dfrac{Q}{4\pi\varepsilon_0\varepsilon_r}\left(\dfrac{1}{R}+\dfrac{\varepsilon_r-1}{R'}\right)(r\leqslant R)$, $V=\dfrac{Q}{4\pi\varepsilon_0\varepsilon_r}\left(\dfrac{1}{r}+\dfrac{\varepsilon_r-1}{R'}\right)\ (R<r\leqslant R')$, $V=\dfrac{Q}{4\pi\varepsilon_0 r}$ $(r>R')$

5. (1) $D=\sigma$, $E_1=\dfrac{\sigma}{\varepsilon_0\varepsilon_{r_1}}$, $E_2=\dfrac{\sigma}{\varepsilon_0\varepsilon_{r_2}}$; (2) $U=\dfrac{\sigma}{\varepsilon_0}\left(\dfrac{d_1}{\varepsilon_{r_1}}+\dfrac{d_2}{\varepsilon_{r_2}}\right)$; (3) $C=\dfrac{\varepsilon_0\varepsilon_{r_1}\varepsilon_{r_2}S}{\varepsilon_{r_2}d_1+\varepsilon_{r_1}d_2}$

6. (1) $D=\dfrac{Q}{4\pi r^2}$, $E=\dfrac{Q}{4\pi\varepsilon r^2}(r\leqslant R)$, $E=\dfrac{Q}{4\pi\varepsilon_0 r^2}(r>R)$;

   (2) $V=\dfrac{Q}{4\pi\varepsilon}\left(\dfrac{1}{r}-\dfrac{1}{R}\right)+\dfrac{Q}{4\pi\varepsilon_0 R}(r\leqslant R)$, $V=\dfrac{Q}{4\pi\varepsilon_0 r}(r>R)$

7. (1) $E=0(r\leqslant R_1)$, $E=\dfrac{Q_1}{4\pi\varepsilon_0\varepsilon_r r^2}(R_1<r\leqslant R_2)$, $E=0(R_2<r\leqslant R_3)$, $E=\dfrac{Q_1+Q_2}{4\pi\varepsilon_0 r^2}(r>R_3)$,

径向分布曲线略;

   (2) $W_e=\dfrac{Q_1^2}{8\pi\varepsilon_0\varepsilon_r}\left(\dfrac{1}{R_1}-\dfrac{1}{R_2}\right)$

8. (1) $U_{AB}=-6\times10^2$ V; (2) $E=6\times10^3$ V·m^{-1}; (3) $V_A=2.1\times10^3$ V

9. (1) 2∶1; (2) 1∶2; (3) 2∶9

10. (1) $\dfrac{\lambda}{2\pi\varepsilon_0\varepsilon_r}\ln\dfrac{R_2}{R_1}$; (2) $\dfrac{2\pi\varepsilon_0\varepsilon_r l}{\ln\dfrac{R_2}{R_1}}$; (3) $\dfrac{\lambda^2 l}{4\pi\varepsilon_0\varepsilon_r}\ln\dfrac{R_2}{R_1}$

第7章 恒定磁场

(一) 选择题

1. C   2. B   3. B   4. A   5. A   6. A   7. A   8. C   9. D   10. C
11. C   12. D   13. B   14. A   15. D   16. C   17. B   18. D   19. D

(二) 填空题

1. $y=\dfrac{\sqrt{3}}{3}x$ 2. $\dfrac{\mu_0 I}{4a}$

3. $\sqrt{2}\pi:8$ 4. $1:1$

5. $\dfrac{\mu_0 I}{2\pi R}\left(1-\dfrac{\sqrt{3}}{2}+\dfrac{\pi}{6}\right)$ 6. $7:8$

7. $BI\overline{ab}$

8. $\dfrac{\mu_0 I^2}{2\pi a}\ln 2$

9. $\sqrt{2}BIR$, 沿 y 轴正向

10. 0, $-\mu_0 I$

11. $-\mu_0 I$, 0, $2\mu_0 I$

12. $I\Phi\tan\alpha$

13. $\dfrac{B_0 B a^3}{\mu_0 \sqrt{\pi}}$

14. 1.7×10^{-4} J, 0 J

15. $\sigma\omega r\mathrm{d}r$, $B\pi\sigma\omega r^3\mathrm{d}r$, $\dfrac{1}{4}B\pi\sigma\omega R^4$

(三) 计算及证明题

1. $B=3.74\times 10^{-3}$ T, 方向垂直纸面向外

2. $B=\dfrac{\sqrt{2}\mu_0 I}{4\pi a}$, 方向垂直纸面向里

3. (1) $B=\dfrac{\mu_0 Ia}{\pi(a^2+x^2)}$; (2) $x=0$, $B_{\max}=\dfrac{\mu_0 I}{\pi a}$

4. $B=\dfrac{\mu_0 I}{4\pi l}(3-\sqrt{3})$, 方向垂直纸面向里

5. $B_O=0$

6. $B_O=\dfrac{\sqrt{2}\mu_0 I}{\pi^2 R}$, 方向与 x 轴成 $45°$

7. $B=\dfrac{\mu_0 NI}{2(R_2-R_1)}\ln\dfrac{R_2}{R_1}$

8. $B=\dfrac{\mu_0 I}{2\pi a}\ln\dfrac{b+a}{b}$

9. $B=\dfrac{1}{2}\mu_0\sigma_0\omega\left[\dfrac{R^2+2x^2}{(R^2+x^2)^{\frac{1}{2}}}-2x\right]$

10. $B=\dfrac{\lambda\omega\mu_0}{4\pi}\ln\dfrac{a+b}{b}$, 方向垂直纸面向里

11. $\Phi=2.77\times 10^{-6}$ Wb

12. 当 $r\leqslant r_1$ 时, $B=\dfrac{\mu_0 Ir}{2\pi r_1^2}$; 当 $r_1<r\leqslant r_2$ 时, $B=\dfrac{\mu_0 I}{2\pi r}$; 当 $r_2<r\leqslant r_3$ 时, $B=\dfrac{\mu_0(r_3^2-r^2)}{2\pi r(r_3^2-r_2^2)}I$; 当 $r>r_3$ 时, $B=0$

13. (1) $B=\dfrac{\mu_0 NI}{2\pi r}$; (2) 证明略.

14. $\Phi=\dfrac{\mu_0 I}{4\pi}+\dfrac{\mu_0 I}{2\pi}\ln 2$

15. $B=\dfrac{\mu_0 I_2}{2R}+\dfrac{\mu_0 I_2}{2\pi R}-\dfrac{\mu_0 I_1}{2\pi(d+R)}$, 垂直纸面向外为正方向

16. (1) 圆柱轴线上的 O 点 B 的大小: $B_O=\dfrac{\mu_0 Ir^2}{2\pi a(R^2-r^2)}$;

 (2) 空心部分轴线上 O' 点 B 的大小: $B_O'=\dfrac{\mu_0 Ia}{2\pi(R^2-r^2)}$

17. (1) $I=\dfrac{mg}{Bl}$；(2) $I>\dfrac{mg}{Bl}$

18. $F_{AC}=\dfrac{\mu_0 I_1 I_2}{2\pi}\ln\dfrac{d+a}{d}$，方向垂直于 AC 边向下；$F_{BC}=\dfrac{\mu_0 I_1 I_2}{\sqrt{2}\pi}\ln\dfrac{d+a}{d}$，方向垂直于 BC 边向上；$F_{AB}=\dfrac{\mu_0 I_1 I_2 a}{2\pi d}$，方向垂直于 AB 边向左

19. $B=\dfrac{mg}{2NIl}$

20. 证明：$M=\int dM=\pi\omega\sigma B\int_0^R r^3 dr=\dfrac{\pi\sigma\omega R^4 B}{4}$

第8章 电磁感应

(一) 选择题

1. C 2. D 3. D 4. C 5. A 6. B 7. D 8. (1) D (2) B 9. B
10. D 11. B 12. B 13. B 14. D 15. C 16. C 17. D 18. D 19. C
*20. A *21. B 22. C

(二) 填空题

1. $\boldsymbol{v}\times\boldsymbol{B}$ 2. $Bvl\sin\theta$，O

3. $3.18\ \text{T}\cdot\text{s}^{-1}$ 4. 0，$-\dfrac{1}{2}B\omega l^2$

5. $\dfrac{mgR}{BL}\tan\theta$，$a$，$\dfrac{mg}{BL}\tan\theta$，$b\to a$ 6. (1) 方向略；(2) $-\dfrac{1}{2}B\omega L^2$，0，$B\omega d\left(\dfrac{1}{2}d-L\right)$

7. $\dfrac{\mu_0 Iv}{2\pi}\ln\dfrac{a+b}{a-b}$ 8. 0

9. $-\dfrac{1}{2}\mu_0 nCr$，$-\dfrac{\mu_0 nCR^2}{2r}$ 10. $\mu_0 nA\omega I_0\cos\omega t$

11. 4，0 12. $\dfrac{\mu_0 I}{2a}\pi r^2\cos\omega t$，$\dfrac{\mu_0 I}{2aR}\pi r^2\omega\sin\omega t$

*13. x 轴正方向，x 轴负方向   *14. 垂直纸面向里，垂直于 OP 向下

*15. $3\ \text{A}$ 16. $\int_S\dfrac{\partial\boldsymbol{D}}{\partial t}\cdot d\boldsymbol{S}\left(\text{或}\dfrac{d\Phi_D}{dt}\right)$，$-\int_S\dfrac{\partial\boldsymbol{B}}{\partial t}\cdot d\boldsymbol{S}\left(\text{或}-\dfrac{d\Phi_m}{dt}\right)$

17. (2), (3), (1)

(三) 计算题

1. (1) $\Phi_m=\dfrac{\mu_0 Ix}{2\pi}\ln\dfrac{a+b}{a}$；(2) $I_i=\dfrac{\mu_0 Iv}{2\pi R}\ln\dfrac{a+b}{a}$，逆时针；(3) $F=\dfrac{\mu_0^2 I^2 V}{4\pi^2 R}\left(\ln\dfrac{a+b}{a}\right)^2$

2. $\dfrac{\mu_0 Iv}{2\pi}\ln\dfrac{2(a+b)}{2a+b}$，$D$ 端电势高

3. $\dfrac{\mu_0 Iv}{2\pi}\sin\theta\ln\dfrac{a+v\cos\theta\cdot t+l}{a+v\cos\theta\cdot t}$，$A$ 端电势高

4. $-\dfrac{3}{10}B\omega L^2$

5. $\mathscr{E}_{ab}=0$, $\mathscr{E}_{bc}=-\dfrac{3}{8}\omega Bl^2$, $\mathscr{E}_{ca}=\dfrac{3}{8}\omega Bl^2$, $\mathscr{E}_\triangle=0$

6. $-\dfrac{\mu_0 ad}{2\pi}\ln\dfrac{3}{4}$,顺时针方向

7. $\mathscr{E}=-\dfrac{2}{3}\pi a^3 \omega B_0 \cos\omega t$;$\mathscr{E}>0$,顺时针;$\mathscr{E}<0$,逆时针

*8. $-v^2 t^3 \tan\alpha$,$\mathscr{E}$ 沿 ONMO 方向

9. -5.18×10^{-8} V,逆时针

10. $\dfrac{l}{2}C\sqrt{R^2-\dfrac{l^2}{4}}$

11. (1) $\mathscr{E}=\dfrac{3\mu_0 lI_0}{2\pi}e^{-3t}\cdot\ln\dfrac{b}{a}$,感生电流的方向为顺时针方向;

    (2) $M=\dfrac{\mu_0 l}{2\pi}\ln\dfrac{b}{a}$

12. (1) $\dfrac{R_2}{R_1}=e$; (2) $\mathscr{E}_L=\dfrac{\mu_0\omega I_0}{2\pi}\sin\omega t$

13. (1) $L=\dfrac{\mu_0}{2\pi}\ln\dfrac{r_2}{r_1}$; (2) $W_m=\dfrac{\mu_0 I^2}{4\pi}\ln\dfrac{r_2}{r_1}$

14. (1) $L=\dfrac{\mu_0 N^2 h}{2\pi}\ln\dfrac{b}{a}$; (2) $M=\dfrac{\mu_0 Nh}{2\pi}\ln\dfrac{b}{a}$; (3) $W_m=\dfrac{\mu_0 N^2 h}{4\pi}I^2\ln\dfrac{b}{a}$

15. $B_O=0$,$w_{mO}=0$;$B_P=\dfrac{2\mu_0 I}{3\pi a}$,$w_{mP}=\dfrac{2\mu_0 I^2}{9\pi^2 a^2}$

*16. (1) $j_d=\dfrac{q_0\omega}{\pi R^2}\cos\omega t$; (2) $H=\dfrac{q_0\omega r}{2\pi R^2}\cos\omega t$

第9章 振动

(一) 选择题

1. C 2. D 3. D 4. C 5. D 6. B 7. B 8. C 9. B 10. D
11. B 12. B

(二) 填空题

1. $2\sqrt{m}$ s

2. 0.1π s

3. $x=0.02\cos\left(4\pi t+\dfrac{2\pi}{3}\right)$ m

4. $x=6\times 10^{-3}\cos\left(\dfrac{\pi}{2}t-\dfrac{\pi}{2}\right)$ m

5. $2\pi\sqrt{\dfrac{3R}{2g}}$

6. 2

7. $1:2,1:8,1:16$

8. 2ν

9. 4×10^{-2} m,$\dfrac{\pi}{2}$

(三) 计算题

1. (1) $x=0.06\cos\left(\pi t-\dfrac{\pi}{3}\right)$ m; (2) 0.052 m,-0.094 m·s^{-1},-0.512 m·s^{-2}

2. (1) 0.10 m, 1 Hz, 6.28 s^{-1}, 1 s, $\frac{\pi}{4}$; (2) 0.070 7 m, −0.444 m·s^{-1}, −2.788 m·s^{-2}

3. $x = 0.02\cos\left(\frac{4\pi}{3}t - \frac{\pi}{3}\right)$ m

4. (1) $x = 0.03\cos\left(\pi t - \frac{\pi}{3}\right)$ m; (2) 0.833 s

5. 1.633 m·s^{-2}

6. 2.21×10^5 N

7. (1) 0.031 4 s; (2) 0.2 J; (3) ±7.07×10^{-3} m; (4) $\frac{3}{4}, \frac{1}{4}$

8. $x = 4\cos\left(\pi t + \frac{\pi}{3}\right)$ m

9. 1, $\frac{\pi}{6}$

第10章 波动

(一) 选择题

1. C 2. A 3. D 4. D 5. D 6. A 7. C 8. A 9. C 10. C
11. B 12. D

(二) 填空题

1. 4π

2. 3.14 s

3. $\frac{\omega(x_2 - x_1)}{u}$

4. $v = -0.2\pi\sin\left(\pi t - \frac{\pi}{2}\right)$

5. $y = A\cos\left(2\pi t - \frac{\pi}{2}\right)$ m, $y = A\cos\left(2\pi t + \pi x - \frac{\pi}{2}\right)$ m

6. $\frac{\lambda}{2}$

7. π, 0

8. $\varphi_2 - \varphi_1 = 2k\pi + \frac{2\pi}{3}$, $\varphi_2 - \varphi_1 = 2k\pi - \frac{\pi}{3}$

9. 2.4 m, 6 m·s^{-1}

10. $y = 2A\cos 2\pi t \cos\frac{\pi}{2}x$, $x = 2k+1 (x = 1,3,5,7,9)$, $x = 2k (k = 0,2,4,6,8,10)$

11. $A\cos\left[2\pi\left(\nu t + \frac{x}{\lambda}\right) + \pi\right]$, $2A\cos\left(\frac{2\pi x}{\lambda} + \frac{\pi}{2}\right)\cos\left(2\pi\nu t + \frac{\pi}{2}\right)$

12. $y_2 = A\cos 2\pi\left(\frac{t}{T} - \frac{x}{\lambda}\right)$, A

(三) 计算题

1. (1) $y = 0.10\cos\left(2\pi t - \pi x + \frac{\pi}{2}\right)$ m; (2) $y = 0.10\cos\left(2\pi t - \frac{\pi}{2}\right)$ m;

(3) $y = 0.10\cos\left(2\pi t - \pi x - \frac{\pi}{2}\right)$ m

2. (1) $y = 0.001\cos\left(3\,300\pi t + 10\pi x + \frac{\pi}{2}\right)$ m; (2) $y = 0.001\cos\left(3\,300\pi t - \frac{\pi}{2}\right)$ m

3. (1) $y=0.06\cos\left(\pi t+\dfrac{\pi}{3}\right)$ m;(2) $y=0.06\cos\left(\pi t-\dfrac{\pi}{2}x+\dfrac{\pi}{3}\right)$ m;(3) 4 m

4. (1) 0.5 s,10 m;(2) $y=0.03\cos\left(4\pi t-\dfrac{\pi}{5}x+\dfrac{\pi}{4}\right)$ m;(3) $y=0.03\cos\left(4\pi t-\dfrac{3\pi}{4}\right)$ m

5. (1) $y=A\cos\left(500\pi t+\dfrac{\pi}{100}x+\dfrac{\pi}{4}\right)$ m;

   (2) $y=A\cos\left(500\pi t+\dfrac{3\pi}{4}\right)$ m,$v=-500\pi A\sin\left(500\pi t+\dfrac{3\pi}{4}\right)$ m·s^{-1}

6. (1) $y=0.20\cos\left(4\pi t+\dfrac{\pi}{2}\right)$ m;(2) $y=0.20\cos\left(4\pi t+2\pi x+\dfrac{\pi}{2}\right)$ m;

   (3) $y=0.20\cos\left(4\pi t+\dfrac{\pi}{2}\right)$ m

7. 0.682 m

8. (1) $y=0.1\cos\left(\pi t+\dfrac{\pi}{2}\right)$ m;(2) $y=0.1\cos\left(\pi t-\pi x+\dfrac{\pi}{2}\right)$ m;

   (3) $y=0.1\cos(\pi t-\pi)$ m

9. (1) 0.015 m,343.75 m·s^{-1};(2) 0.625 m;(3) -46.16 m·s^{-1}

10. (1) 3π;(2) 0

11. (1) $y_\text{反}=0.01\cos\left(2\pi t-\pi x-\dfrac{\pi}{2}\right)$ m;(2) $y=0.02\cos\left(\pi x+\dfrac{\pi}{2}\right)\cos 2\pi t$ m;

    (3) $k-\dfrac{1}{2}(k=1,2,\cdots),k(k=0,1,2,\cdots)$

第 11 章 光学

(一) 选择题

1. C 2. C 3. B 4. B 5. B 6. D 7. C 8. A 9. C 10. C
11. D 12. D 13. C 14. D 15. D 16. D 17. B 18. D 19. A 20. B
*21. D 22. B *23. B 24. D 25. B 26. B 27. B 28. D 29. B 30. B

(二) 填空题

1. 减小,减小   2. 4.09×10^{-1} cm,5.73×10^{-1} cm,3.27×10^{-1} cm

3. 8×10^{-2} cm,$\dfrac{\pi}{4}$ 4. $\dfrac{2\pi}{\lambda}(n-1)e$,4 000

5. 3λ,1.33   6. $\dfrac{3\lambda}{2n}$

7. 3.87×10^{-5} rad 或 8″   8. 141

9. 9.96×10^{-6} cm   10. 590.3 nm

11. 900   12. 明环

13. 子波,子波的相干叠加   14. 2π,暗

15. 3   16. (1) 500;(2) 2×10^{-4} m;(3) 1.5×10^{-4} m

17. 500 nm   18. 590 nm,1.5×10^{-3} mm

19. 2 047.8 nm, 38.2°

20. 5

21. ±1

22. 894 m

23. $2I$

24. $\dfrac{I_0}{8}$

25. 平行或接近

26. 光强不变,光强变化但不为零,出现光强为零

27. $60°, \dfrac{9}{32}I_0$

28. $\dfrac{I_0}{2}\cos^2\alpha, \alpha+\theta-\dfrac{\pi}{2}$

29. 略

(三) 计算及证明题

1. (1) 0.76 mm; (2) 24 mm

2. (1) 1.2 mm; (2) 13.92 mm, 向上

3. (1) 8×10^{-2} cm; (2) $\dfrac{\pi}{4}$

4. $\dfrac{\lambda\cot\alpha}{2(n-1)}$

5. (1) 向下移动; (2) $n=\dfrac{N\lambda}{l}+1$

6. 红色

7. 7.78×10^{-4} mm

8. 5.75×10^{-5} m

9. 1.1×10^{-3} mm

10. 1.61 mm

11. 0.18 cm

12. $r=\sqrt{R(k\lambda-2e_0)}\left(k>\dfrac{2e_0}{\lambda}\right)$

13. 略

14. 63 μm

15. 略

16. (1) 1.2 cm; (2) 1.2 cm

17. 0.18 mm, 0.06 mm

18. (1) 600 nm, 466.7 nm; (2) $k=3, k=4$; (3) 7, 9

19. (1) 0.27 cm; (2) 1.8 cm

20. (1) 510.36 nm; (2) 25°

21. (1) 0.06 m; (2) 5个 $(0, \pm1, \pm2$ 级$)$

22. 0.139 m

23. $\dfrac{2}{n-1}$

24. $\beta=90°, \alpha=45°$

25. (1) $\dfrac{1}{2}I_0, \dfrac{1}{4}I_0, \dfrac{1}{8}I_0$, 线偏振光; (2) $\dfrac{1}{2}I_0, 0$, 线偏振光

26. 证明略
27. 1.48,48.03°
28. 11°30′

第 12 章 气体动理论

(一) 选择题

1. D   2. A   3. B   4. D   5. C   6. D   7. C   8. A

(二) 填空题

1. $p=\frac{2}{3}n\left(\frac{1}{2}m\overline{v^2}\right)$,分子数密度,分子平均平动动能,大量分子热运动不断碰撞器壁

2. 0.15 J   3. $\int_{v_p}^{\infty} f(v)\mathrm{d}v$

4. 升高   5. $\sqrt{\frac{M_2}{M_1}}$

6. 氢,1 579   7. $\overline{\varepsilon}_k=\frac{3}{2}kT$,温度是大量气体分子热运动的集体表现

8. $\frac{5(p_2-p_1)V}{2}$

(三) 计算题

1. 5.65×10^{-21} J

2. 1.61×10^{13} 个,1×10^{-7} J,6.67×10^{-8} J,1.667×10^{-7} J

3. 4∶5

4. 0.51 kg

5. 0.75RT

6. $T=\frac{4p_0V_0}{13R}$,$p=\frac{12}{13}p_0$

7. (1) 略;(2) $C=\frac{1}{v_0}$;(3) $\overline{v}=\frac{1}{2}v_0$

8. (1) 2 000 m·s^{-1},500 m·s^{-1};(2) 481 K;(3) Ⅱ温度高

9. (1) $A=\frac{3N}{4\pi v_F^3}$;(2) 略

10. 3.22×10^{17} m^{-3},60.33 s^{-1},7.77 m

第 13 章 热力学基础

(一) 选择题

1. B   2. D   3. C   4. C   5. A   6. B   7. B   8. D   9. C   10. D
11. D 12. B 13. B 14. A 15. C 16. C 17. D 18. E 19. A 20. D

(二) 填空题

1. (1) 点;(2) 曲线;(3) 闭合曲线   2. (1) S_1+S_2;(2) $-S_1$

3. 等压过程吸热使系统温度升高的同时还要对外做功,而等容过程吸热只用来提高系统温度

4. 200

5. $\dfrac{W}{R}$,$\dfrac{7W}{2}$

6. $\dfrac{2}{i+2}$,$\dfrac{i}{i+2}$

7. 等压

8. 500,700

9. 等压,等温,等压

10. 5 J

11. AM,CM

12. (1) 1.6;(2) $\dfrac{1}{3}$

13. 2,200 J

14. 开尔文表述:不可能制造出这样一种循环工作的热机,它只使单一热源冷却来做功,而不放出热量给其他物体,或者说不使外界发生任何变化. 克劳修斯表述:不可能把热量从低温物体自动传到高温物体而不引起外界的变化

15. 热功转换,热传递 *16. 减少

(三)计算及证明题

1. (1) $W=a^2\left(\dfrac{1}{V_1}-\dfrac{1}{V_2}\right)$;(2) $\dfrac{T_1}{T_2}=\dfrac{V_2}{V_1}$

2. (1) $Q_1=3.279\times10^3$ J,$W_1=2.03\times10^3$ J,$\Delta E_1=1.246\times10^3$ J;
(2) $Q_2=2.933\times10^3$ J,$W_2=1.687\times10^3$ J,$\Delta E_2=1.246\times10^3$ J

3. (1) $W=0$,$Q=\Delta E=623.25$ J;(2) $\Delta E=623.25$ J,$Q=1\,038.75$ J,$W=415.5$ J;
(3) $Q=0$,$W=-\Delta E=-623.25$ J

4. $\Delta T=160$ K

5. $\Delta E=124.65$ J,$Q=-84.35$ J

6. (1) 如右图所示;(2) $Q=1.25\times10^4$ J;(3) $\Delta E=0$;
(4) $W=1.25\times10^4$ J

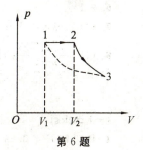
第6题

7. $C_{p,m}=29.09$ J·mol^{-1}·K^{-1},$C_{V,m}=20.78$ J·mol^{-1}·K^{-1}

8. (1) $a\to b$:$Q_T=W_T=1.73\times10^3$ J
$\Delta E=0$
$b\to c$:$Q_P=-1.57\times10^3$ J
$\Delta E=-1.12\times10^3$ J
$W_P=-0.45\times10^3$ J
$c\to a$:$Q_a=0$
$\Delta E=1.12\times10^3$ J
$W_a=-1.12\times10^3$ J
(2) $\eta=9.2\%$

9. (1) $Q_{ab}=-6\,232.5$ J,$Q_{bc}=3\,739.5$ J,$Q_{ca}=3\,456$ J;(2) $W=963$;(3) $\eta=13.38\%$

10. (1) $W=101.3$ J;(2) $Q=658.45$ J;(3) $\eta=15.38\%$;(4) 证明略

11. (1) 29.4%;(2) 425 K

12. $10 \text{ kW} \cdot \text{h}$
13. 证明略
*14. (1) $R\ln 3$；(2) $R\ln 3$；(3) $R\ln 3$

第14章 相对论

(一) 选择题

1. C 2. A 3. C 4. C 5. D 6. A 7. B 8. C

(二) 填空题

1. 2.375×10^{-4}，-3.875×10^4 2. -5.77×10^{-9} s

3. $l\sqrt{1-\dfrac{v^2}{c^2}}$，$\dfrac{m}{\sqrt{1-\dfrac{v^2}{c^2}}}$，慢了，$\sqrt{1-\dfrac{v^2}{c^2}}$，$l\sqrt{1-\dfrac{v^2}{c^2}}$，$\dfrac{m}{\sqrt{1-\dfrac{v^2}{c^2}}}$，慢了，$\sqrt{1-\dfrac{v^2}{c^2}}$

4. 飞船，0.6 5. 2.91×10^8 m·s^{-1}

6. $0.005 m_0 c^2$，$4.8 m_0 c^2$ 7. $E_0 = \dfrac{p^2 c^2 - E_k^2}{2 E_k}$

8. $0.866c$，$0.866c$

(三) 计算题

1. $0.4c$

2. 1.42×10^8 m·s^{-1}

3. 37.5 s

4. (1) 2.25×10^{-7}；(2) 3.75×10^{-7} s

5. 2.68×10^8 m·s^{-1}

6. 9.1%

7. (1) 2.92×10^{-8} s；(2) 2.37 m

8. (1) $\dfrac{c\sqrt{n(n+2)}}{n+1}$；(2) $m_0 c \sqrt{n(n+2)}$

第15章 量子物理

(一) 选择题

1. B 2. C 3. A 4. D 5. B 6. B 7. D 8. D 9. A 10. C
11. C 12. B 13. A 14. C 15. B 16. A 17. C 18. C

(二) 填空题

1. $\dfrac{W}{h}$，$\sqrt{\dfrac{2(h\nu_1 - W)}{m}}$ 2. $2.5, 4 \times 10^{14}$

3. $>, >$ 4. $\pi, 0$

5. $\dfrac{hc}{\lambda_0} - \dfrac{hc}{\lambda_0 + 2\lambda_c}$ 6. 1.51

7. -0.85，-3.4 8. 104 nm

9. $1:1, 4:1$

*11. 0.3 m

13. $37.7, 3.77 \times 10^{-15}$

15. 0、$\sqrt{2}\hbar$、$\sqrt{6}\hbar$

17. 单值、连续、有限、归一化

*10. 1.326×10^{-23}

12. 电子自旋

14. $\dfrac{a}{6}, \dfrac{a}{2}, \dfrac{5a}{6}$

16. 7

(三) 计算及证明题

1. (1) $W = \dfrac{hc}{\lambda} - \dfrac{R^2 e^2 B^2}{2m}$; (2) $|U_0| = \dfrac{R^2 e B^2}{2m}$

2. $E_k = 3.23 \times 10^{-19}$ J, $U_0 = 2.02$ V, $\lambda_0 = 296$ nm

3. (1) $\dfrac{d|U_0|}{d\nu} = \dfrac{h}{e} =$ 恒量; (2) $h = 6.4 \times 10^{-34}$ J·s

4. 0.1 MeV

5. $0.073\ 2$ nm, $0.075\ 6$ nm

6. (1) $\lambda = 1.024 \times 10^{-10}$ m; (2) $E_k = 291$ eV

7. (1) $E = 2.86$ eV;
   (2) $n = 5, k = 2$;
   (3) 最多可以发射 4 个线系, 共 10 条谱线, 其中属于巴尔末线条的有 3 条, 波长最短的谱线由 $E_5 \to E_1$ 产生, 图略.

8. 终态: $n = 2, E_2 = -3.4$ eV; 初态: $n = 3, E_3 = -1.51$ eV

9. (1) $E_n = -0.85$ eV, $n = 4$; (2) 略

10. $E_n = -0.85$ eV, $n = 4$

11. (1) $\lambda_\alpha = 9.98 \times 10^{-12}$ m; (2) $\lambda_{球} = 6.63 \times 10^{-34}$ m

12. (1) 0.71×10^{-10} m; (2) 能. 理由: 电子的德布罗意波长与金属晶格的大小相近, 所以能获得明显的电子衍射图样

*13. $\Delta x \geqslant 5$ m

*14. $\Delta v_x \geqslant 1.46 \times 10^7$ m·s^{-1}

15. (1) $x = \dfrac{a}{2}$; (2) 9.1%

16. 10.35%

17. (1) $A = \sqrt{\dfrac{1}{\pi}}$; (2) $\Psi(x)\Psi^*(x) = \dfrac{1}{\pi(1+x^2)}$; (3) $x = 0, p_{max} = \dfrac{1}{\pi}$

18. (1) $l = 0, 1, 2, 3, 4$; (2) $m_l = 0, \pm 1, \pm 2, \pm 3, \pm 4, \pm 5$; (3) $n_{min} = 5$; (4) 18

《大学物理》(1) 模拟卷 A

一、选择题

1. C 2. C 3. B 4. C 5. D 6. B 7. C 8. B 9. D 10. D
11. D 12. A 13. C 14. D 15. B

二、填空题

1. $F = \dfrac{d\boldsymbol{p}}{dt}$

2. $2s + 2s^3$

3. $0.5mv_0$

4. $\dfrac{6mv}{(M+3m)l}$

5. $0, 0$

6. $\dfrac{\mu_0 \sigma \omega}{2}(R_2 - R_1)$

7. 4

8. $\dfrac{a}{3}$

9. $1:2$

10. 4

三、计算题

1.
$$v = \dfrac{dx}{dt} = 3ct^2$$

$$f = -kv^2 = -9kc^2 t^4 = -9kc^{2/3} x^{4/3}$$

$$W = \int_0^l \boldsymbol{f} \cdot d\boldsymbol{x} = -\int_0^l 9kc^{2/3} x^{4/3} dx = -\dfrac{27}{7} kc^{2/3} l^{7/3}$$

2. 解：(1) 由 $M = J\alpha$, $M = \dfrac{mgl\sin\theta}{2}$, $J = \dfrac{ml^2}{3}$，得

$$\alpha = \dfrac{3g\sin\theta}{2l}$$

(2) 因
$$\dfrac{d\omega}{dt}\dfrac{d\theta}{d\theta} = \dfrac{3g\sin\theta}{2l}$$

$$\omega \dfrac{d\omega}{d\theta} = \dfrac{3g\sin\theta}{2l}$$

$$\int_0^\omega \omega d\omega = \int_0^\theta \dfrac{g\sin\theta}{2l} d\theta$$

得
$$\omega = \sqrt{\dfrac{3g(1-\cos\theta)}{l}}$$

3. 解：球体内、外的电场强度大小为

$$E = \begin{cases} \dfrac{er}{4\pi\varepsilon_0 R^3}, & r < R \\ \dfrac{e}{4\pi\varepsilon_0 r^2}, & r \geq R. \end{cases}$$

静电能量为
$$W_e = \int_0^R \dfrac{1}{2}\varepsilon_0 \left[\dfrac{1}{4\pi\varepsilon_0}\dfrac{er}{R^3}\right]^2 4\pi r^2 dr + \int_R^\infty \dfrac{1}{2}\varepsilon_0 \left[\dfrac{1}{4\pi\varepsilon_0}\dfrac{e}{r^2}\right]^2 4\pi r^2 dr = \dfrac{3e^2}{20\pi\varepsilon_0 R}$$

由题意，知
$$W_e = m_0 c^2$$

可得
$$R = \dfrac{3e^2}{20\pi\varepsilon_0 m_0 c^2}$$

4. 解：(1) $\varepsilon_{ab} = \dfrac{dB}{dt} S_{Oab} = \dfrac{1}{2} lh \dfrac{dB}{dt}$

$$= \frac{1}{2}l\sqrt{R^2 - \frac{l^2}{4}} \cdot \frac{\mathrm{d}B}{\mathrm{d}t}$$

(2) $\varepsilon_{ac} = \int_a^c \boldsymbol{E} \cdot \mathrm{d}\boldsymbol{l} = \oint \boldsymbol{E} \cdot \mathrm{d}\boldsymbol{l}$

$$= \frac{\mathrm{d}B}{\mathrm{d}t}(S_{Oab} + S_{Obd})$$

$$= \frac{\mathrm{d}B}{\mathrm{d}t}\left(\frac{\sqrt{3}}{4}R^2 + \frac{\pi}{12}R^2\right)$$

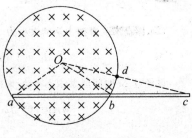

计算题第 4 题图

《大学物理》(1)模拟卷 B

一、选择题

1. B 2. B 3. D 4. A 5. A 6. B 7. B 8. B 9. C 10. C

二、填空题

1. $450.04 \text{ m} \cdot \text{s}^{-2}$

2. $-\dfrac{kA}{\omega}$

3. $\dfrac{h_1 v}{h_1 - h_2}$

4. $\dfrac{mv_0(R+l)\cos\alpha}{J + m(R+l)^2}$

5. $-7\,200\pi\varepsilon_0$

6. $\dfrac{\mu_0 I v}{2\pi}\ln\dfrac{a+b}{a-b}$

7. $2:1$

8. $\dfrac{Q^2}{18\pi\varepsilon_0 R^2}$

9. $\dfrac{\sigma R}{6\varepsilon_0}$

10. $\dfrac{\sqrt{15}c}{4}$

三、判断题

1. F 2. F 3. T 4. F 5. T

四、计算题

1.解: (1) 选小球为研究对象,应用牛顿第二定律,列方程,有

$$-mg - kv = m\frac{\mathrm{d}v}{\mathrm{d}t}$$

$$\int_{v_0}^{v} \frac{\mathrm{d}v}{mg + kv} = \int_0^t -\frac{1}{m}\mathrm{d}t\;;$$

得 $v = \dfrac{1}{k}(mg + kv_0)\mathrm{e}^{-\frac{k}{m}t} - \dfrac{1}{k}mg$

当物体到最高点时,$v = 0$,所需时间为

$$t_0 = \frac{m}{k}\ln\left(1 + \frac{kv_0}{mg}\right)$$

2.解: (1) 以子弹和圆盘为系统,在子弹击中圆盘的过程中,对轴 O 的角动量守恒,有

$$mv_0 R = \left(\frac{1}{2}MR^2 + mR^2\right)\omega$$

得 $\omega = \dfrac{2mv_0}{(M+2m)R}$

(2) 圆盘所受摩擦力矩的大小为

$$M_f = \int_0^R r\mu g \frac{M}{\pi R^2} \cdot 2\pi r dr = \frac{2}{3}\mu MgR$$

设经过 Δt 时间圆盘停止转动，则按角动量定理，有

$$-M_f \Delta t = 0 - J\omega = -\left(\frac{1}{2}MR^2 + mR^2\right)\omega = -mv_0 R$$

故

$$\Delta t = \frac{mv_0 R}{M_f} = \frac{3mv_0}{2\mu Mg}$$

3. 解：(1) 应用高斯定理求出 E 的空间分布：

$$E = \begin{cases} 0, & 0 \leqslant r \leqslant a \\ \dfrac{Q}{4\pi\varepsilon_0 r^2}, & a < r \leqslant b \\ \dfrac{Q}{4\pi\varepsilon_0 \varepsilon_r r^2}, & b < r \leqslant c \\ \dfrac{Q}{4\pi\varepsilon_0 r^2}, & c < r < \infty \end{cases}$$

(2) 导体球表面的电势为

$$V_a = \int_a^\infty \mathbf{E} \cdot d\mathbf{r}$$

$$= \int_a^b \frac{Q}{4\pi\varepsilon_0 r^2} dr + \int_b^c \frac{Q}{4\pi\varepsilon_0 \varepsilon_r r^2} dr + \int_c^\infty \frac{Q}{4\pi\varepsilon_0 r^2} dr$$

$$= \frac{Q}{4\pi\varepsilon_0}\left(\frac{1}{a} - \frac{1}{b}\right) + \frac{Q}{4\pi\varepsilon_0 \varepsilon_r}\left(\frac{1}{b} - \frac{1}{c}\right) + \frac{1}{4\pi\varepsilon_0}\frac{1}{c}$$

(3) $W_e = \int_b^c \frac{1}{2}\varepsilon E^2 dV = \int_b^c \frac{1}{2}\varepsilon_0 \varepsilon_r \left(\frac{Q}{4\pi\varepsilon_0 \varepsilon_r r^2}\right)^2 4\pi r^2 dr = \frac{Q^2}{8\pi\varepsilon_0 \varepsilon_r}\left(\frac{1}{b} - \frac{1}{c}\right)$

4. 解：(1) 应用安培环路定理求 B 的空间分布，有

$$\oint_l \mathbf{H} \cdot d\mathbf{l} = \sum I$$

得

$$B = \begin{cases} \dfrac{\mu_0 \mu_r I}{2\pi R^2} r, & 0 < r < R \\ \dfrac{\mu_0 I}{2\pi r}, & r > R \end{cases}$$

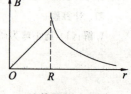

计算题第 4 题图

B-r 曲线图如右图所示.

(2)

$$d\Phi = BdS = \frac{\mu_0 I}{2\pi r} R dr$$

$$\Phi = \int_{2R}^{3R} \frac{\mu_0 I}{2\pi r} R dr = \frac{\mu_0 I}{2\pi} R \ln \frac{3}{2}$$

$$\varepsilon = -\frac{d\Phi}{dt} = -\frac{\mu_0 R}{2\pi} \ln \frac{3}{2} \frac{dI}{dt} = \frac{3\mu_0 RI}{2\pi} \ln \frac{3}{2} e^{-3t}$$

《大学物理》(2)模拟卷 A

一、选择题

1. C 2. D 3. B 4. C 5. C 6. C 7. B 8. D 9. D 10. B

二、填空题

1. $3:1$
2. -0.5
3. 分波阵面法
4. 不变
5. $\dfrac{I_0}{4}$
6. $\dfrac{5}{2}pV$
7. $\dfrac{1}{n}$
8. 等压过程
9. $\dfrac{1}{2}\lambda$
10. $5:1$

三、判断题

1. F 2. F 3. T 4. T 5. F

四、作图题

1. (1) $t=0$ 时旋转矢量如图(b)所示.(2) p 点的振动曲线如图(c)所示.

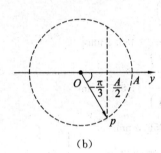
(b)

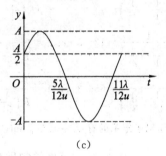
(c)

作图题第 1 题图

2. 如图所示.

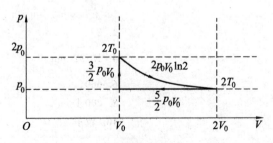

作图题第 2 题图

五、计算题

1. 解:(1) 暗纹,$\Delta = \dfrac{\lambda}{2}$

(2) $\Delta = 2d_4 + \dfrac{\lambda}{2} = 4\lambda$, $d_4 = 1\,050$ nm

(3) $d_4 = \dfrac{7}{4}\lambda$, $d_4' = \dfrac{7}{4n}\lambda$, $\Delta l = \dfrac{1}{\theta}(d_4 - d_4') = \dfrac{\lambda}{2\theta}$

$\theta = 1.5 \times 10^{-4}$ rad

2. 解:(1) 光子的能量为
$$E = \varepsilon - W = 12.75 \text{ eV}$$
氢原子吸收光子后的能量为
$$E_H = E + E_0 = -0.85 \text{ eV}$$
氢原子能级为
$$n = \sqrt{\dfrac{E_0}{E_H}} = 4$$

(2) 将可能观察到 6 条氢光谱线,对应的波长分别为

$\lambda_1 = \dfrac{1}{R\left(\dfrac{1}{1} - \dfrac{1}{4^2}\right)} = 97.2$ nm, $\lambda_2 = \dfrac{1}{R\left(\dfrac{1}{1} - \dfrac{1}{3^2}\right)} = 102.6$ nm,

$\lambda_3 = \dfrac{1}{R\left(\dfrac{1}{1} - \dfrac{1}{2^2}\right)} = 121.5$ nm, $\lambda_4 = \dfrac{1}{R\left(\dfrac{1}{2^2} - \dfrac{1}{4^2}\right)} = 486.2$ nm,

$\lambda_5 = \dfrac{1}{R\left(\dfrac{1}{2^2} - \dfrac{1}{3^2}\right)} = 656.3$ nm, $\lambda_6 = \dfrac{1}{R\left(\dfrac{1}{3^2} - \dfrac{1}{4^2}\right)} = 1\,875.2$ nm

其中属于巴尔末系的有:$\lambda_4 = 486.2$ nm, $\lambda_5 = 656.3$ nm.

《大学物理》(2)模拟卷 B

一、选择题
1. B 2. D 3. C 4. A 5. B 6. C 7. C 8. C 9. C 10. B

二、填空题
1. $9E$ 2. 2

3. $\dfrac{\lambda}{6}$ 4. 13.92 mm

5. 6   6. 660

7. 0   8. 200 J

9. $3h\nu_1 + E_k$ 10. 粒子

三、判断题
1. F 2. F 3. T 4. F 5. F

四、作图题

1. 如图所示.

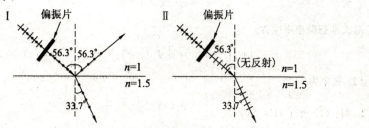

作图题第 1 题图

2. 如图所示.

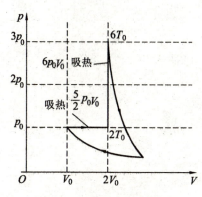

作图题第 2 题图

五、计算题

1. 解：(1)
$$\omega = \frac{2\pi}{T} = \pi \text{ Hz}$$
$$y = 0.06\cos(\pi t + \pi) \text{ m}[\text{或 } y = 0.06\cos(\pi t - \pi) \text{ m}]$$

(2) $y = 0.06\cos\left[\pi\left(t - \frac{x}{2}\right) + \pi\right]$ m $\left\{\text{或 } y = 0.06\cos\left[\pi\left(t - \frac{x}{2}\right) - \pi\right] \text{ m}\right\}$

(3)
$$\lambda = uT = 4 \text{ m}$$

2. 解：(1) 基态概率密度为
$$|\Psi_1(x)|^2 = \frac{2}{a}\left|\sin\frac{\pi x}{a}\right|^2$$

基态概率密度最大的条件为
$$\left|\sin\frac{\pi x}{a}\right| = 1$$

得
$$\frac{\pi x}{a} = \frac{\pi}{2} + k\pi \, (k = 0, -1).$$

基态概率密度最大的位置为
$$x = \frac{a}{2} \text{ 或 } x = -\frac{a}{2}.$$

最大基态概率密度为
$$\left|\Psi_1\left(\frac{a}{2}\right)\right|^2 = \left|\Psi_1\left(-\frac{a}{2}\right)\right|^2 = \frac{2}{a}.$$

（2）概率为
$$\int_{\frac{a}{6}}^{\frac{a}{3}} |\Psi_1(x)|^2 \mathrm{d}x = \frac{1}{6}$$